U0315423

普通高等教育“十四五”规划教材

双碳背景下
能源与动力工程综合实验

主　编　杜　涛
副主编　叶　竹

北　京
冶　金　工　业　出　版　社
2022

内容提要

本教材的特色体现在双碳背景下热能工程实验的综合性和设计性，以及当前先进表征技术方面。在实验方面，通过大量综合性、设计性实验的设计和设置，着力培养学生自我学习、创新学习的习惯，使学生能将所学专业知识系统化、实用化，进而解决实际工程问题。在先进表征技术方面，通过大量现代先进仪器设备和表征技术的介绍，使学生掌握先进的测试手段和分析方法，并能够借助先进仪器设备的测试分析结果，助力科学研究和技术开发。两者的有机结合可以提高学生的综合思维能力、创新能力以及工程能力，全面提高实验教学质量和人才培养质量。

本教材既可以作为能源与动力工程专业本科生的实验教学教材，又可以作为冶金、流体、机械等专业本科生的基础教材，同时也可供高校科研人员及企业人员学习、参考。

图书在版编目(CIP)数据

双碳背景下能源与动力工程综合实验/杜涛主编；叶竹副主编．—北京：冶金工业出版社，2022.7

普通高等教育“十四五”规划教材

ISBN 978-7-5024-9208-3

Ⅰ.①双…　Ⅱ.①杜…　②叶…　Ⅲ.①能源—高等学校—教材　②动力工程—高等学校—教材　Ⅳ.①TK

中国版本图书馆 CIP 数据核字(2022)第 121361 号

双碳背景下能源与动力工程综合实验

出版发行　冶金工业出版社　　**电　　话**　(010)64027926

地　　址　北京市东城区嵩祝院北巷 39 号　　**邮　　编**　100009

网　　址　www.mip1953.com　　**电子信箱**　service@mip1953.com

责任编辑　李培禄　美术编辑　彭子赫　版式设计　郑小利

责任校对　郑　娟　责任印制　李玉山

三河市双峰印刷装订有限公司印刷

2022 年 7 月第 1 版，2022 年 7 月第 1 次印刷

787mm×1092mm　1/16；13.25 印张；325 千字；204 页

定价 47.00 元

投稿电话　**(010)64027932**　**投稿信箱**　**tougao@cnmip.com.cn**

营销中心电话　**(010)64044283**

冶金工业出版社天猫旗舰店　**yjgycbs.tmall.com**

（本书如有印装质量问题，本社营销中心负责退换）

前　言

实验教学作为高等院校培养具有独立“工程实践能力”“综合分析问题能力”与“科技创新能力”综合应用型人才的重要手段，是学生近距离接触实际工况的重要实践环节，应充分发挥双碳背景下的科技创新人才培养的优势。

能源与动力工程综合实验是能源与动力工程专业的必修课，目前国内能源与动力工程专业的实验教材数量较少且内容分散。为此作者结合“课程思政”先进理念，围绕习近平总书记提出的碳达峰、碳中和目标，以“重基础、强化实践、推进创新”为主线，以“促进各学科知识融合，优化实验教学体系”为目标，编著了本实验教材。内容包括“能源高效转换与利用”与“先进表征与测试技术”两篇。其内容涵盖传热学、流体力学、工程热力学、燃料与燃烧学、制冷原理与装置、锅炉原理、火焰炉、储能原理与技术、新型功能材料制备技术与分析表征方法、扫描电镜与能谱仪分析技术等多学科知识。本教材实验内容体现了知识、能力和素质培养的综合性，系统地训练学生掌握和综合运用专业知识对工程问题进行理论分析、实验研究、环境评价的基本技能，培养学生独立解决工程实际问题的能力与创新精神。

本教材为东北大学“百种优质教材建设”立项教材，是在东北大学实验教学讲义《热能工程实验指导书》的基础上撰写的，该讲义已在能源与动力工程专业试用10年，从该校毕业的本专业及相关专业毕业生具备了热工、能源相关实验技能，在社会就业岗位发挥了重要作用。本教材由东北大学冶金学院杜涛教授担任主编，叶竹老师担任副主编。第一篇能源高效转换与利用，包括第1章燃料与燃烧综合实验，其中杜涛老师编著1.1~1.5节，叶竹老师编著1.6~1.8节；第2章流体力学综合实验，由荣军老师编著；第3章传热学综合实验、第4章热工综合实验，由叶竹老师编著。第二篇先进表征与测试技术，包括第5章电子光学分析综合实验、第6章光学分析综合实验和第7章其他分析表征实验，其中实验5.1~5.5、7.5由于凯老师编著，实验6.1~6.5、7.4由徐建荣老师编著，实验6.6~6.8、7.1~7.3由于江玉老师编著。全书由杜涛教授统稿审查。

本教材在编写过程中，参考了相关教材、专著、学位论文、学术论文及实验设备制造商的使用说明书，得到了东北大学冶金学院院领导、国家环境保护生态工业重点实验室、热能工程系各位老师的大力支持与帮助，特别是周清与李娟两位老师，在此表示衷心的感谢。

由于作者水平所限，书中不妥之处，敬请读者批评指正。

作　者
2022年2月

目　录

第一篇　能源高效转换与利用

第二篇 先进表征与测试技术

第一篇　能源高效转换与利用

据《中国统计年鉴2020》第9~15条发电装机容量数据显示，2020年，我国火电装机容量为56.6%，非化石能源装机占43.4%，从发电装机容量与发电量角度上看，可再生能源发电占比呈现逐渐增长的趋势，综合来看，我国发电结构中火电仍占绝对主导地位，但其发电装机容量与发电量开始从高速增长进入低速增长阶段，详见图0-1。

实验教学作为培养高等应用型人才的重要手段，应积极响应《关于深化本科教育教学改革全面提高人才培养质量的意见》的号召，深化实验教学改革，提高课程建设高阶性、创新性和挑战度，全面提高人才培养质量。本篇以培养“能源高效转换与利用”技术人才为目标，采用科研项目式工程能力培养模式，选用OBE成果导向法作为教学案例实施方法，积极发挥实验教学为培养绿色低碳技术人才的积极促进作用。本篇以“能源高效转化与利用”为目标，设置了4章实验内容，第1章为燃料及燃烧综合实验，第2章为流体力学综合实验，第3章为传热学综合实验，第4章为热工综合实验。

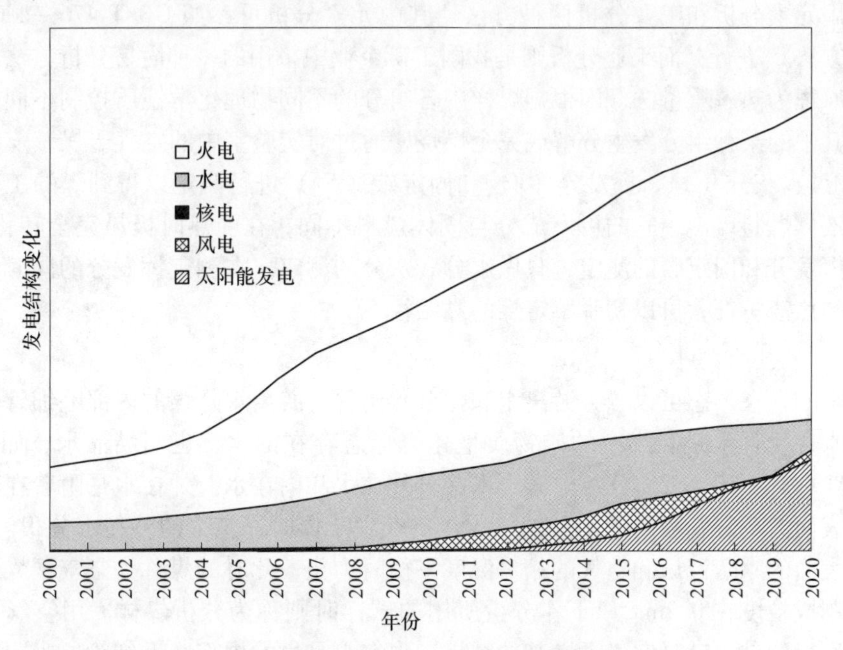

图0-1　2000~2020年我国发电能源结构

1　燃料及燃烧综合实验

1.1　煤的工业分析实验

煤是主要的工业燃料之一，了解煤的质量和种类，对于合理利用和选择燃料、节约能源是十分重要的。煤的工业分析与元素分析不同，它不需要复杂的仪器设备，在一般的实验室中均可进行，因此掌握煤的工业分析方法，在煤的工业应用中有着普遍意义。

1.1.1　实验目的

（1）掌握煤的工业分析方法。

（2）了解煤的使用性能及种类的判断方法。

（3）掌握水分、灰分、挥发分以及固定碳含量的计算方法。

1.1.2　实验原理

固体燃料煤是由极其复杂的有机化合物组成的，通常包含碳（C）、氢（H）、氧（O）、氮（N）、硫（S）五种元素及部分矿物杂质（灰分）和水分。对煤进行成分分析，常采用元素分析和工业分析两种方法。其中元素分析可参照 GB/T 476—2001《煤的元素分析方法》进行；而工业分析则是我国工矿企业中采用的一种简易分析方法，实验中所遵循的原理为热解重量法，即根据煤样中各组分的不同物理化学性质控制不同的温度和时间，使其中的某种组分发生分解或完全燃烧，通过对实验室中的空气干燥基煤样所含煤的水分（M）、灰分（A）、挥发分（V）和固定碳（F_C）进行测定以得到煤的工业分析成分。对于液体燃料，由于它的可燃成分与固体燃料不同，在受热时极易完全转化为气态，所以不做挥发分和固定碳的测定，只做水分和灰分的测定。在测定挥发分的同时，利用坩埚中残留的焦渣特征，可以初步鉴定煤的黏结性。

1.1.2.1　水分（M）

煤中水的存在形态可以分为游离水和化合水两种。游离水是煤的内部毛细管吸附或表面附着的水；化合水是和煤中的矿物质呈化合形态存在的水，也叫结晶水，如 $CaSO_4 \cdot 2H_2O$ 和 $Al_2O_3 \cdot 2SiO_2 \cdot 2H_2O$ 等。游离水又分外在水和内在水。外在水是附着在煤的表面和被煤的表面大毛细管吸附的水。把煤放在空气中干燥时，煤中的外在水分很容易蒸发，蒸发到煤表面的水蒸汽压和空气的相对湿度平衡时为止，此时的煤称为空气干燥基煤。当把这种煤制成粒度在 0.2mm 以下作分析所用的试样时则称为分析煤样。用空气干燥状态煤样化验所得的结果就是空气干燥基的结果。内在水是煤的内部小毛细管所吸附的水，在常温下这部分水是不会失去的，只有加热到 105～110℃ 的温度时，经过一段时间后才能失去。

化合水通常要在200℃以上才能分解析出。根据煤样的状态，煤的水分测定可分为收到基煤样的水分测定及空气干燥基煤样的水分测定两种情况。水分是指试样在温度为105~110℃时，干燥至恒重所失去的质量占原质量的百分数。

1.1.2.2 灰分（A）

煤的灰分是指在温度为（815±10）℃时，煤中的可燃物质完全燃烧，其中的矿物质在空气中经过一系列复杂的化学反应后所剩余的残渣，煤中的灰分来自矿物质，但它的组成和质量与煤中的矿物质不完全相同，灰分是一定条件下的产物。煤中的矿物质来源于以下三个方面：

（1）原生矿物质——它是由成煤植物本身的金属元素所形成的。煤中的原生矿物质含量很少，一般不高于3%，分布均匀，与煤中的有机物质紧密结合，很难分离出来，它的含量虽少，但与锅炉的结渣和腐蚀有密切的关系。

（2）次生矿物质——它是在成煤过程中经煤层裂缝渗入的各种矿物质溶液积聚而形成的，它的含量不高，但很难除去。煤中的原生矿物质和次生矿物质总称为煤的内在矿物质。由内在矿物质形成的灰分称为内在灰分。

（3）外来矿物质——它是在开采的过程中混入的泥沙和矸石等，此类物质在煤中的分布极不均匀。外来矿物质很容易用机械或洗选的方法除去，由它形成的灰分称为外在灰分。

1.1.2.3 挥发分（V）

把煤样与空气隔绝，在一定温度条件下，加热一定时间后，由煤中有机物质分解出来的液体（此时为蒸汽状态）和气体产物的总和称为挥发分，其质量百分含量称为挥发分产率。挥发分不是煤中的固有物质，而是在特定条件下的热分解产物。

挥发分产率是煤炭分类的主要指标，根据挥发分产率的大小可以大致判断煤的变质程度，褐煤一般为40%~60%，烟煤一般为10%~40%，而无烟煤则小于10%，根据挥发分和焦渣的特征还能估计煤的热值的高低。对于动力用煤，煤中的挥发分及其热值对煤的着火和燃烧情况都有较大的影响。煤在隔绝空气条件下加热时，不仅有机物质发生热分解，煤中的矿物质也会发生相应的变化。一般情况下，因矿物质分解而产生的影响不大，可以不加考虑。

1.1.2.4 固定碳（F_C）与焦渣特征

挥发分逸出后的残留物称为焦渣。煤样经试验后煤中的灰分转入焦渣中，从焦渣质量中减去灰分的质量即为固定碳的质量。

焦渣外形具有一定的特征，它与煤中有机物质的性质有一定关系，所以焦质特征也用来作为煤质分类的一项参考指标，焦质特征可分为八类：

（1）粉状：全部是粉末，没有相互黏着的颗粒。

（2）黏着：以手指轻压即碎成粉状。

（3）弱黏结：以手指轻压即碎成碎块。

（4）不熔融黏结：以手指用力压，才裂成小块。焦渣表面无光泽，下面稍有银白色光泽。

（5）不膨胀熔融黏结：焦渣呈扁平的饼状，煤粒的界限不易分清，表面有银白色金属光泽。

（6）微膨胀熔融黏结：用手指压不碎，焦渣表面有银白色金属光泽，但焦渣表面具有较小的膨胀泡（或小气泡）。

（7）膨胀熔融黏结：焦渣的上下表面有银白色金属光泽且呈现明显膨胀，但高度不超过 15mm。

（8）强膨胀熔融黏结：焦渣的上下表面有银白色金属光泽且呈现明显膨胀，高度大于 15mm。

1.1.3　实验装置

（1）电动鼓风干燥箱：供测定水分使用，需可保持 105~110℃的温度范围；

（2）称量瓶：供测定水分使用，直径为 40mm、高 25mm 带严密磨口盖，2 个；

（3）马弗电炉：供测定灰分、挥发分使用，最高温度需可保持在 1000℃左右，具备调温条件；

（4）挥发分坩埚、坩埚架：供测定灰分使用，20mL，2 个；

（5）灰皿；

（6）分析天平：精度为 0.0001g；

（7）电子秤：精度为 0.1g；

（8）玻璃干燥器：内装无水氯化钙干燥剂；

（9）浅盘：由镀锌薄铁板或铝板等耐腐蚀又耐热的材料制成，其面积能以大约每平方厘米 0.8g 煤样的比例容纳 500g 煤样，而且盘的质量应小于 500g，2 个。

1.1.4　实验方法与步骤

1.1.4.1　煤的水分测定

A　全水分的测定

用已知质量的干燥、清洁的浅盘称取煤样 500g（称准到 1g），并将盘中的煤样均匀地摊平。

将装有煤样的浅盘放入预先鼓风并加热到 105~110℃的干燥箱中，在不断鼓风的条件下将烟煤干燥 2~2.5h，无烟煤干燥 3~3.5h。再从干燥箱中取浅盘，趁热称重。然后进行检查性的试验，每次试验 0.5h，直到煤样的减量不超过 1g 或者质量有所增加时为止。在后一情况下，应采用增重前的一次质量作为计算依据。

$$M_t = \frac{G_1}{G} \times 100\% \tag{1-1}$$

式中　M_t——煤样的全水分，%；

G_1——煤样干燥后减轻的质量，g；

G——原始煤样的质量，g。

B　空气干燥基水分的测定（分析基水分）

用预先烘干和称出质量的称量瓶称取粒度为 0.2mm 以下的煤样（1±0.1）g（称准到 0.0002g）。然后把盖开启，将称量瓶放入预先鼓风并加热到 105~110℃的干燥箱中。在一直鼓风条件下，烟煤干燥 1h，无烟煤干燥 1~1.5h 后，从干燥箱中取出称量瓶并立即加盖。在空气中冷却2~3min后，放入干燥器中冷却到室温（约20min）称量。

然后进行检查性的干燥，每次30min，直到煤样的质量变化小于0.001g或质量增加为止。在后一种情况下采用增量前一次质量为依据。水分在2%以下时不进行检查性干燥。

$$M_{ad} = \frac{m - m_1}{m} \times 100\% \tag{1-2}$$

式中 M_{ad}——空气干燥基煤样的水分,%；

m——分析煤样的原有质量，g；

m_1——烘干后的煤样质量，g。

1.1.4.2 挥发分产率的测定

用预热至900℃的马弗炉中灼烧至恒重并已知质量的挥发分坩埚称取粒度小于0.2mm的分析试样（1±0.01）g（称准到0.0002g），轻轻振动使煤样摊开，然后加盖，放在坩埚架上。

将马弗炉预热到920℃，打开炉门，迅速将摆好坩埚的架子送入炉内恒温区，关好炉门。使坩埚继续加热7min。试验开始时，炉温会有所下降，要求3min内炉温应恢复到（900±10）℃并继续保持此温度到试验结束，否则此试验作废。

从炉中取出坩埚。在空气中冷却5~6min后，放入干燥器中冷却到室温（约20min），然后称量。

$$V_{ad} = \frac{\text{试样减量}}{\text{试样原质量}} \times 100\% - M_{ad} \tag{1-3}$$

式中 V_{ad}——空气干燥基煤样的挥发分,%。

同时，记录坩埚中残留焦炭的外部特征，确定煤的黏结性序数。

1.1.4.3 灰分及固定碳的测定

在预先灼烧和称出质量（准确到0.0002g）的灰皿中，称取粒度为0.2mm以下的分析煤样（1±0.1）g（称准到0.0002g）。煤样在灰皿中要铺平，使其每平方米不超过0.15g。将灰皿送入温度不超过100℃的马弗炉中，在自然通风和炉门留有15mm左右缝隙的条件下，用30min缓慢升温至500℃。在此温度下保持30min后，然后升至（815±10）℃，关上炉门并在此温度下灼烧1h，灰化结束后从炉内取出灰皿，在空气中冷却5min，再放入干燥器中，冷却至室温（约20min），然后称量。

进行检查性灼烧，每次20min，直到质量变化小于0.001g为止，采用最后一次测定的质量作为计算依据，灰分小于15%时不进行检查性灼烧。并按下式算出灰分的百分含量

$$A_{ad} = \frac{\text{灰分重量}}{\text{试样原重量}} \times 100\% \tag{1-4}$$

若煤中硫含量不高而不需分析时，则固定碳的含量可由下式求出

$$F_{ad} = 100\% - (M_{ad} + V_{ad} + A_{ad}) \tag{1-5}$$

式中 M_{ad}，V_{ad}，A_{ad}，F_{ad}——空气干燥煤样（即分析基）各成分的百分含量,%。

1.1.5 实验分析与讨论

记录实验数据，见表1-1。

表 1-1 煤的工业分析测定数据表

成分	容器编号	容器质量	试样质量	试验前总质量	试验后总质量	计算结果	平均结果	黏结性
M_{ad}								—
								—
V_{ad}								
A_{ad}								—
								—
F_{ad}								—
								—

1.1.6 注意事项

（1）煤的工业分析实验为高温实验，切记注意实验安全；

（2）取出的高温样品坩埚均需放到耐火砖上。

1.2 气体燃料发热量的测定

1.2.1 实验目的

（1）掌握气体燃料（或沸点低于250℃的轻质挥发性液体燃料）发热量的测定方法。

（2）了解容克式热量计的工作原理、结构及使用方法。

1.2.2 实验原理

发热量是表示燃料技术特性的重要指标之一。气体燃料的发热量是指每标准立方米（0℃，101.3kPa）干燃气完全燃烧时所放出的热量。此热量不包括烟气中水蒸气冷凝放出的热量时，称为低位发热量，反之为高位发热量。气体燃料发热量的测定方法很多，本实验采用最常用的容克式热量计法。根据能量守恒定律，在稳态、完全燃烧时，能量守恒方程为：空气带入物理热+燃气带入物理热+燃气化学热=冷却水吸收的热+排烟热损失+散热损失，如果使排烟温度控制到接近于环境温度，则：空气带入物理热+燃气带入物理热≈排烟热损失，本实验所用热量计测量的发热量属于定压燃烧热，热量计加装绝热层，使其对环境散热损失近乎为零，所以可以认为一定流量的气体燃料（或挥发性液体燃料）在稳态燃烧时所放出的热量，即燃气的化学热（发热量）就等于冷却水吸收的热。当水的温度稳定时，根据同一时间燃料燃烧放出的热量等于水的温升计量吸收的燃烧反应热效，可按下面公式求得燃料的发热量

$$Q_H = \frac{GC}{V}(t - t_0) \tag{1-6}$$

式中 V——燃料的用量（标准状态下的体积），m^3；

G——在燃料用量为 V 时通过热量计的水量，kg；

t_0——水进入热量计时的温度,℃;

t——水吸收热量后的温度,℃;

C——水的热容量，20℃时为 4.182kJ/(kg · ℃);

Q_H——标态下燃料的高发热量，kJ/m^3。

本热量计所测的是高发热量，它包含了燃烧过程中烟气中水蒸气凝结时放出的热量，工业上实际应用的为低位发热量，因此可按下式计算燃气的低发热量，即

$$Q_D = Q_H - r \times \frac{W}{V} \tag{1-7}$$

式中 Q_D——标态下燃料的低发热量，kJ/m^3;

W——燃料燃烧后凝结水的质量，kg;

r——每千克水蒸气凝结时所放出的热量，kJ/kg，详见附录Ⅰ。

上述两式只适用于被测定的燃料体积处于标准状态下（0℃，101325Pa）的情况。本实验中，燃料的体积是在工作状态下的，因此需将它换算为标准状态，见下式

$$V = V' \times \frac{0.00269p'}{273 + t'} \tag{1-8}$$

式中 V'——工作状态下的燃料体积，m^3;

p'——燃料在工作状态下的绝对压力，Pa;

t'——燃料在工作状态下的温度,℃。

设$\frac{0.00269 \times p'}{273+t'} = \frac{1}{F}$，则式（1-6）可写成

$$Q_H = \frac{GFC}{V'}(t - t_0) \tag{1-9}$$

本实验中，燃料进入热量计以前，需要通过湿式流量计测量流量，流量计中有水，所以燃料在通过时必定含有饱和水蒸气，而公式中p'是指燃料干燥时的压力，因而在决定p'时须从所测得的燃料饱和压力中减去燃料在工作温度下的饱和水蒸气分压，即

$$p' = p + B - S \tag{1-10}$$

式中 p——燃气相对压力，Pa;

B——大气压力，可用大气压力计测出，Pa;

S——燃料在工作温度下的饱和水蒸气压力，可查附录Ⅰ，Pa。

燃气相对压力p由U形管压力计读出，U形管压力计中介质为水，则

$$p = 9.8\Delta h \tag{1-11}$$

式中 Δh——U形管压力计液面（水柱）高度差，mmH_2O。

1.2.3 实验装置

容克式热量计一套，其结构如图1-1所示。

压力调节器后的燃气压力一般根据燃烧器喷嘴及热负荷确定（热负荷要求控制在3.3~4.2MJ/h）。热量计是测定燃气热值的主要仪器，燃气通过燃烧器20在热量计中完全燃烧。水箱里的水经过恒位水槽8（水箱中水温应比室温低（2±0.5)℃）进入热量计中，流经热量计后由溢水漏斗11流出。由于水位差一定，因此水流为稳定流。流过热量计的

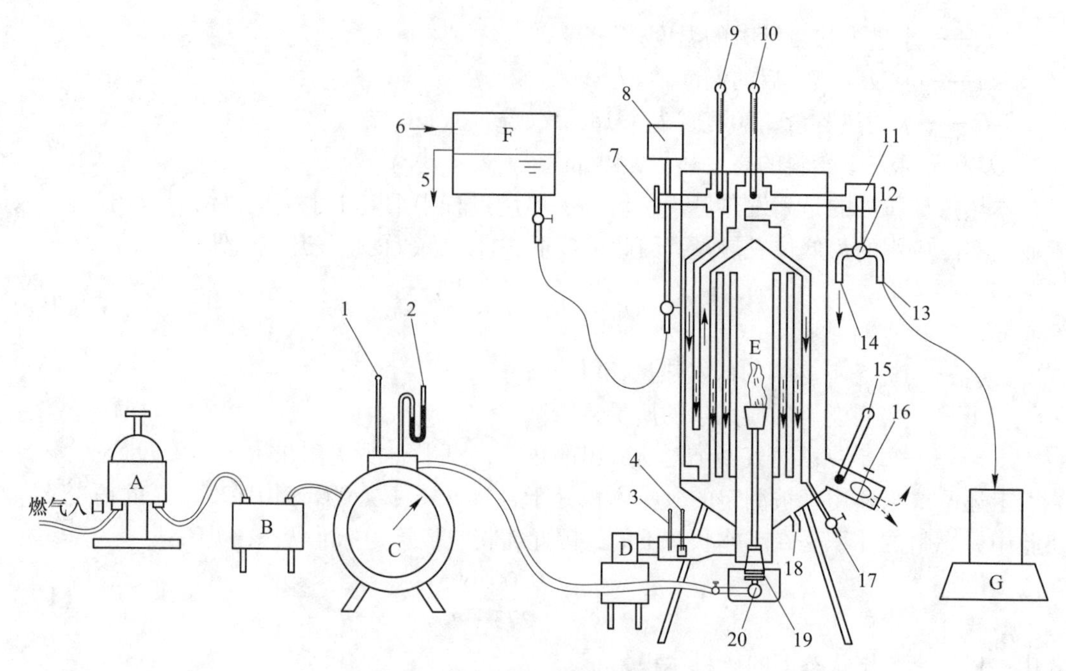

图 1-1 容克式热量计结构图

A—燃气压力调节器；B—燃气增湿器；C—燃气流量计；D—控制式空气增湿器；E—热量计；F—水箱；G—电子秤；
1—燃气温度计；2—燃气压力计；3—空气干球温度计；4—空气湿球温度计；5—水箱溢流；6—水箱进水；
7—水量调节阀；8—恒位水槽；9—进水温度计；10—出水温度计；11—溢水漏斗；12—换向阀；
13，14—出水口；15—废气温度计；16—废气温度调节阀；17—放水阀；18—冷凝水出口；
19—燃烧器空气调节圆片；20—燃烧器；→—水流；---—废气；═—燃气

水吸收了燃气燃烧产生的热量而温度升高，进出水温度分别由温度计 9、10 测得。在测量时通过换向阀 12 将水注入水桶内，用电子秤称出水重量 G。用水量调节阀 7 控制进入热量计的水量，若水量偏小则进出水温差加大，那样会增大热量计向周围散热。为了略去这部分散热量，温差应该保持在 10~12℃之间。调节阀 16 可用来调节烟气温度使废气温度计 15 与燃气温度计 1、空气干球温度计 3 相等，这样就可以近似地认为：进入热量计的燃气和空气的物理热与排出热量计的物理热相抵消。

1.2.4 实验方法与步骤

1.2.4.1 准备

准备工作包括（见图 1-1）：

（1）检查燃气系统是否接好，温度计、压力计是否安装紧密，闭好放水阀 17。

（2）将换向阀 12 转向出水口 14 并将水量调节阀拨到“4”与“5”之间，打开水龙头，使水流入热量计，注意水流量不能太大，以水不溢出水槽 8 为限，然后观察溢水漏斗 11 是否有水流出。如一定时间后漏斗 11 中无水，则应检查并找出原因。

（3）打开燃烧器 20 上的开关和燃气管上的阀门，如果流量计 C 的指针慢慢移动，燃气压力计 2 中的水柱平稳上升，则可以点燃燃烧器。

（4）调节燃气压力调节器 A 使燃气压力计 2 上的读数约为 25mm 水柱，转动燃烧器 20 下部的圆片 19 来调节空气量，使出现双层火焰，内焰呈淡蓝色，外层呈淡紫色，待火焰稳定后将点燃后的燃烧器 20 置于热量计 E 中，使燃烧器位于圆筒的中心，然后固定在支架上。

(5) 燃烧器放入热量计后，温度计 10 的读数开始升高，几分钟后即达到稳定，同时转动水量调节阀 7，使进入热量计的水量增加或减少，以使温度计 10 与 9 的读数之差为 10~12℃。转动调节阀 7 时不能太大，且转动后须等温度达到稳定时再进行转动。

(6) 转动废气温度调节阀 16，使温度计 15 与温度计 1 的读数相等。

1.2.4.2 测量

当所有的温度计和压力计的读数稳定并合乎要求、热量计处于连续稳定的工作状态时才可开始测定发热量。为了便于计算，每次实验的燃气量取为 10L（即流量计指针转两圈）。测量方法与步骤如下（见图 1-1）：

(1) 测量前应分别记下大气压力 B、燃气压力 Δh 和温度 t'。

(2) 在开始记录煤气量的同时，迅速拨通换向阀 12 使从热量计出来的水由出水口 13 流入水桶中，同时将 10mL 的量筒放在冷凝水出口 18 的下面。

(3) 流量计每走 1L 记录一次进出水温度计 9、10 的读数 t_0、t，应精确到 0.1℃以下。

(4) 当燃气量达到 10L 时即迅速转动换向阀 12 使水由出水口 14 排出，同时移开冷凝水量筒。用电子秤称量水桶内的重量 G 及冷凝水量 W。

(5) 上述操作重复三次，尽量缩短三次的时间间隔。

(6) 测量完毕，取出燃烧器，关闭气源阀门，最后关闭水源阀门。

1.2.5 实验分析与讨论

(1) 记录及计算：实验装置名称；实验台号；室温（℃）；大气压力 B(Pa)；燃气压力 Δh(mmH_2O)；燃气温度 t'(℃)；煤气温度下的饱和水蒸气压力 S(Pa)。实验记录及计算表如表 1-2 所示。

表 1-2 实验记录及计算表

实验次序	第一次			第二次			第三次			燃料体积 V'/m^3	水重量 G/kg	凝结水重量 W/kg
	t_0/℃	t/℃	$(t-t_0)$/℃	t_0/℃	t/℃	$(t-t_0)$/℃	t_0/℃	t/℃	$(t-t_0)$/℃			
1												
2												
3												
4												
5												
6												
7												
8												
9												
10												
平均值												

（2）计算标准状态下燃料的发热量 Q_H 和 Q_D。

1.2.6　注意事项

（1）检查燃气是否漏气：关闭燃烧器上的进气阀门，打开系统燃气入口开关，使热量计的进气系统内有燃气压力，然后关闭此阀门，检漏要维持约3min，要求压力计显示的燃气压力不下降。

（2）不可接错流量表的进气与出气管，只能使流量表指针顺时针转动。

（3）观察火焰，证实为稳定燃烧后才可将燃烧器伸入热量计内。

（4）必须先通水，水流正常才可将火焰稳定的燃烧器伸入热量计内，且定位正确。

（5）测热完毕，必须先取出燃烧器火焰，关闭燃气，最后再关闭水源阀门。

1.3　固体（液体）燃料发热量的测定

1.3.1　实验目的

（1）了解氧弹热量计的构造和使用方法。

（2）掌握固体（液体）燃料热值的测定原理和方法，测定燃料的热值。

1.3.2　实验原理

氧弹热量计是用于测定固体、液体燃料热值的计量仪器。基本原理是：一定量的燃烧热标准物质苯甲酸在热量计的氧弹内燃烧，放出的热量使整个量热体系（包括内筒、内筒中的水或其他介质、氧弹、搅拌器、温度计等）由初态温度 T_A 升到末态温度 T_B，然后将一定量的被测物质在上述相同条件下进行燃烧测定。由于使用的热量计相同，而且量热体系温度变化又一致，因而可以得到被测物质的热值。

将已知量的燃料置于密封容器（氧弹）中，通入氧气，点火使之完全燃烧，燃料所放出的热量传给周围的水，根据水温升高度数计算出燃料热值。

测定时，除燃料外，点火丝燃烧，热量计本身（包括氧弹、温度计、搅拌器和外壳等）也吸收热量；此外热量计还向周围散失部分热量，这些计算时都应考虑加以修正。热量计系统在实验条件下，温度升高1℃所需要的热量称为热量计的热容量。测定之前，先使已知发热量的苯甲酸（热量计标准物质，热值为26466J/g）在氧弹内燃烧，标定热量计的热容量 K。设标定时总热效应为 Q，测得温度升高为 Δt，测得热容量为 $K=Q/\Delta t$。

热量计的热容量 K 已由实验室测得，同学可不必再测。测定时，再将被测燃料置于氧弹中燃烧，如测得温度升高 Δt_x，则燃烧总效应为：$Q=K\Delta t_x$。再经进一步修正计算出燃料的热值。具体计算方法如下。

（1）热量计热容量 K 值的计算

$$K=\frac{Q_1M_1+Q_2M_2}{(t_n-t_0)+\Delta\theta} \tag{1-12}$$

式中　K——热量计的热容量，J/℃；

Q_1——苯甲酸（量热计标准物质）的热值，为26466J/g；

M_1——苯甲酸的净质量，g；

Q_2——点火丝的热值，为6000J/g；

M_2——点火丝的净质量，g；

t_0，t_n——主期初温和末温，℃；

$\Delta\theta$——量热体系与环境的热交换修正值，℃，计算方法（瑞-芳法）如下

$$\Delta\theta = \frac{V_n - V_0}{\theta_n - \theta_0}\left(\frac{t_0 + t_n}{2} + \sum_{1}^{n-1} t_i - n\theta_n\right) + nV_n \tag{1-13}$$

式中 V_0，V_n——初期和末期的温度变化率，℃/30s；

θ_0，θ_n——初期和末期的平均温度，℃；

n——主期读取温度的次数；

t_i——主期按次序温度的读数。

（2）燃料燃烧氧弹热值的计算

$$Q = \frac{K(t_n - t_0 + \Delta\theta) - Q_2M_2}{G} \tag{1-14}$$

式中 Q——试样燃料的氧弹热值，kJ/kg；

G——试样质量，g。

（3）发热量的换算。在氧弹中燃烧的煤样，由于在氧弹的高温高压条件下，氮生成硝酸、硫生成硫酸都放出热量，水蒸气在高压下变为液态也会放出凝结热，因此氧弹中测得的煤的发热量是最大的，称为氧弹发热量。

发热量中如不包括上述因生成硝酸与硫酸而形成的热量，则称为高位发热量。高位发热量与氧弹发热量之间的关系（以分析基发热量为例）为

$$Q_{gw}^{f} = Q_{d}^{f} - (94.1S_t + \alpha Q_{d}^{f}) \tag{1-15}$$

式中 Q_{d}^{f}——燃料的分析基氧弹发热量，kJ/kg；

Q_{gw}^{f}——燃料的分析基高位发热量，kJ/kg；

S_t——燃料中全硫的百分含量；

α——系数，当 $Q_{d}^{f} \leqslant 16.70$MJ/kg 时 $\alpha = 0.001$，当 16.7 MJ/kg$<Q_{d}^{f} \leqslant 25.10$MJ/kg 时 $\alpha = 0.0012$，当 $Q_{d}^{f} > 25.10$ MJ/kg 时 $\alpha = 0.0016$。

发热量中如不包括因生成硝酸与硫酸形成的热量也不包括水蒸气变为液态放出的热量，则这种发热量称为低位发热量。

若煤不在氧弹中燃烧而在空气中燃烧，则氮变成游离氮逸出，硫生成二氧化硫逸出，而水蒸气也不会凝结放出凝结热。锅炉燃烧工况和排除锅炉的燃烧产物工况属于这一种情况，因此我国锅炉热效率计算中都采用燃料的应用基低位发热量进行计算。燃料的低位发热量与高位发热量之间存在一定的换算关系，而以分析基发热量为例，可按下式计算

$$Q_{dw}^{f} = Q_{gw}^{f} - 25.12(9H^{f} + W^{f}) \tag{1-16}$$

$$H^{f} = 2.329 + 0.066V^{f} + 0.168CRC \tag{1-17}$$

式中 Q_{dw}^{f}——燃料的分析基低位发热量，kJ/kg；

Q_{gw}^{f}——燃料的分析基高位发热量，kJ/kg；

H^{f}，W^{f}，V^{f}——燃料分析基的氢含量、水分含量、挥发分含量，代入公式中的数据为 $X\%$

中去掉%只代入 X 值（这里的 X 值代表的是 H^f、W^f、V^f）；

CRC——焦渣特性。

如需将已知的分析基低位发热量 Q^f_{dw}（高位发热量 Q^f_{gw}）换算成应用基低位发热量 Q^y_{dw}（高位发热量 Q^y_{gw}），则

$$Q^y_{dw} = (Q^f_{gw} - 206H^f) \times \frac{100 - W^y}{100 - W^f} - 23W^y \tag{1-18}$$

$$Q^y_{gw} = Q^f_{gw} \times \frac{100 - W^y}{100 - W^f} \tag{1-19}$$

1.3.3 实验装置

本实验采用 XRY-1A+型数显氧弹热量计，XRY-1A+型氧弹热量计是依据中华人民共和国标准 GB/T 213—2008《煤的发热量测定方法》、GB/T 384—1988《石油产品热值测定法》、中华人民共和国计量检定规程 JJG 67—2001《氧弹热量计》和上海市企业标准《Q/YXYY 10 XRY-1 型氧弹热量计》规定的要求设计制造的，其构造见图 1-2，氧弹的构造见图 1-3。

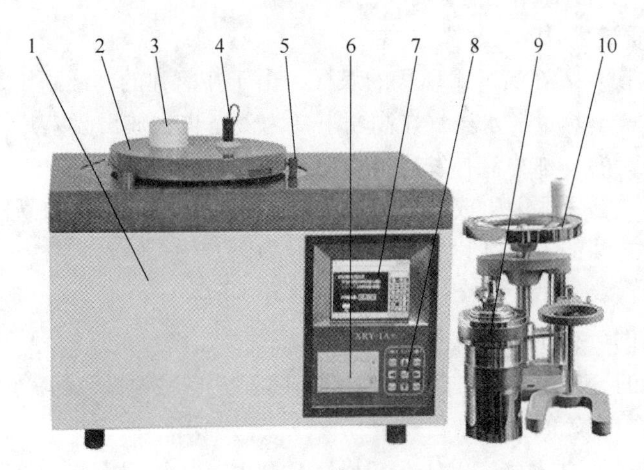

图 1-2 氧弹热量计构造图

1—量热主机，由外桶、内桶、搅拌电机和氧弹组成；
2—水桶盖，内外水桶双层保温盖，盖上装有搅拌电机、温度传感器等；3—搅拌电机，内筒水浴搅拌电机；
4—温度传感器，内筒精密温度传感器；5—搅拌杆，外筒水箱手动搅拌杆（需要时作手动搅拌用）；
6—打印机，微型针式打印机，打印测试的结果；7—显示屏，显示各参数值；8—操作键盘；
9—氧弹弹筒，不锈钢耐高压氧弹弹筒；10—压饼机，压制试样用

1.3.4 实验方法与步骤

1.3.4.1 准备

（1）燃料准备：为保证完全燃烧，测定热值的煤样应粉碎至粒度小于 0.2mm，每次测定称取煤样 1.5g（柴油 0.6~0.8g），精确至 0.0002g。

（2）点火丝：直径约 0.1mm 镍铬丝，长 80~100mm，再把等长的 10~15 根点火丝同时放在分析天平上称量，计算每根点火丝的平均重量。

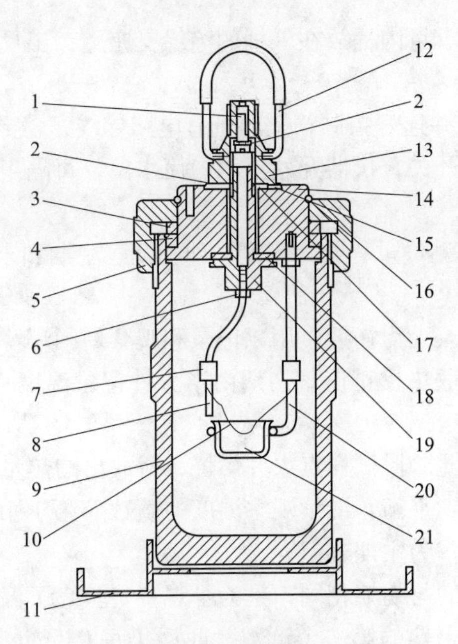

图 1-3 氧弹构造图

1—气阀柄；2—O 形密封圈；3—密封圈压环；4—密封圈；5—弹筒螺母；6—六角螺母；7—导电套圈；8—导电柱；9—氧弹弹筒；10—电热丝；11—氧弹座架；12—拉环；13—弹顶螺母；14—筒盖；15—大绝缘垫；16—卡簧；17—绝缘管；18—小绝缘垫；19—气阀；20—搁杯架；21—祖包夫皿（坩埚）

（3）氧气：准备纯度为 99.5%的工业氧气用于氧弹内，禁止使用电解氧。

1.3.4.2 操作

（1）先将热量计外筒装满水（约 18kg），以手动搅拌时不溢出为限，为了测量时的温度能尽快达到平衡，加入外桶的水预先在室内放置半天以上，实验前用外筒搅拌器（外桶上的红色手柄即为手动搅拌杆）将外筒水温搅拌均匀。

（2）秤样：称取试样质量 G，煤样 1.5g，放入燃烧皿中。

（3）装点火丝：将氧弹弹盖放在弹头支架上，取一根约 9cm 长的点火丝，把点火丝与试样接触好，两端挂在两根开有斜缝的装点火丝杆上（其中一根杆也是燃烧皿托架），用锁紧小套管锁紧。注意，不可让点火丝接触燃烧皿或氧弹体的其他金属部位，以免旁路点火电流，使点火失败。为了防止样品燃烧时直冲氧弹头上的密封件，在燃烧皿上面设有圆形挡火板。

（4）充氧：在氧弹内加入 10mL 蒸馏水，拧紧氧弹盖，将充氧器接在工业氧气瓶上，把氧气导管接在氧弹上，打开气阀，限压在 2.5~3.0MPa，往氧弹内缓缓充入氧气，压力平衡时间不得少于 30s。充好氧气的氧弹放入水中检查是否漏气，看不到冒气泡说明氧弹不漏气。

警告：氧弹弹体是耐高压器件，应按照正确的压力要求充氧气，切不可过压，并妥善保管，正确维护。

（5）给内桶加水：将氧弹放在内桶的氧弹座架上，向内桶加入已调好水温的蒸馏水约 3000g（称准至 0.5g），水面应在进气阀螺母的三分之二处附近；每次的加水量必须相同（≤±1g）；使内桶水温比外桶低 0.2~0.5℃，以便在测量结束时内桶水温高于外桶，温度曲线可出现明显下降。将内桶放在外桶的绝缘支座上，出厂时已调好了限位，以保证每次位置的一致性。

（6）接上点火导线，并连好控制箱上的所有电路导线，盖上胶木盖，将测温传感器插入内筒，打开电源和搅拌开关，仪器开始显示内筒水温，每隔半分钟出现一次读数并开始记录。

（7）热值测定：全部测量过程分为三期，即初期、主期和末期，三个期互相衔接，且不可倒接。

初期：由实验开始至点火为初期，用以记录和观察周围环境与热量计在实验开始温度下热交换的关系，以求得散热校正值。初期内半分钟记录温度一次，直至得到 10 个读数为止。

主期：初期过后，在此阶段试样点火并燃烧，所放出的热量传给水和热量计，并使热量计设备的各部分温度达到平衡。继续观察温度的读数，第 1 个读数作为主期初温 t_0，开始下降的第一个温度读数作为主期末温 t_n。

末期：这一阶段的目的与初期相同，是为了观察实验终了温度下热交换的关系。主期的最后一个温度读数作为末期的第一个读数，此后仍每 0.5min 读取一次温度读数，至第 10 次读数，末期结束，实验测量全部结束。

1.3.4.3　装置拆卸

（1）测量完毕，关闭搅拌开关和电源开关，拔出测温传感器探头及搅拌器，小心用毛巾擦干，并归置。打开热量计盖（注意：先拿出传感器，再打开水筒盖），取出氧弹并擦干。用放气阀小心放掉氧弹内的剩余氧气（**切不可先拧开氧弹盖!!**），待响声停止后再拧开盖，检查弹内及弹盖，若试样燃烧完全，试验有效，取出未烧完的点火丝称重。若有薄层烟渣或未燃尽的细粒，则实验失败，需要重做。

（2）将内筒的水倒掉，用蒸馏水洗涤氧弹内部及坩埚并擦拭干净，将弹头置于弹头架上。

1.3.5　实验分析与讨论

（1）记录实验数据：实验装置名称；实验台号；室温（℃）；热量计的热容量 K；试样质量 G(g)；点火丝长（cm）；剩余点火丝长（cm）；点火丝的净重量 M_2(g)。实验记录表如表 1-3 所示。

表 1-3　实验记录表　（℃）

名称	1	2	3	4	5	6	7	8	9	10
初期										
主期										
末期										

（2）计算燃料的热值。

1.3.6 注意事项

（1）氧弹内使用纯度为99.5%的工业氧气，禁止使用电解氧。

（2）保持仪器表面清洁干燥，不可让水流入仪器，引起电路板损坏。尤其是外筒不能加得过满，以免搅拌时水溢出造成电路板损坏。

1.4 液体燃料油黏度的测定

1.4.1 实验目的

（1）掌握石油产品恩氏黏度的测定与计算方法。

（2）熟悉恩氏黏度计的结构，掌握恩氏黏度计的操作方法。

1.4.2 实验原理

黏度是表示流体质点之间摩擦力大小的一个物理指标，是液体燃料的一个重要的特性参数。黏度的大小不仅取决于液体的性质，还受温度影响，温度升高，黏度将迅速减小，反之黏度升高。因此，要测定黏度，必须准确地控制温度的变化才有意义。黏度参数的测定，对于燃料的输送性、雾化和燃烧、预测产品生产过程的工艺控制以及产品在使用时的操作性，具有重要的指导价值，在印刷、医药、石油、汽车等诸多行业有着重要的意义。对液体燃料来说最常用的黏度单位有：条件黏度（或称相对黏度）、运动黏度和动力黏度，这里介绍条件黏度。条件黏度是指采用不同的特定黏度计所测得的以条件单位表示的黏度，各国通常用的条件黏度有以下三种：

（1）恩氏黏度，又叫恩格勒（Engler）黏度，是一定量的试样，在规定温度（如50℃、80℃、100℃）下，从恩氏黏度计流出200mL试样所需的时间与蒸馏水在20℃流出相同体积所需要的时间（s）之比，恩氏黏度的单位为条件度。

（2）赛氏黏度，即赛波特（Sagbolt）黏度，是一定量的试样，在规定温度（如38℃、50℃或99℃等）下从赛氏黏度计流出200mL所需的时间，以s为单位。赛氏黏度又分为赛氏通用黏度和赛氏重油黏度两种。

（3）雷氏黏度，即雷德乌德（Redwood）黏度，是一定量的试样，在规定温度下，从雷氏黏度计流出50mL所需的时间，以s为单位。雷氏黏度又分为雷氏1号和雷氏2号两种。

上述三种条件黏度测定法，我国除采用恩氏黏度计测定深色润滑油及残渣油外，其余两种黏度计很少使用。在一定温度 t 下一定量的试样自恩氏黏度计底部小孔流出200mL时所需的时间 τ_t 与在20℃下流出同体积纯水所需的时间 K_{20} 的比值称为恩氏黏度，用符号 E_t 表示

$$E_t = \frac{\tau_t}{K_{20}} \tag{1-20}$$

式中 E_t——恩氏黏度，°E；

τ_t——温度 t 下200mL液体燃料流出时间，s；

K_{20}——黏度计的水值，即 20℃下 200mL 水流出时间，s。

水的流出时间为一常数，称为水值（一般 20℃时 200mL 的水流出时间为 50~52s），实验时不进行这项测定，每台恩氏黏度计的水值已测好并标注在仪器上。

三种条件黏度表示方法和单位各不相同，但它们之间的关系可通过图表进行换算。同时恩氏黏度 E_t 与运动黏度 ν 也可进行换算，见下式

$$\nu = \left(0.073E_t - \frac{0.063}{E_t}\right) \times 10^{-4} \tag{1-21}$$

1.4.3　实验装置

恩式黏度计如图 1-4 所示。

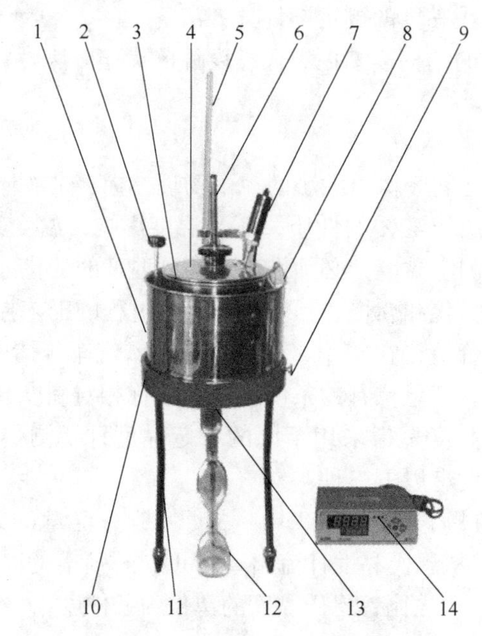

图 1-4　恩式黏度计结构

1—外锅；2—手动搅拌器；3—内锅盖；4—内锅；5—温控仪探头；6—木栓；7—恩式温度计；8——加热器；9—调整螺丝；10，11—支架；12—黏度计瓶；13—流出管；14—温控仪

1.4.4　实验方法与步骤

（1）恒温水（油）浴：先在外锅中加入水或油（水面最低应比油面高 10mm，80℃以下用水，80℃以上用油），然后把温控仪探头固定在支架上，探头头部要插入水中，在试验过程中要保持外容器的蒸馏水（油）温度变化小于 0.2℃，可以用搅拌器搅拌外容器中的蒸馏水（油），同时配备电加热装置进行精准控温。

（2）注入试样：用木塞严密塞住黏度计的流出孔（不可过分用力，以免木塞磨损），然后往内锅中加入试样油，稍稍提起木塞，使多余的试样流下，直至三个尖钉的尖端刚好露出油面为止。如果流出的试样过多，应逐滴补添试样至尖钉的尖端，油面应达到带有三个尖钉的尖端处，并在同一水平面上，注意试样中不要留有气泡。盖好内锅盖，插入温度计。

（3）打开温控仪开关，把温控选择旋纽放在所选择的位置上，待油温达到规定温度时停

止搅拌，再保持 5min，然后迅速提起木塞，木塞提起的位置保持与测定水值时相同（不允许拔出木塞）。同时开启秒表，移动接受瓶，使试样沿瓶壁流下，以保证液面平稳上升，防止泡沫生成。当接受瓶中的试样正好达到 200mL 的标线时，立即停住秒表，读取试样的流出时间 τ_t，准确至 0.2s。重复测定两次。之后按式（1-20）计算试液的恩氏黏度 E_t。

（4）重新选择控制温度，重复步骤（3），取平行两次测定结果的算术平均值，作为试液的恩氏黏度 E_t。

同一操作者重复测定的两个流出时间之差，应满足下面要求：

流出时间/s	250 以下	250~500	501~1000	>1000
允许差值/s	1	3	5	10

1.4.5　实验分析与讨论

（1）记录及计算：实验装置名称；实验台号；室温（℃）；K_{20}(s)。实验记录及计算表如表 1-4 所示。

表 1-4　实验记录及计算表

液体名称	实验次序	温度 t/℃	时间 τ_t/s	流量/mL	黏度 E_t/°E	黏度平均值 E_t/°E	动力黏度系数 ν/m^2 · s^{-1}
	1						
	2						
	3						
	4						
	5						
	6						
	7						
	8						

（2）说明测定黏度的意义及温度对黏度的影响，将其关系画在坐标图上。

（3）对实验的准确性及造成误差的原因加以说明。

1.4.6　注意事项

（1）每种燃料油在一种温度下测定两次黏度，最后取平均值作为该温度下的黏度。

（2）每种燃料油必须至少测定出三个温度下的黏度值，否则无法正确画出温度与黏度的关系曲线图。

1.5　燃料油闪点及燃点的测定

1.5.1　实验目的

（1）掌握液体燃料闪点与燃点的测定方法及差异。

（2）了解燃料的燃烧安全及储运安全。

1.5.2　实验原理

液体燃料是易燃易爆危险品，了解它与着火、爆炸、燃烧等有关的一些性质，对于预防火灾、确保安全运行是很有意义的。

当燃料油被加热时，在油的表面上将会产生油蒸气，油温越高，油蒸气产生的越多。在规定的条件下，将燃料油加热到它的蒸气与空气的混合气接触火焰能发生闪火现象时的最低温度称为闪点。闪点是保证液体油品储运和使用的安全指标，也就是在低于这一温度时，可能蒸发的轻质组分浓度不能达到爆炸极限的指标，闪点也是说明蒸发倾向性的指标。

闪点是在规定的开口杯或闭口杯内，用规定数量的试油加热到它蒸发的油气和空气的混合气中，在空气（大气压 101.3kPa）中的分压达到 666.7Pa 左右的浓度，接触规定的火焰就能发生闪火时试油的最低温度。这时油气和空气混合气中的油气浓度，即为该油气混合物的爆炸下限。石油产品的沸点越高，即馏分越重的闪点也越高。但重馏分中混入少量轻质馏分（甚至千分之几），也会使其闪点显著下降。闪点测定法有开口法和闭口法两种，一般轻质油品多用闭口法，而重质油品多用开口法。一般认为闭口法测定范围在 20~275℃，而开口法则无限制。同一油品，用开口法测定的结果要比闭口法高 10~30℃。这是因为开口法在试油升温过程中蒸发的油气随时四处散开，而使其达到闪火所需混合气浓度时的温度较高。

闪火只是瞬时的现象，当燃料油再继续加热时油蒸气的蒸发速度也逐渐增大，在规定的条件下加热到它的蒸气能被接触的火焰点着并连续燃烧时间不少于 5s 时的最低温度称为燃点。一般，燃点比闪点高 10~35℃。

闪点与燃点的测定方法有很多，但大体上可以分为开放式和封闭式两种，本实验选做开放式闪点与燃点测定法（也叫开口杯法），它适用于测定润滑油与深色石油产品。测定闪点和燃点时，均须从外面引入火源。若继续提高油温，则油气在空气中无需外加火源即能因剧烈的氧化而自行燃烧，自行燃烧时的最低油温称为自燃点。本实验不做此项内容实验。

1.5.3　实验装置

实验装置如图 1-5 所示，它适用于测定除燃料油以外的、开口杯闪点高于 79℃的石油产品和沥青的闪点和燃点，例如润滑油与深色石油产品。“开放式”实验法测得的闪点要比“封闭式”高 5~10℃。

1.5.4　实验方法与步骤

（1）把经过处理后的内坩埚放入装有细砂（经过锻烧）的外坩埚中，使细砂表面距离内坩埚的口部边缘约 12mm，并使内坩埚底部与外坩埚底部之间保持厚度为 5~8mm 的砂层。对闪点在 300℃以上的试样进行测定时，内外坩埚底部之间的砂层厚度允许酌量减薄，但在实验时必须保持规定的升温速度。

（2）将试样注入坩埚，对于闪点在 210℃及以下的试样，液面距离坩埚口部边缘为

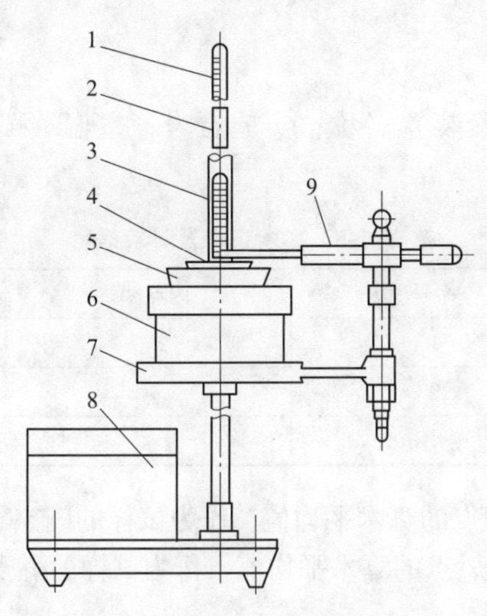

图 1-5　开口闪点试验器装置图

1—温度计；2—温度计尖轴；3—立柱；4—内坩埚；5—外坩埚；6—电炉部分；7—电炉托；8—电器装置；9—点火器部分

12mm（即内坩埚内的上刻度线处）；对于闪点在 210℃以上的试样，液面距离坩埚口部边缘为 18mm（即内坩埚内的下刻度线处）；试样向内坩埚注入时，应避免溅出，而且液面以上的坩埚壁不应沾有试样。

（3）将装好试样的坩埚平稳地放置在支架上的铁环（即电炉）中，再将温度计垂直地固定在温度计夹上，并使温度计的水银球位于内坩埚中央，与坩埚底和液面的距离大致相等。

（4）加热坩埚，使试样的温度逐渐升高，当试样温度达到预计闪点前 60℃时，调整加热速度，当试样温度达到闪点前 40℃时，能控制升温速度为每分钟升高（4±1）℃。

（5）试样温度达到预计闪点前 10℃时，将点火器的火焰放到距离试样液面 10～14mm 处，并在该处水平面上沿着坩埚内径作直线移动；从坩埚的一边移至另一边所经过的时间为 2～3s。试样温度每升高 2℃ 应重复一次点火，试验点火器的火焰长度，应预先调整为 3～4mm。

（6）试样液面上方最初出现蓝色火焰时，应立即从温度计上读出此时的温度值，此值即为试样油的闪点。

注：试样油的闪点同点火器的闪火不应混淆，如果闪火现象不明显，必须在试样温度升高 2℃时继续点火证实。

（7）测定试样的闪点之后，应继续对外坩埚进行加热，使试样的升温速度为每分钟升高（4±1）℃。然后按方法（5）用点火器的火焰进行点火试验。

（8）试样接触火焰后立即着火并能持续燃烧不少于 5s，此时立即从温度计上读出温度值，作为燃点的测定结果。

（9）记录完实验数据后应把温度计移出油杯，用熄火盖盖在油杯上，并关闭煤气，切断电源，并作好清洁工作。

1.5.5 实验分析与讨论

（1）记录及计算：实验装置名称；实验台号；室温（℃）。实验记录及计算表如表1-5所示。

表 1-5 实验记录及计算表

燃料名称	序号	闪点/℃	燃点/℃
	1		
	2		
	平均值		

（2）取平均测定两个闪点的算术平均值，作为试样的闪点，但两次测定的误差不能超过4~6℃。取平均测定两个燃点的算术平均值，作为试样的燃点，但两次测定的误差不能超过6℃。

（3）说明测定闪点及燃点的意义，描述在测定闪点和燃点时见到的现象。

（4）说明实验结果的准确性及造成误差的原因。

1.5.6 注意事项

（1）电源线必须有良好的接地端，确保用电的安全。

（2）仪器应放置在避风和光线较暗的地方，使闪点现象能看得清楚。

（3）实验时，铜杯应轻拿轻放，以防玻璃管破碎，造成漏电。

（4）电源开启后顺时针旋转电位器旋钮，电流指示仍未过零，请再向右旋一点角度即可。

（5）调节加热速率时，应注意尽量不要使加热电流长时间超过2.5A，以保证仪器的长期稳定使用。

（6）试样中含水分大于0.1%时必须脱水。脱水处理是通过在试样中加入新锻烧并冷却的食盐硫酸钠或无水氯化钙进行的。闪点低于100℃的试样脱水时不必加热，其他试样允许加热到50~80℃时用脱水剂脱水。脱水后，取澄清的试样供实验用。

（7）大气压力与标准大气压（760mmHg）的差值超过±15mmHg（1mmHg = 133.322Pa）时，闪点测定值需按下式修正（计算至1℃）

$$t_0 = t + 0.0345 \times (760 - P) \tag{1-22}$$

式中 t_0——标准大气压时的闪点，℃；

t——大气压力 P 时测得的闪点，℃；

P——测定闪点时的实际大气压力，由气压计测得，mmHg。

1.6 煤中硫的测定

1.6.1 实验目的

（1）掌握煤中硫的测定原理及方法。

（2）掌握本法中测定煤中硫的条件。

1.6.2 实验原理

煤中硫的测定是评价煤质的重要指标之一。煤中的硫通常以有机硫和无机硫的形态存在。煤中各种形态的硫分的总和称为全硫。煤中的硫对炼焦、气化、燃烧等都是有害的杂质，它使钢铁热脆、设备腐蚀并燃烧生成 SO_2 造成大气污染，所以硫分是评价煤质的重要指标之一。

煤的有机质中所含的硫称为有机硫。有机硫主要来自成煤植物中的蛋白质和微生物的蛋白质。蛋白质中含硫 0.3%~2.4%，而植物整体的硫含量一般都小于 0.5%。一般煤中有机硫的含量较低，但组成很复杂，主要由硫醚或硫化物、二硫化物、硫醇基化合物、噻吩类杂环硫化物及硫醌化合物等组分或官能团所构成。有机硫与煤的有机质结为一体，分布均匀，很难清除，用一般物理洗选方法不能脱除。一般低硫煤中以有机硫为主，经过洗选，精煤全硫因灰分减少而增高。

无机硫又分为硫铁矿硫和硫酸盐硫两种，有时也有微量的元素硫。硫化物硫与有机硫合称为可燃硫，硫酸盐硫则为不可燃硫。硫化物硫中绝大部分以黄铁矿硫形态存在，有时也有少量的白铁矿硫。它们的分子式都是 FeS_2，但黄铁矿是正方晶系晶体，多呈结核状、透镜状、团块状和浸染状等形态存在于煤中；白铁矿则是斜方晶系晶体，多呈放射状存在，在显微镜下的反射率比黄铁矿低。硫化物硫清除的难易程度与矿物颗粒大小及分布状态有关，颗粒大的可利用黄铁矿与有机质相对密度不同洗选除去，但以极细颗粒均匀分布在煤中的黄铁矿则即使将煤细碎也难以除掉。

一般工业分析中只测全硫，全硫的测试方法有：艾士卡法、燃烧法、弹筒法等。燃烧法是快速方法，而艾士卡法至今仍是世界公认的标准方法。

艾士卡法是用艾士卡试剂（$NaCO_3$ 和 MgO 以质量比为 1∶2 的混合物）作为熔剂，所以又称为艾士卡质量法。该方法包括煤样的半熔反应、用水浸取，硫酸钡的沉淀、过滤、洗涤、干燥、灰化和灼烧等过程。艾士卡法最大的优点是准确度高、重视性好，因此，在国家标准中把它作为仲裁分析的方法，它的缺点主要是操作麻烦，费时较长。

煤样和艾士卡试剂均匀混合后在高温下进行半熔反应，使各种形态的硫都转化成可溶于水的硫酸盐。煤样在空气中燃烧时，可燃硫首先转化为 SO_2，继而在有空气存在情况下，SO_2 和艾士卡试剂作用形成可溶于水的硫酸盐

$$\text{煤} + \text{空气} = CO_2\uparrow + H_2O + SO_2 + SO_3 + N_2\uparrow$$

$$2SO_2 + O_2 + 2NaCO_3 = 2Na_2SO_4 + 2CO_2\uparrow$$

$$SO_3 + NaCO_3 = NaSO_4 + CO_2\uparrow$$

艾士卡试剂中的 MgO 可疏松反应物，使空气能进入煤样，同时也能与 SO_2 和 SO_3 发生反应。不可燃烧又难溶于水的 $CaSO_4$ 也能同时和艾士卡试剂作用。难溶于水的硫酸盐 $MeSO_4$ 和艾士卡试剂中的 $NaCO_3$ 发生如下反应

$$MeSO_4 + Na_2CO_3 = Na_2SO_4 + MeCO_3$$

生成的 $MeCO_3$ 是不溶于水的，因此，无论是煤中的可燃硫还是不可燃硫经过半熔反应都能转化成 Na_2SO_4。经半熔反应后的熔块，用水浸取，Na_2SO_4 都溶入水中。未作用完的 Na_2CO_3 也进入水中，并部分水解，因此水溶液呈碱性。滤渣经过洗涤，把洗液和滤液

合并，调节溶液酸度，使其呈酸性（pH=1~2），其目的是消除 CO_3^{2-} 的影响，因其也会和 Ba^{2+} 在中性溶液中形成碳酸钡沉淀。加入 Ba^{2+} 后，生成硫酸钡沉淀

$$SO_4^{2-} + Ba^{2+} \longequal BaSO_4 \downarrow$$

滤出 $BaSO_4$ 沉淀，经洗涤、烘干、灰化、灼烧，即可称量。

1.6.3　实验装置

（1）分析天平；

（2）30mL 瓷坩埚；

（3）高温炉；

（4）玻璃棒；

（5）400mL 烧杯；

（6）定性滤纸；

（7）电热板；

（8）试剂：艾士卡试剂（MgO : Na_2CO_3 质量比 2+1），盐酸溶液（1+1），氯化钡溶液（100g/L），甲基橙指示剂（2g/L），硝酸银溶液（10g/L）。

1.6.4　实验方法与步骤

（1）精确称取煤样（粒度应小于 0.2mm）1g，精确至 0.0002g，置 30mL 瓷坩埚中；

（2）取艾士卡试剂 2g，放在瓷坩埚内仔细混匀，上面再覆盖 1g 艾士卡试剂；

（3）把坩埚推入高温炉内，在 2h 内从室温升到 850℃，在 850℃ 下加热 2h，取出坩埚，冷却到室温；

（4）用玻璃棒把熔块搅碎，熔块中应无残炭颗粒（如果有，则再送入炉中加热）；

（5）将熔块连同坩埚一并放入 400mL 烧杯中，用热蒸馏水洗出坩埚；

（6）加入 100~150mL 热蒸馏水，充分搅拌使熔块散碎，煮沸约 5min（此时如果发现有未燃烧完全的黑色颗粒漂浮在溶液表面，则此次试验报废）；

（7）用定性滤纸滤出不溶物，收集滤液在烧杯中，再用热蒸馏水吹洗不溶物，吹洗时应注意每次加水要少些，多吹洗几次（约 12 次，最后溶液体积不超 300mL）；

（8）在滤液中滴加甲基橙（2g/L 水溶液）指示剂滴，然后用 HCl 溶液（1+1）调节酸度，先调至甲基橙的黄色刚转为红色，然后再多加 2mL HCl 溶液（1+1）；

（9）把烧杯放到电热板上加热到微沸，在不断搅拌下，慢慢滴加 10mL$BaCl_2$ 溶液（100g/L），在电热板上保温 2h（或放置过夜），用慢速定量滤纸过滤；

（10）用热蒸馏水洗至无 Cl^-，将沉淀和滤纸正确折叠放在 850℃ 下已恒量的坩埚中进行干燥，灰化至滤纸已无黑色，然后放在 850℃ 的高温炉中灼烧 40min，后取出，先在空气中冷却，然后移入干燥器中冷却到室温，后称量。

1.6.5　实验分析与讨论

（1）测定结果可按下式计算

$$S_{t,ad} = \frac{m_1 - m_2}{m} \times 0.1374$$

式中　m——煤样质量，g；

m_1——灼烧后硫酸钡的质量，g；

m_2——空白试验硫酸钡的质量，g；

0.1374——由硫酸钡换算为硫的换算因数。

测定全硫的允许误差列于表1-6中。

表1-6　测定全硫的允许误差

$S_{t,ad}$	同一实验室的误差/%	不同实验室的误差/%
<1	0.05	0.10
1~4	0.10	0.20
>4	0.20	0.30

（2）煤中硫的测定原理是什么？

（3）如何控制煤中硫的测定条件。

1.6.6　注意事项

（1）必须在通风下进行半熔反应，否则煤粒燃烧不完全而使部分硫不能转化为SO_2。

（2）在用水浸取、洗涤时，溶液体积不宜过大，当加入$BaCl_2$溶液后，最后体积应在200mL左右为宜。体积过大，虽然$BaSO_4$的溶度积不大，但是也会影响测定值（偏低）。

（3）调节酸度到微酸性，同时再加热，是为了消除CO_3^{2-}的影响：

$$2H^+ + CO_3^{2-} \xlongequal{} H_2O + CO_2\uparrow$$

（4）在热溶液中加入$BaCl_2$溶液以及在搅拌下慢慢滴加，都是为了防止Ba^{2+}局部过浓，以致造成局部［Ba^{2+}］和［SO_4^{2-}］的乘积大于溶度积而析出沉淀。在上述条件下可以使$BaSO_4$晶体慢慢形成，长成较大颗粒。

（5）在洗涤过程中，每次吹入蒸馏水前，应该将洗液都滤干，这样洗涤效果较好。

（6）在灼烧前不得残留滤纸，高温炉也应通风。如果这两方面不注意，$BaSO_4$会被还原而导致测定结果偏低。

（7）在一批艾士卡试剂使用时应作两次平行的空白试验，两次空白值之差不得大于0.001g，并取两次空白实验的平均值。

1.7　本生灯法测定燃气法向火焰传播速度实验

1.7.1　实验目的

（1）巩固火焰传播速度的概念，掌握本生灯法测量火焰传播速度的原理和方法。

（2）测定液化石油气的层流火焰传播速度。

（3）掌握不同的气/燃比对火焰传播速度的影响，测定出不同燃料百分数下火焰传播速度的变化曲线。

1.7.2　实验原理

层流火焰传播速度是燃料燃烧的基本参数。测量火焰传播速度的方法很多，本试验装置是用动力法即本生灯法进行测定。

正常法向火焰传播速度定义为在垂直于层流火焰前沿面方向上火焰前沿面相对于未燃混合气的运动速度。在稳定的本生灯火焰中，内锥面是层流预混火焰前沿面。在此面上某一点处，混合气流的法向分速度与未燃混合气流的运动速度即法向火焰传播速度相平衡，这样才能保持燃烧前沿面在法线方向上的燃烧速度，具体见图1-6，即

$$u_0 = u_s \sin\alpha \tag{1-23}$$

式中　u_s——混合气的流速，cm/s；

α——火焰锥角之半。

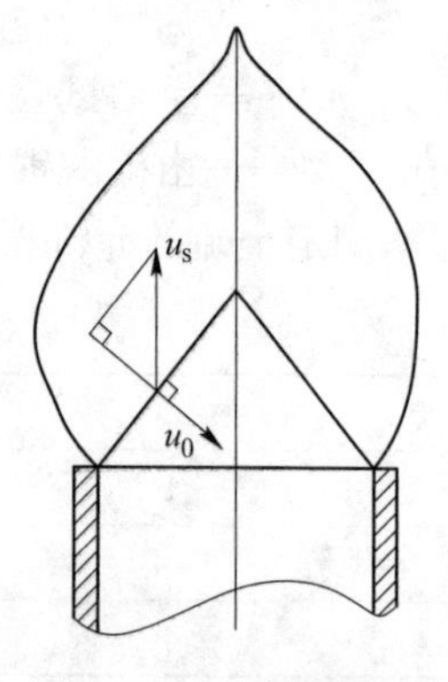

图 1-6　火焰传播速度测试原理图

或

$$u_0 = 318\frac{q_v}{r\sqrt{r^2 + h^2}} \tag{1-24}$$

式中　q_v——混合气的体积流量，L/s；

h——火焰内锥高度，cm；

r——喷口半径，cm；

318——阻尼系数（常数）。

式（1-24）是使用本生灯火焰高度法测定可燃混合气体的层流火焰传播速度 u_0 的计算式。在我们的实验中，可燃混合气体的流量 q_v 是用浮子流量计分别测定燃气与空气的单位体积流量而得到的，内锥焰面底部圆的半径 r 可取本生灯喷口半径；火焰内锥高度 h 可由测高尺测量。

1.7.3　实验装置

实验台由本生灯、旋涡气泵、浮子气体流量计、U 形管压差计、测高尺等组成。旋涡气泵产生的空气通过泻流阀、稳压罐、湿式气体流量计、调压阀后进入本生灯，燃气经减压器、气体流量计、防回火器、调压阀后进入本生灯与空气预混合，点燃后通过测量内焰锥高度计算火焰的传播速度。

1.7.4　实验方法与步骤

（1）启动旋涡气泵，调节风量使本生灯出口流速约为 0.6m/s，并由流量计读出空气流量约为 0.32m^3/h，压力为 0.14kPa。

（2）由以上空气流量，可粗略地估算出一次空气系数 α_1 约为 0.8、0.9、1.0、1.1、1.2 时的燃气流量。

（3）开启燃气阀，调整燃气流量分别为上述 5 个计算值的近似值（流量值由流量计读出约为 0.028 m^3/h，压力为 0.35kPa）。

（4）缓慢调节空气和燃气流量，当火焰稳定后，分别由流量计测出燃气与空气的体积流量；由测尺测出火焰内锥高度（从火焰底部，即喷口出口断面处到火焰顶部间的距离）。为减小测量误差，对每种情况最好测三次，然后取平均值。

（5）记录室温与大气压力。

（6）计算出 u_0 值。

1.7.5 实验分析与讨论

（1）根据理想气体状态方程式（等温），将燃气和空气测量流量换算成（当地大气压下）喷管内的流量值，然后计算出混合气的总流量，求出可燃混合气在管内的流速 u_s，并求出燃气在混合气中的百分数。

（2）计算出火焰传播速度 u_0，将有关数据填入表1-7内。

（3）液化石油气的最大火焰传播速度是多少？对应的燃气百分数是多少？误差如何？

（4）应选定本生灯火焰的哪个面为火焰前沿面？为什么？

（5）记录：喷管口半径（cm）；室温（℃）；当地大气压（kPa）。

表1-7 实验记录表

<table>
<tr><th rowspan="2">序号</th><th colspan="2">燃气测量值</th><th colspan="2">空气测量值</th><th colspan="2">折算流量/L·s^{-1}</th><th rowspan="2">总流量
q_v/L·s^{-1}</th><th rowspan="2">燃气体积
分数/%</th><th rowspan="2">气流出口
速度 u_s
/cm·s^{-1}</th><th rowspan="2">火焰传播
速度 u_0
/cm·s^{-1}</th><th rowspan="2" colspan="2">火焰高度
/cm</th></tr>
<tr><th>压力
/Pa</th><th>流量
/L·s^{-1}</th><th>压力
/Pa</th><th>流量
/L·s^{-1}</th><th>燃气</th><th>空气</th></tr>
<tr><td rowspan="4">1</td><td rowspan="4"></td><td rowspan="4"></td><td rowspan="4"></td><td rowspan="4"></td><td rowspan="4"></td><td rowspan="4"></td><td rowspan="4"></td><td rowspan="4"></td><td rowspan="4"></td><td rowspan="4"></td><td>1</td><td></td></tr>
<tr><td>2</td><td></td></tr>
<tr><td>3</td><td></td></tr>
<tr><td>平均</td><td></td></tr>
<tr><td rowspan="4">2</td><td rowspan="4"></td><td rowspan="4"></td><td rowspan="4"></td><td rowspan="4"></td><td rowspan="4"></td><td rowspan="4"></td><td rowspan="4"></td><td rowspan="4"></td><td rowspan="4"></td><td rowspan="4"></td><td>1</td><td></td></tr>
<tr><td>2</td><td></td></tr>
<tr><td>3</td><td></td></tr>
<tr><td>平均</td><td></td></tr>
<tr><td rowspan="4">3</td><td rowspan="4"></td><td rowspan="4"></td><td rowspan="4"></td><td rowspan="4"></td><td rowspan="4"></td><td rowspan="4"></td><td rowspan="4"></td><td rowspan="4"></td><td rowspan="4"></td><td rowspan="4"></td><td>1</td><td></td></tr>
<tr><td>2</td><td></td></tr>
<tr><td>3</td><td></td></tr>
<tr><td>平均</td><td></td></tr>
</table>

1.7.6 注意事项

（1）本实验装置所用燃气为液化石油气，不得用其他燃气代替实验，以防引起不测。

（2）实验前不可关闭空气流量计，实验台周围不得有易燃物，以防引起火灾。实验时实验人员不得离实验设备过近，以防止点燃灶具时因燃气与空气调整比例不合适，而出现黄焰或脱火是火焰窜出，造成伤人事故。

（3）U形管压力计液体中不得有气泡，务必排除干净，以防造成读数不准现象。燃气阀开启应缓慢进行，使U形管压力计两液面逐步拉大，如开启过大，则容易窜液，造成燃气外泄。

（4）实验室环境应通风良好。如有燃气外泄时，应及时疏散实验人员，并打开门窗通风。

（5）实验结束后，应有专人负责，及时关闭液化气钢瓶阀，以防发生泄漏。

1.8　预混火焰稳定浓度界限测定

1.8.1　实验目的

（1）观测预混火焰的回火和吹脱等现象。

（2）测定预混火焰的稳定浓度界限。

1.8.2　实验原理

预混可燃气燃烧时，如果预混气体的速度在火焰锋面上的法向分量大于火焰传播速度，火焰将向下游移动，最后完全熄灭，称为吹脱或吹熄。反之，如果预混气的法向速度小于火焰传播速度，火焰将逆流向上游移动，进入燃烧器内部，即出现回火现象。

在燃烧过程中，出现回火和熄火都是不允许的。回火会引起爆炸。熄火使动力机械停止工作，并向周围扩散有毒气体，有中毒和爆炸的危险。回火现象只能出现在预混燃烧过程中。在扩散燃烧中，燃料和空气是分别送入燃烧室的，在燃烧器内两者并不接触，因此没有回火现象。熄灭或吹脱现象在预混燃烧和扩散燃烧中均有可能出现。

火焰稳定性是气体燃料燃烧的重要特性，要维持正常的稳定燃烧，就需要避免出现回火或熄火现象，因而要求知道燃料的稳定燃烧范围。这一稳定界限与燃料/空燃比和环境的温度及压力有关。本试验装置可以定量地测定燃料浓度对火焰传播稳定性的影响，从而绘制得到火焰稳定性曲线（回火线）。图 1-7 展示了气体燃烧稳定曲线情况。

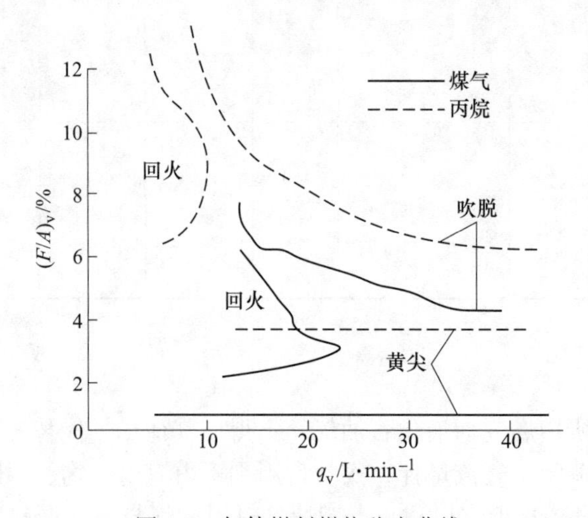

图 1-7　气体燃料燃烧稳定曲线

1.8.3　实验装置

实验设备：小型空压漩涡泵、稳压罐、本生灯火焰试验系统、流量计、U 形管压力计、点火器。

燃料：液化石油气。

1.8.4 实验方法与步骤

（1）保持室内通风，防止燃气泄漏造成对人员的危害。将U形管压力计装入纯净水到液面平衡在“0”左右。

（2）启动旋涡泵，调节空气流量计阀，使空气流量指示在150L/h左右，切记勿使过大，以防将U形管压力计中的水由通大气的一侧吹出。

（3）缓慢开启液化石油气钢瓶阀，勿使过大，以防将U形管压力计中的水由通大气的一侧吹出，造成液化气排进环境，造成危险。缓慢调节液化气流量计阀，使燃气流量指示在3.8L/h左右，用点火器在燃烧器出口点火。

（4）调节空气流量，使火焰内锥出现黄尖，记录火焰发烟时的燃气和空气参数。再增加空气流量，使管口形成稳定的本生灯火焰，记录圆锥火焰的燃气和空气参数。然后缓慢调小空气流量，待形成平面火焰时，记录燃气和空气参数。管口形成平面火焰为回火的贫富燃料线界限。缓慢增加空气流量，待火焰被吹脱时，记录燃气和空气参数。上述各种现象时的燃气和空气压力及流量记录于表1-8中。

（5）在3.8~5.2L/h之间，再选2~4个不同的燃气流量点，重复上述的实验内容。

（6）实验完毕，关闭液化气钢瓶阀门和液化气流量计阀；关闭漩涡气泵和空气流量计阀，整理试验现场。

1.8.5 实验分析与讨论

（1）记录及计算：燃料：石油液化气；实验台号，室温（℃）；当地大气压（kPa）。

表1-8 层流火焰稳定性的测定

序号	黄尖				圆锥火焰				回火				吹脱			
	燃气		空气		燃气		空气		燃气		空气		燃气		空气	
	压力/kPa	流量/$L \cdot h^{-1}$	压力/kPa	流量/$L \cdot h^{-1}$	压力/kPa	流量/$L \cdot h^{-1}$	压力/kPa	流量/$L \cdot h^{-1}$	压力/kPa	流量/$L \cdot h^{-1}$	压力/kPa	流量/$L \cdot h^{-1}$	压力/kPa	流量/$L \cdot h^{-1}$	压力/kPa	流量/$L \cdot h^{-1}$
1																
2																
3																
4																
5																
6																
7																
8																

（2）根据理想气体状态方程式（等温），将燃气和空气的测量流量换算成相同压力（如0.1MPa）下的流量值。

（3）根据换算流量值计算各种情况下的空气/燃料比。

（4）以气燃比为纵坐标，输入燃气量为横坐标，绘制火焰稳定性曲线（回火线、吹脱线及发烟线）。

（5）在怎样的气燃比下，点火比较容易。

（6）确定回火的浓度界限时，应该怎样调节空气和燃气流量。

1.8.6　注意事项

（1）本实验装置所用燃气为液化石油气，不得用其他燃气代替实验，以防引起不测。

（2）实验前不可关闭空气流量计，实验台周围不得有易燃物，以防引起火灾。实验时实验人员不得离实验设备过近，以防止点燃灶具时因燃气与空气调整比例不合适，而出现黄焰或脱火使火焰窜出，造成伤人事故。

（3）U 形管压力计液体中不得有气泡，务必排出干净，以防造成读数不准现象。燃气阀开启时应缓慢，使 U 形管压力计两液面逐步拉大，如开启过大则容易窜液，造成燃气外泄。

（4）实验室环境应通风良好。如有燃气外泄时，应及时疏散实验人员，并打开门窗通风。

（5）实验结束后，应有专人负责，及时关闭液化气钢瓶阀，以防发生泄漏。

（6）强烈建议在放置有燃气实验台的实验室安装燃气报警自动通风装置。

2　流体力学综合实验

流体力学综合实验台是多用途实验装置，用此实验台可进行下列实验：

（1）雷诺实验；

（2）沿程阻力实验；

（3）局部阻力实验；

（4）能量方程（伯努利方程）实验；

（5）文丘里流量计系数的测定实验；

（6）阀门阻力系数的测定实验。

实验装置如图 2-1 所示。

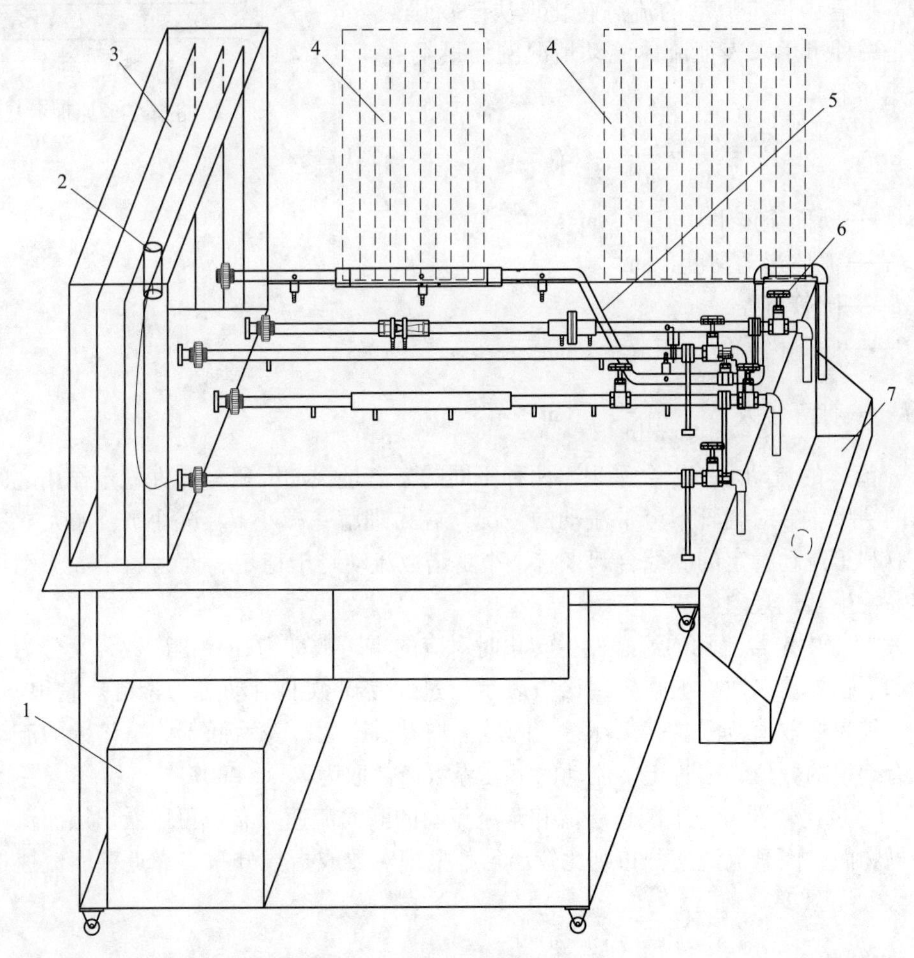

图 2-1　流体力学综合实验台

1—储水箱及水泵；2—颜色罐；3—稳压水箱；4—差压板；5—实验管组；6—调节阀；7—回水盒

2.1 雷诺实验

2.1.1 实验目的

（1）了解层流、紊流的流态及其转换特征。

（2）测定临界雷诺数值，掌握圆管流态判别准则。

（3）学习古典流体力学中应用无量纲参数进行实验研究的方法，并了解其实用意义。

2.1.2 实验原理

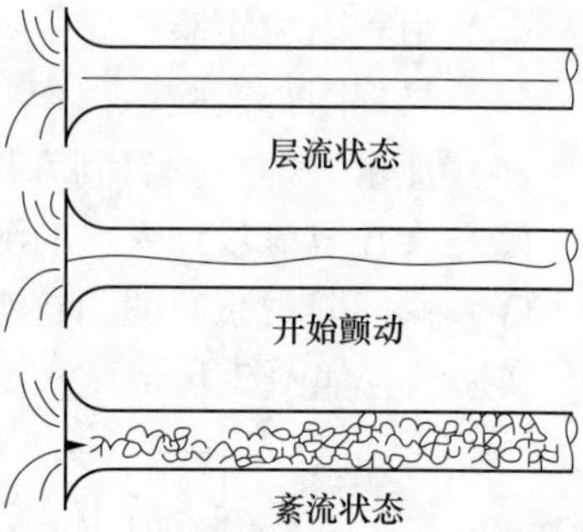

（1）流体的流动会呈现出两种不同的型态：层流、紊流，如图2-2所示，它们的区别在于流动过程中流体层之间是否发生掺混现象，在紊流流动中存在随机变化的脉动量，而在层流流动中则没有。

层流状态

开始颤动

紊流状态

图2-2 雷诺实验原理示意图

（2）圆管中恒定流动的流态转化取决于雷诺数 Re，雷诺数是一种可用来表征流体流动情况的无量纲数，其计算公式如下

$$Re = \frac{ud}{\nu} = \frac{4Q}{\pi d\nu} = KQ \tag{2-1}$$

式中 u——断面流体平均流速，m/s；

ν——流体运动黏度，cm^2/s；

d——圆管直径，cm；

Q——圆管内流体体积流量，cm^3/s；

K——计算常数，$K=\frac{4}{\pi d\nu}$，s/cm^3。

（3）流体的流动之所以会呈现出两种不同的型态是扰动因素与黏性稳定作用之间对比和抗衡的结果。针对圆管中定常流动的情况，容易理解：减小 d、减小 u、加大 ν 三种途径都是有利于流动稳定的。综合起来看，小雷诺数流动趋于稳定，而大雷诺数流动稳定性差，容易发生紊流现象。

（4）圆管中定常流动的流态发生转化时对应的雷诺数称为临界雷诺数，又分为上临界雷诺数和下临界雷诺数。上临界雷诺数表示超过此雷诺数的流动必为紊流，它很不稳定，跨越一个较大的取值范围。有实际意义的是下临界雷诺数，表示低于此雷诺数的流动必为层流，有确定的数值，圆管定常流动的下临界雷诺数取为 $Re_{cr}=2300$。

（5）通过比较同流量下圆管层流和紊流流动的断面流速分布，可以看出层流流速分布呈旋转抛物面，而紊流流速分布则比较均匀，呈现对数或指数分布，靠近壁面流速梯度比层流时大，见图2-3。

2.1.3 实验装置

实验装置见图2-1。

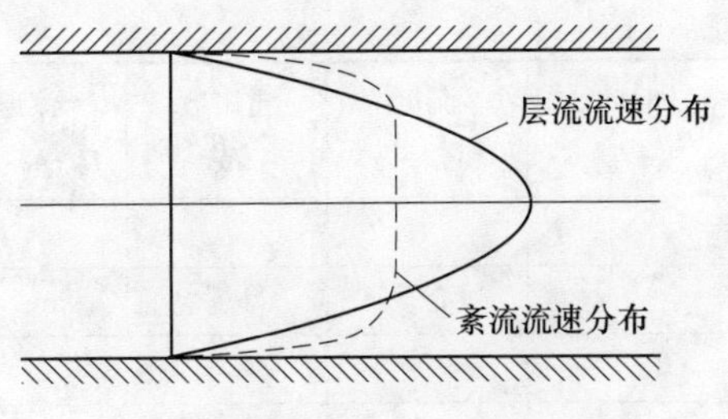

图 2-3　圆管内径向流速分布示意图

2.1.4　实验方法与步骤

（1）测量并记录本实验的有关常数。

（2）观察两种流态。水箱充水至溢流水位，经稳定后，微微开启调节阀，并注入颜色水于实验管内，使颜色水流成一直线。通过颜色水质点的运动观察管内水流的层流流态，然后逐步开大调节阀，由颜色水线的变化来观察层流转变到紊流的水力现象，待管中出现完全紊流后，再逐步关小调节阀，观察由紊流转变为层流的水力现象。

（3）测定下临界雷诺数。

1）将调节阀打开，使管中呈完全紊流，再逐步关小调节阀使流量减小，当流量调节到使颜色水在全管刚好呈现出一条稳定直线时，即为下临界状态；

2）待管中出现临界状态时，用体积法测定流量；

3）根据所测流量计算下临界雷诺数，并与公认值（2320）比较，偏离过大，需重测；

4）重新打开调节阀，使其形成完全紊流，按上述步骤重复测量不少于三次。

注意：

1）每调节阀门一次，均需等待稳定几分钟；

2）关小阀门过程中，只许关小，不许开关；

3）随着出水流量减小，应适当调小开关（右旋），以减小溢流量引发的扰动。

（4）测定上临界雷诺数。逐渐开启调节阀，使管中水流由层流过渡到紊流，颜色水线刚开始散开时，即为上临界状态，测定计算上临界雷诺数 1~2 次。

2.1.5　实验分析与讨论

（1）记录计算有关常数：实验装置名称；实验台号；管径 d(cm)；水温 t(℃)；运动黏度 $\nu=\dfrac{0.01775}{1+0.0337t+0.000221t^2}$（$cm^2/s$）；计算常数 k(s/cm^3)。

（2）记录及计算表见表 2-1。

表 2-1　实验记录计算表

实验次序	颜色水线形态	水重量 G/kg	时间 τ/s	流量 $Q/cm^3 \cdot s^{-1}$	雷诺数 Re	流速 $U/cm \cdot s^{-1}$	阀门开度增（↑）或减（↓）	备注
1								
2								

续表 2-1

实验次序	颜色水线形态	水重量 G/kg	时间 τ/s	流量 $Q/cm^3 \cdot s^{-1}$	雷诺数 Re	流速 $U/cm \cdot s^{-1}$	阀门开度增（↑）或减（↓）	备注
3								
4								
5								
6								
7								
8								
实测下临界雷诺数（平均值）$\overline{Re}$								

注：颜色水形态指稳定直线、稳定略弯曲、直线摆动、直线抖动、断续、完全散开等。

（3）流态判据为何采用无量纲参数，而不采用临界流速?

（4）为何上临界雷诺数无实际意义，而采用下临界雷诺数作为层流与紊流的判据？实测下临界雷诺数为多少?

2.1.6 注意事项

本实验的技术性比较强，每一步操作，都要求实验人员做到精细，才能反映真实的实验成果。

（1）应尽可能减少外界对水流的干扰，不要碰撞管道以及与管道有联系的器件，要仔细轻巧地操作。尾阀开度的改变对水流也是一个干扰，因而操作阀门要轻微缓慢。

（2）尾阀开度的变化不宜过大。当接近临界区（$Re = 2000 \sim 2300$）时，更要细心操作，应做15~20个以上的测次，预计全部实测的雷诺数在500~8000之间。

（3）每调节一次尾阀，必须等待3min，使水流稳定后，方可开始测量。

（4）测量水温时，要把温度计放在量筒的水中来读数，避免与量筒壁接触，不可将它拿出水面之外读数。

（5）在测量流速时，特别是流量较小时，尽可能延长接水时间，同时计时和量筒接水必须同步进行，以减小流速测量的误差。

2.2 沿程阻力系数的测定

2.2.1 实验目的

（1）学会测定管道沿程水头损失系数 λ 的方法。

（2）掌握圆管层流和紊流的沿程损失随平均流速变化的规律，绘制曲线。

（3）掌握管道沿程阻力损失系数的测量方法和气-水压差计及电测压差计测量压差的方法。

（4）将实测得到的结果与莫迪图作对比分析。

2.2.2　实验原理

（1）对于通过直径不变的圆管的恒定水流，沿程水头损失为

$$h_f = \left(Z_1 + \frac{P_1}{P_g}\right) - \left(Z_2 + \frac{P_2}{P_g}\right) = \Delta h \tag{2-2}$$

其值为上下游量测断面的压差计读数。沿程水头损失也常表达为

$$h_f = \lambda \frac{L}{d} \times \frac{u^2}{2g} \tag{2-3}$$

其中
$$\lambda = \frac{\Delta h}{\frac{L}{d} \times \frac{V^2}{2g}}$$

式中　λ——沿程水头损失系数，m/s；

L——上下游量测断面之间的管段长度，cm；

d——管道直径，cm；

u——断面流体平均流速，m/s。

若在实验中测得 Δh 和断面平均流速，则可直接计算得到沿程水头损失系数。

（2）不同流动形态的沿程水头损失与断面平均流速的关系是不同的。层流流动中的沿程水头损失与断面平均流速的1次方成正比。紊流流动中的沿程水头损失与断面平均流速的1.75~2.0次方成正比，见图2-4。

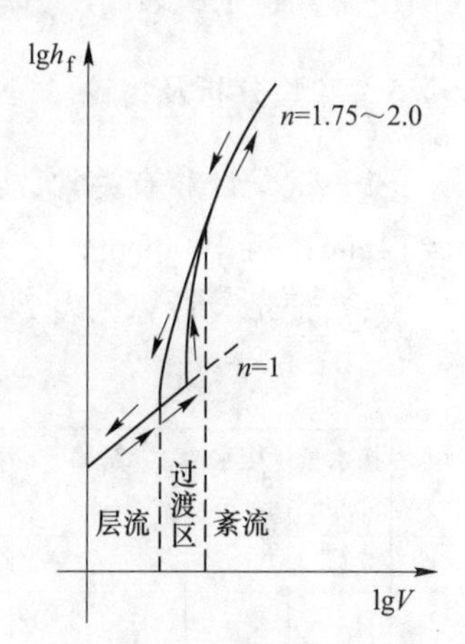

图2-4　阻力随温度变化图

（3）沿程水头损失系数 λ 是相对粗糙度 δ/d 与雷诺数 Re 的函数，δ 为管壁的粗糙度，$Re = ud/\nu$（其中 ν 为水的运动黏滞系数）。

1）对于圆管层流流动 $\lambda = \frac{64}{Re}$；

2）对于水力滑管紊流流动可取 $\lambda = \frac{0.3164}{Re^{1/4}}$（$Re < 10^5$），可见在层流和紊流光滑管区，沿程水头损失系数 λ 只取决于雷诺数；

3）对于水力粗糙管紊流流动可取 $\lambda = \frac{1}{\left[2\lg\left(\frac{d}{2\delta}\right) + 1.74\right]^2}$，可见在水力粗糙管紊流区，沿程水头损失系数 λ 完全由粗糙度决定，与雷诺数无关，此时沿程水头损失与断面平均流速的平方成正比，所以紊流粗糙管区通常也叫做“阻力平方区”；

4）对于在紊流光滑区和紊流粗糙管区之间存在过渡区，沿程水头损失系数 λ 与雷诺数和粗糙度都有关。

2.2.3　实验装置

实验装置见图2-1。

2.2.4　实验方法与步骤

（1）对照装置图和说明，搞清各组成部件的名称、作用及其工作原理；检查蓄水箱水位是否够高，否则予以补水并关闭阀门；记录有关实验常数、工作管内径 d 和实验管长 L。

（2）接通电源，启动水泵，打开供水阀。

（3）调通测量系统：

1）启动水泵排除管道中的气体；

2）关闭出水阀，排除其中的气体；随后关闭进水阀，开出水阀，使水压计的液面降至标尺零附近；再次开启进水阀并立即关闭出水阀，稍候片刻检查水位是否齐平，如不平则需重调；

3）气-水压差计水位齐平；

4）实验装置通水排气后，即可进行实验测量；在进水阀全开的前提下，逐次开大出水阀，每次调节流量时，均需稳定 2~3min，流量越小，稳定时间越长；测流量时间不少于 8~10s；测流量的同时，需记录压差计读数；

5）结束实验前关闭出水阀，检查水压计是否指示为零，若均为零，则关闭进水阀，切断电源；否则，表明压力计已进气，需重做实验。

2.2.5　实验分析及讨论

（1）记录计算有关常数：实验装置名称；实验台号；水温 t(℃)；水密度（g/cm^3）；d = 14mm；L = 1000mm。

（2）记录及计算见表 2-2。

表 2-2　实验记录计算表

实验次序	接水量 /g	接水时间/s	流量 $q_v/cm^3 \cdot s^{-1}$	流速 $u/cm \cdot s^{-1}$	黏度 $\nu/cm^2 \cdot s^{-1}$	雷诺数 Re	差压计 1 /cm	差压计 2 /cm	沿程损失 h_f/cm	沿程损失系数 λ
1										
2										
3										
4										
5										
6										
7										
8										

（3）绘制 $\lg u$-$\lg h_f$ 曲线，并确定指数关系值 n 的大小，$n = \dfrac{\lg h_{f_2} - \lg h_{f_1}}{\lg u_2 - \lg u_1}$；将从图纸上求得 n 值与已知各流区的 n 值（即层流 $n=1$，光滑管流区 $n=1.75$，粗糙管紊流区 $n=2.0$，紊流过渡区 $1.75<n<2.0$）进行比较，确定流态区。

（4）为什么压差计的水柱差就是沿程水头损失？如果实验管道安装达不到水平，是否影响实验结果？

（5）实验中的误差主要由哪些环节产生？

2.2.6　注意事项

本实验为了精确测量接水量，采用天平称接水质量，然后根据对应水温下水的密度换算成接水体积，这样比直接用最小刻度 20mL 的量筒测水体积精确。

2.3　局部阻力系数的测定

2.3.1　实验目的

（1）学会利用三点法测量突扩圆管局部阻力损失系数的方法。

（2）学会利用四点法测量突缩管路局部阻力损失系数的方法。

（3）加深对局部阻力损失的感性认识及对局部阻力损失机理的理解。

2.3.2　实验原理

局部损失取决于流道、道边壁突变产生的急变流内部流动结构的情况，图 2-5 中的流道突然扩大或突然缩小、三通连接处的汇流或分流、弯头处的流动急剧转向、阀门处的突缩或突扩，以及管道进口处的突然缩小时，流场内部形成流速梯度较大的剪切层。在强剪切层内流动很不稳定，引起流动结构的重新调整，会不断产生漩涡，将时均流动的能量转化成脉动能量。向脉动能转化的过程一般是不可逆流的，因为漩涡体形成后会继续发展（经拉伸变形、失稳断裂、分裂成小漩涡等复杂过程）并向下游运动，最终在流体黏性的作用下将所有脉动能转换成热能而失散。时均流动的能量转化成脉动能的过程具有不可逆性，与沿程因摩擦造成的分布损失不同，这部分损失可以看成是集中在管道边界的突变处，单位质量流体承担的这部分能量损失称为局部水头损失。

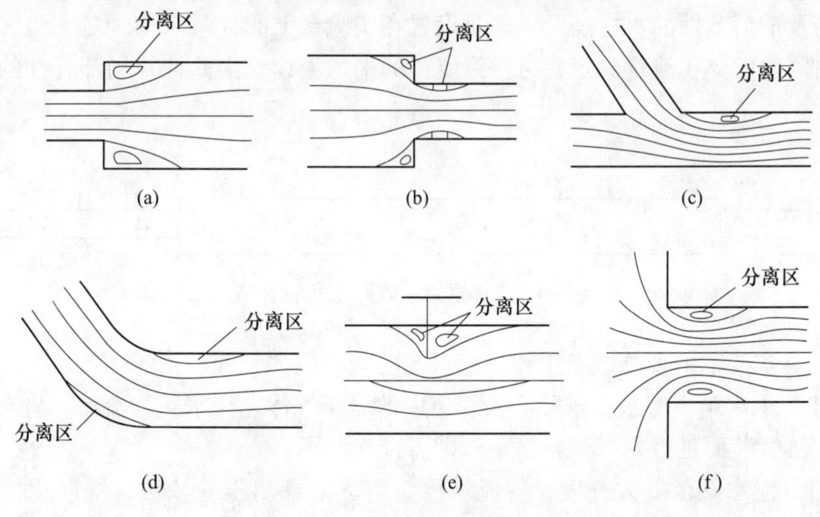

图 2-5　流道的局部突变

（a）突然扩大；（b）突然缩小；（c）三通汇流；（d）管道弯头；（e）闸阀；（f）管道进口

局部水头损失系数是局部水头损失与速度水头的比例系数，即

$$\zeta = h_j \Big/ \frac{u_1^2}{2g} \tag{2-4}$$

当上下游断面平均流速不同时，应明确它对应的是哪个速度水头，例如对于突扩圆管就有区别，通常情况下对应下游的速度水头。其他情况的局部水头损失系数在查表或使用经验公式确定时也应该注意这一点。

由于流动局部损失与复杂的漩涡形成、发展过程有关，因此流道边壁形状各异、种类繁多，目前尚难以通过机理分析来定量地确定损失的规律，主要通过实测来得到各种局部水头损失系数。

（1）对于突扩圆管，在不考虑突扩段沿程阻力损失的前提下，可推导出局部阻力损失系数的表达式为

$$\zeta_1 = \left(1 - \frac{A_1}{A_2}\right)^2,\ \zeta_2 = \left(\frac{A_2}{A_1} - 1\right)^2 \tag{2-5}$$

（2）对于突缩圆管，局部阻力损失系数的经验公式为

$$\zeta = 0.5\left(1 - \frac{A_2}{A_1}\right) \tag{2-6}$$

2.3.3 实验装置

实验装置见图 2-1。

2.3.4 实验方法与步骤

局部阻力系数测定实验的主要部件为局部阻力实验管路，见图 2-6，它由细管和粗管组成一个突扩和突缩组件。在阻力组件两侧一定间距的断面上设有测压点，由测压点与测压板上相应的测压管相连接。当流体流经实验管路时，就可以测出各测压点所在截面上测压管水柱高及前后截面的水柱高差，通过设置在实验台上的计量水箱，对实验管中的流体进行单位时间内的体积流量测定，可得到流体的平均流速，由此计算局部管件的局部阻力系数 ζ。

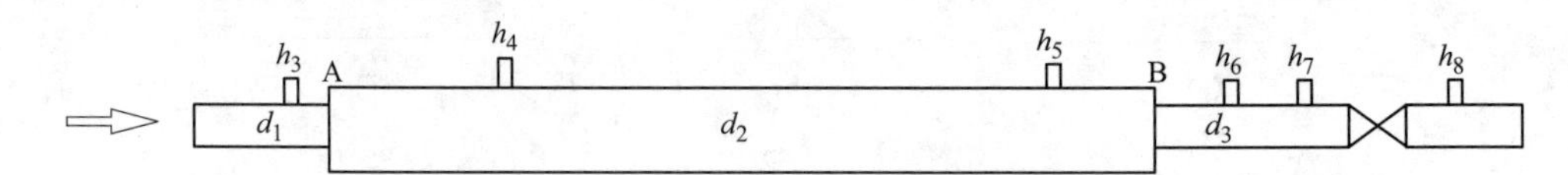

图 2-6 局部阻力系数测定实验管路

（1）做好实验前的各项准备工作，记录与实验有关的常数。

（2）往恒压水箱中充水，排除实验管道中的滞留气体。待水箱溢流后，检查泄水阀全关时，各测压管液面是否齐平，若不平，则需排气调平。

（3）打开泄水阀至最大开度，等流量稳定后，记录测压管读数，同时用体积法测量流量。

（4）调整泄水阀不同开度，重复上述过程 5 次，分别记录测压管读数及流量。

2.3.5 实验分析及讨论

(1) 记录计算有关常数：实验装置名称；实验台号；水温 t(℃)；$d_1=14$mm；$d_2=26$mm；$d_3=14$mm。

(2) 记录及计算表见表 2-3 和表 2-4。

表 2-3 实验记录表

次序	测压管读数/cm								
	水量/g	时间/s	流量/$cm^3 \cdot s^{-1}$	3	4	5	6	7	8
1									
2									
3									
4									
5									

表 2-4 实验计算表

阻力形式	序号	流量 /$cm^3 \cdot s^{-1}$	后断面流速 u/$cm \cdot s^{-1}$	总阻力 h/cm	沿程损失 h_f/cm	局部阻力 h_ζ/cm	阻力因素 $\zeta_{实}$	阻力因素 $\zeta_{计}$
突然扩大	1							
	2							
	3							
	4							
	5							
突然缩小	1							
	2							
	3							
	4							
	5							

(3) 结合实验结果，分析比较突扩与突缩在相应条件下的局部损失大小。

(4) 结合流动仪演示的水力现象，分析局部阻力损失机理，产生突扩与突缩局部阻力损失的主要因素是哪些？怎样减小局部阻力损失？

(5) 将实验测得到的 ζ 值与理论公式计算值（突扩）和经验公式值（突缩）相比较并做出分析。

2.3.6 注意事项

实验完成后关闭泄水阀，检查测压管液面是否齐平，如平齐，关闭电源实验结束，否则，需重做。

2.4　伯努利方程测定实验

2.4.1　实验目的

（1）验证流体恒定总流的能量方程。

（2）通过对流体力学诸多水力现象的实验分析研究，进一步掌握有压管流体动力学的能量转换特性。

（3）掌握流速、流量、压强等要素的实验量测技能。

2.4.2　实验原理

2.4.2.1　伯努利方程

不可压缩流体在管内作稳定流动时，由于管路条件的变化，会引起流动过程中三种机械能，即位能、动能、静压能的相应改变及相互转换，对于理想流体，在系统内任一截面处，虽然三种能量不一定相等，但是能量之和是守恒的。而对于实际流体，由于存在内摩擦，流体在流动中总有一部分机械能随摩擦和碰撞转化为热能而损耗了。所以对于实际流体，任意两截面上机械能总和并不相等，两者的差值即为机械能损失。

在实验管路中沿管内水流方向取 n 个过流断面，在恒定流动时可以列出进口断面 1 至另一断面 i 的能量方程式（$i=2,3,\cdots,n$）

$$Z_1+\frac{p_1}{\rho g}+\frac{\alpha_1 u_1^2}{2g}=Z_i+\frac{p_i}{\rho g}+\frac{\alpha_i u_i^2}{2g}+hw_{1-i} \tag{2-7}$$

取 $\alpha_1=\alpha_2=\cdots=\alpha_n=1$，选好基准面，从已设置的各断面的测压管中读出 $\left(Z+\frac{p}{\rho g}\right)$ 值，测出通过管路的流量，即可计算出断面平均流速 u 及 $\frac{\alpha u^2}{2g}$，从而可得到各断面测管水头和总水头。

以上几种机械能均可用测压管中的贮液高度来表示，分别为位压头、动压头、静压头。当测压直管中的小孔与水流方向垂直时，测压管内液柱高度即为静压头；当测压孔正对水流方向时，测压管内液柱高度则为静压头和动压头之和。测压孔处流体的位压头由测压孔的几何高度确定。任意两截面间位压头、静压头、动压头总和的差值，则为损失压头。

2.4.2.2　过流断面性质

（1）均匀流或渐变流断面流体动压强符合静压强的分布规律，即在同一断面上 $Z+\frac{p}{\rho g}=C$，在不同过流断面上的测压管水头不同，$Z_1+\frac{p_1}{\rho g}\neq Z_2+\frac{p_2}{\rho g}$。

（2）急变流断面上 $Z+\frac{p}{\rho g}\neq C$。

2.4.3　实验装置

实验装置见图 2-1。

2.4.4 实验方法与步骤

（1）熟悉实验设备，分清哪些管是静压管，哪些是毕托管测压管，以及两者功能的区别。

（2）供水使水箱充满水，待水箱溢流，检查调节阀关闭后所有全压管水面是否齐平。如不平则需查明故障原因（例如连通管受阻、漏气或夹气泡等）并加以排除，直至调平。

（3）打开调节阀，观察思考：

1）测压水头线和总水头线的变化趋势；

2）位置水头、压强水头之间的相互关系；

3）流量增加或减少时测管水头如何变化。

（4）调节阀开度，待流量稳定后，记录各测压管液面读数，同时记录流量。

（5）改变流量2次，重复上述测量。

2.4.5 实验分析及讨论

（1）记录计算有关常数：实验装置名称；实验台号；$d_1=14\text{mm}$；$d_2=26\text{mm}$。

（2）记录及计算表。根据以上公式计算某一工况各测点处的轴心速度和平均流速填入表格，可验证连续性方程。对于不可压缩流体稳定的流动，当流量一定时，管径粗的地方流速小，细的地方流速大。

观察和计算流体、流径，能量方程实验管对能量损失的影响：在能量方程实验管上布置四组测压管，每组能测出全压和静压，全开阀门，观察总压沿着水流方向的下降情况，说明流体的总势能沿着流体的流动方向是减少的，改变给水阀门的开度，同时计量不同阀门开度下的流量及相应的四组测压管液柱高度，进行记录和计算（见表2-5）。

点流速计算

$$V_B = \sqrt{2gh}$$

式中 h——全压、静压差；

g——重力加速度。

表2-5 能量方程实验管工况点实验数据记录

液柱高序号	1		2		3		4		流量 $/\text{m}^3\cdot\text{s}^{-1}$
	静压9	全压10	静压11	全压12	静压13	全压14	静压15	全压16	
一									
二									
三									
四									
管内径/mm									
点速度 $u_p/\text{m}\cdot\text{s}^{-1}$									—
平均速度 $u/\text{m}\cdot\text{s}^{-1}$									—

（3）测压管水头线和总水头线的变化趋势有何不同？为什么？

（4）流量增加，测压管水头线有何变化？为什么？

2.4.6 注意事项

（1）实验前一定要将实验导管和测压管中的空气泡排除干净，否则会影响准确性。

（2）开启进水阀或调节阀时，一定要缓慢，并随时注意设备内的变化。

（3）实验过程中需根据测压管量程范围，确定最小和最大流量。

（4）为观察测压管的液柱高度，可在临实验测定前，向各测压管滴入几滴红墨水。

2.5 文丘里流量计系数的测定实验

2.5.1 实验目的

（1）掌握文丘里流量计的工作原理和修正系数的测量方法。

（2）掌握压差计的使用方法和体积法测流量的实验技能。

（3）掌握能量方程和连续性方程的使用原则。

（4）学会用孔板流量计测量流量。

2.5.2 实验原理

（1）文丘里流量计是一种常用的管道流量的测量仪，见图 2-7，属压差式流量计。它由收缩段、喉部和扩散段三部分组成，安装在需要测定流量的管路上。在收缩段进口断面 1—1 和喉部断面 2—2 上设测压孔，并接上比压计，通过测量两个断面的测管水头差 Δh，就可计算管道的理论流量 q_v，再经修正可得到实际流量。

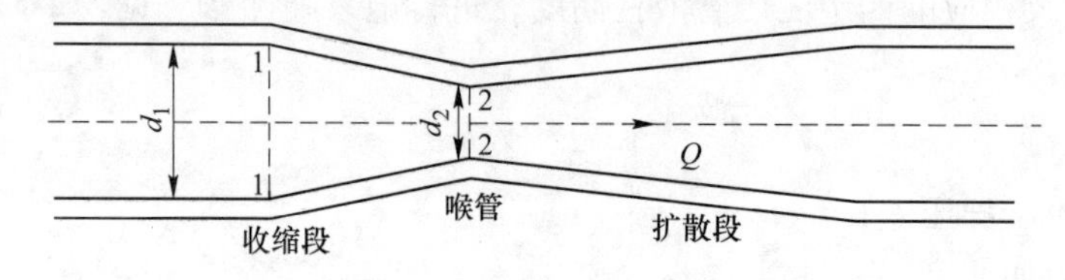

图 2-7 压差式流量计

（2）理论流量：不考虑水头损失，速度水头的增加等于测管水头的减小，即比压计液面高差 Δh，建立两断面在平均流速 u_1 和 u_2 之间的一个关系。

文丘里流量计上取断面 1—1、2—2 列能量方程，令 $a_1=a_2=1$，不计水头损失，可得

$$Z_1+\frac{P_1}{\rho g}+\frac{u_1^2}{2g}=Z_2+\frac{P_2}{\rho g}+\frac{u_2^2}{2g} \tag{2-8}$$

由连续性方程

$$u_1A_1=u_2A_2 \tag{2-9}$$

得

$$u_2=u_1\frac{A_1}{A_2}=u_1\left(\frac{d_1}{d_2}\right)^2 \tag{2-10}$$

可得流量的计算公式如下

$$Q=\frac{\frac{\pi}{4}d_1^2}{\sqrt{\left(\frac{d_1}{d_2}\right)^4-1}}\times\sqrt{2g\left[\left(Z_1+\frac{P_1}{\rho g}\right)-\left(Z_2+\frac{P_2}{\rho g}\right)\right]} \tag{2-11}$$

式中 $\left(Z_1+\frac{P_1}{\rho g}\right)-\left(Z_2+\frac{P_2}{\rho g}\right)$——两断面测压管水头差 Δh。

令 $k=\frac{\frac{\pi}{4}d_1^2}{\sqrt{\left(\frac{d_1}{d_2}\right)^4-1}}\times\sqrt{2g}$ 并定义为仪器常数，于是有 $Q=k\sqrt{\Delta h}$。

但在实际测量中，由于水头损失的存在。实际流量 Q_0 略小于计算流量 Q，令 $\mu=\frac{Q_0}{Q}$ 为流量常数，则实际流量 $Q_0=\mu Q$。

2.5.3 实验装置

实验装置见图 2-1。

2.5.4 实验方法与步骤

（1）查阅用压差计测压和用体积法测量流量的原理和方法。

（2）对照实物了解仪器设备的使用方法和操作步骤。

（3）启动水泵，给水箱充水，并保持溢流状态，使水位稳定。

（4）检查下游阀门关闭时压差计各个测压管水面是否处于同一平面上。如不平，则需排气调平。

（5）记录断面管径等数据。

（6）先从大流量开始实验，开启下游阀门，使压差计上出现最大的值，待水流稳定后，再进行测量，并将数据记录于表中。

（7）依次减小流量，待稳定后，重复上述步骤 8 次以上，并按序记录数据。

（8）检查数据记录表是否有缺漏？是否有某组数据明显不合理？若有此情况，进行补测。

（9）整理实验结果，得出流量计在各种流量下的理论流量、实际流量。

（10）对实验结果进行分析讨论。

2.5.5 实验分析及讨论

（1）记录计算有关数据：有关常数文丘里管：$d_2=8\text{mm}$，$d_1=14\text{mm}$；水温 t(℃)；孔板流量计：$d_2=8\text{mm}$，$d_1=14\text{mm}$。实验数据记录如表 2-6 所示。

（2）文丘里流量计的实际流量与理论流量为什么会有差别？这种差别是由哪些因素造成的？

（3）文丘里流量计的流量因数是否与雷诺数有关？通常给出一个固定的流量因数应怎么理解？

表 2-6　实验数据记录

序号	测压管读数/cm		水量/g	测量时间/s	实际流量 Q_0/cm^3 · s^{-1}	Q/cm^3 · s^{-1}	μ
	h_{17}	h_{18}					
1							
2							
3							
4							
5							
6							
7							
8							

2.5.6　注意事项

（1）流量计流过实际流体时，两断面测管水头差中包括了黏性造成的水头损失，这导致计算出的理论流量偏大。

（2）对于某确定的流量计，流量因数还取决于流动的雷诺数，但当雷诺数较大（流速较高）时，流量因数基本不变。

2.6　阀门阻力系数的测定实验

2.6.1　实验目的

（1）掌握阀门阻力系数的测定技能。

（2）测定阀门不同开启度（全开、30°、45°、60°）时的阻力系数。

（3）学习无量纲分析数据的方法。

2.6.2　实验原理

流体经过局部障碍物（如阀门、弯头、缩小、扩大等）时，受到一种阻碍流动的力，该力消耗了流体的能量，即流体在流过局部障碍物时会有部分的能量消耗在流体产生的旋涡及速度分布改组，而局部能量损失的大小与局部障碍物有关，不同的局部障碍物，有不同的能量损失。本实验选定阀门作为局部障碍物来测定局部阻力系数，测试原理如图 2-8 所示。

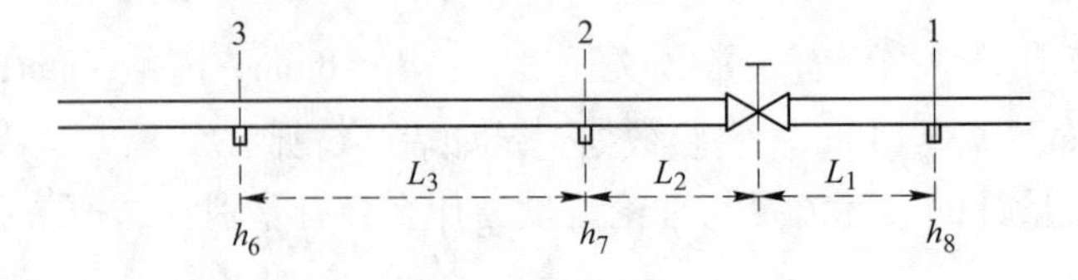

图 2-8　阀门的局部水头损失测压管段

图 2-8 中管道为等直径，对 1、2 两断面列能量方程式，可求得阀门的局部水头损失

及（L_1+L_2）长度上的沿程水头损失，以 h_{w1} 表示有

$$h_{w1} = h_7 - h_8 \tag{2-12}$$

对 2、3 两断面列能量方程式，可求得阀门的局部水头损失及 L_3 长度上的沿程水头损失，以 h_{w2} 表示有

$$h_{w2} = h_6 - h_7 \tag{2-13}$$

结合 $L_3=L_1+L_2$，阀门的局部水头损失 h_m 应为

$$h_m = h_{w1} - h_{w2} \tag{2-14}$$

亦即

$$h_m = k\frac{u^2}{2g} \tag{2-15}$$

阀门的局部水头损失系数为

$$k = h_m\frac{2g}{u^2} \tag{2-16}$$

式中　u——管道的平均流速。

2.6.3　实验装置

实验装置见图 2-1。

2.6.4　实验方法与步骤

（1）本实验分三组工况进行（三组工况流量应具有明显区别），先把被测阀门全开，调节尾部铜闸阀，使管内产生一个稳定的流动，然后分别测试被测阀门全开、开启 30°、开启 45°、开启 60°时各点数据，测试完重复本步骤至三组实验工况测试完成。

（2）开启进水阀门，使压差达到测压计可测量的最大高度。

（3）测读压差，同时用体积法测量流量。

2.6.5　实验分析及讨论

（1）记录计算有关数据：管道直径 d(cm)。实验数据记录如表 2-7 所示。

表 2-7　阀门阻力系数实验数据记录

工况	开度/(°)	h_6 /cm	h_7 /cm	h_8 /cm	V /cm^3	T/s	Q /cm$^3\cdot$s^{-1}	h_m /cm	u /cm·s^{-1}	k
Ⅰ	全开									
	30									
	45									
	60									
Ⅱ	全开									
	30									
	45									
	60									

续表 2-7

工况	开度/(°)	h_6 /cm	h_7 /cm	h_8 /cm	V /cm^3	T/s	Q /$cm^3 \cdot s^{-1}$	h_m /cm	u /$cm \cdot s^{-1}$	k
Ⅲ	全开									
	30									
	45									
	60									

（2）同一开启度，不同流量下，k 值应为定值或是变值，何故？

（3）不同开启度时，如把流量调至相等，k 值是否相等？

2.6.6 注意事项

（1）测试时三种工况分别代表三种流量情况。

（2）读取液面高度时应记录凹液面数据。

3 传热学综合实验

3.1 稳态球体法测粒状材料的导热系数测定实验

3.1.1 实验目的

（1）掌握在稳态条件下，用圆球法测粒状材料导热系数的基本原理和方法以及实验装置的结构。

（2）加深对傅里叶定律的理解，巩固所学热传导的理论。

（3）学习温控仪表的使用方法。

3.1.2 实验原理

导热系数是表征物质导热能力的物性参数。一般地，不同物质的导热系数相差很大。金属的导热系数在2.3~417.6W/(m·℃）之间，建筑材料的导热系数在0.16~2.2W/(m·℃）之间，液体的导热系数波动于0.093~0.7W/(m·℃），气体的导热系数在0.0058~0.58W/(m·℃）范围内。即使是同一种材料，其导热系数亦随温度、压力、湿度、物质结构和密度等因素而变化。

球体法测定隔热材料的导热系数是以同心球壁稳定导热规律作为基础的。在球坐标中，考虑到温度仅随半径 r 而变，球体法测材料的导热系数是基于等厚度球状壁的一维稳态导热过程，它特别适用于粒状松散材料。球体导热仪的构造依球体冷却方式的不同可分为空气自由流动冷却和恒温液体强制冷却两种。本实验属后一种恒温水冷却液套球体方式。

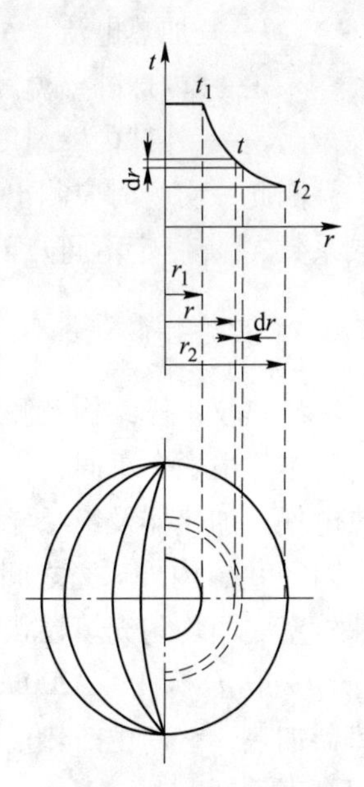

图 3-1 实验原理图

图3-1所示球壁的内外直径分别为 d_1 和 d_2（半径为 r_1 和 r_2）。设球壁的内外表面温度分别维持在 t_1 和 t_2，并稳定不变。将傅里叶导热定律应用于此球壁的导热过程，得

$$Q = -\lambda F \frac{dt}{dr} = -\lambda 4\pi r^2 \frac{dt}{dr} \tag{3-1}$$

对于大多数材料来说，在一狭窄的温度范围内（约几十度）可以认为导热系数 λ 随温度 t 呈现直线变化，即

$$\lambda = \lambda_0(1 + bt) \tag{3-2}$$

式中 λ_0——在0℃时材料的导热系数，W/(m·℃）；

b——比例常数。

将式（3-2）代入式（3-1），得

$$Q = -\lambda_0(1+bt)4\pi r^2 \frac{dt}{dr} \tag{3-3}$$

分离变数后积分

$$t + \frac{b}{2}t^2 = \frac{Q}{4\pi\lambda_0}\frac{1}{r} + C$$

当 $r=r_1$、$t=t_1$ 时有

$$t_1 + \frac{b}{2}t_1^2 = \frac{Q}{4\pi\lambda_0}\frac{1}{r_1} + C$$

当 $r=r_2$、$t=t_2$ 时有

$$t_2 + \frac{b}{2}t_2^2 = \frac{Q}{4\pi\lambda_0}\frac{1}{r_2} + C$$

从以上两式消去 C 得

$$(t_1 - t_2)\left[1 + b\left(\frac{t_1+t_2}{2}\right)\right] = \frac{Q}{4\pi\lambda_0}\left(\frac{1}{r_1} - \frac{1}{r_2}\right)$$

得到球体处于稳定导热时，傅里叶定律的积分形式为

$$Q = \frac{\pi d_1 d_2 \lambda_m}{\delta}(t_1 - t_2) = UI \tag{3-4}$$

或

$$\lambda_m = \frac{Q\delta}{\pi d_1 d_2 (t_1 - t_2)} \tag{3-5}$$

式中　δ——球壁之间材料厚度，$\delta=(d_1-d_2)/2$，m；

λ_m——$t_m=(t_1+t_2)/2$ 时球壁之间材料的导热系数；

U——加热电压，V；

I——加热电流，A；

t_1——内球外壁温度，℃；

t_2——外球内壁温度，℃。

因此，实验时应测出内外球壁的温度 t_1 和 t_2，然后可由式（3-5）得出 t_m时材料的导热系数 λ_m。测定不同 t_m下的 λ_m值，就可获得导热系数随温度变化的关系式。

3.1.3　实验装置

导热仪本体结构及测量系统示意图如图 3-2 所示。

本体由两个不同直径的同心球组成。内球为黄铜厚壁空心球体，壳外径 d_1，球内布置热电偶、加热器及绝缘导热介质；外球由两个厚 0.5~1mm 的不锈钢薄壁球壳组成，内球壳内径 d_2，内外球壳之间充有流动的恒温水，以保持内球壳温度基本不变。外球内壁与内球外壁之间均匀充填粒状散料。

一般 d_2 为 150~200mm，d_1 为 70~100mm，故充填材料厚为 50mm 左右，内球中电加热器加热，它产生的热量将通过球壁充填材料导至外球壳。为使内外球壳同心，两球壳之间有支承杆。

外球壳是一种外壳加装冷却液套球，套球中通以恒温水或其他低温液体作为冷却介质。本实验为双水套球结构。为使恒温液套球的恒温效果不受外界环境温度的影响，在恒

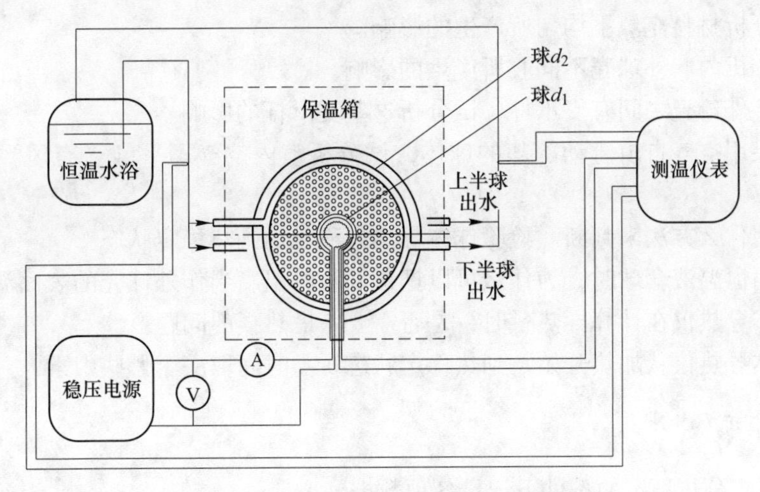

图 3-2 球体结构及量测系统示意图

温液套球之外再加装一个保温套球。保温套球外用塑料箱体保护。

3.1.4 实验方法与步骤

(1) 球壁腔内的试验材料应均匀地充满整个空腔。充填前注意测量球壳的直径，充填后应记录试料的质量，以便准确记录试料的容积质量（kg/m^3）。装填试料还应避免碰断内球壳的热电偶及电源线，并特别注意保持内外球壳同心。

(2) 加热温度 t_1、t_2 分别由连接于小球和大球表面的热电偶（铜-康铜）测得，加热功率由连接于线路中的电压表、电流表监测。

(3) 改变电加热器的电压，即改变导热量，t_m将随之发生变化，从而可获得不同 t_m下的导热系数。还可通过改变恒温液温度来改变实验工况。

(4) 由式（3-3）计算导热系数。

3.1.5 实验分析与讨论

(1) 记录及计算：物料名称：膨胀珍珠岩；物料厚度 $\delta=30$mm，球壁内外直径 $d_1=60$mm、$d_2=120$mm。实验数据表如表 3-1 所示。

表 3-1 实验数据表

物料名称膨胀珍珠岩			物料厚度 $\delta=30$mm			球壁内外直径 $d_1=60$mm、$d_2=120$mm		
		热面温度/℃	冷面温度/℃			I/A	U/V	加热功率 $Q=UI$/W
		t_1	t_{21}	t_{22}	$t_2=(t_{21}+t_{22})/2$			
次数	1							
	2							
	3							
平均								
导热系数 λ/W·(m·℃)$^{-1}$								

（2）试分析材料充填不均匀所产生的影响。

（3）试分析内、外球壳不同心所产生的影响。

（4）内、外球壳之间有支承杆，试分析这些支承杆的影响。

（5）如果用空气自由流动冷却的球体，试分析室内空气不平静（有风）时会产生什么影响。

（6）采用什么方法来判断、检验球体导热过程已达到热稳定状态？

（7）采用恒温液套球时，为什么可以把恒温液的温度当作外球壳的表面温度？

（8）球体导热仪在计算导热量时，是否需要考虑热损的问题？

（9）球体导热仪从加热开始，到热稳定状态所需时间取决于哪些因素？

3.1.6　注意事项

实验应在充分热稳定的条件下记录各项数据。

3.2　空气横掠单管强迫对流的换热实验

3.2.1　实验目的

（1）了解实验装置，熟悉空气流速及管壁的测量方法，掌握测试仪器、仪表的使用方法。

（2）通过对实验数据的综合及整理，掌握强制对流换热实验数据整理的方法。

（3）实验测定空气横掠单管时的平均换热系数，了解空气横掠单管时的换热规律。

3.2.2　实验原理

热交换器中广泛使用各种管子作为传热元件，其外侧通常为流体横向掠过管子的强制对流换热方式，因此测定流体横向掠过管子时的平均换热系数是传热中的基本实验。本实验是测定空气横向掠过单圆管时的平均换热系数。

（1）根据牛顿冷却公式

$$Q = hF(t_w - t_f) \tag{3-6}$$

得：

$$h = \frac{Q}{F(t_w - t_f)} \tag{3-7}$$

式中　Q——对流换热的热流，W；

h——对流换热系数，W/(m^2·℃)；

F——对流换热表面面积，m^2；

t_f——流体平均温度，℃；

t_w——物体表面温度，℃。

本实验采用电加热的放热圆管，空气外掠圆管表面，当换热稳定时，测出加热电功率，即可得出对流换热热流 Q，即

$$Q = UI \tag{3-8}$$

（2）根据对流换热的分析，强制对流稳定时的换热规律可用下列准则关系式来表示

$$Nu = f(Re, Pr) \tag{3-9}$$

对于空气，因温度变化范围不大，式（3-9）中的普朗特数 Pr 变化很小，可作为常数看待，故式（3-9）化简为

$$Nu = f(Re) \tag{3-10}$$

努谢尔特数为

$$Nu = \frac{hD}{\lambda}$$

雷诺数为

$$Re = \frac{uD}{\nu}$$

式中　h——空气横掠单管时的平均换热系数，W/(m^2·℃)；

u——空气来流速度，m/s；

D——特征尺寸，取管子外径，m；

λ——空气的导热系数，W/(m·℃)；

ν——空气的运动黏度，m^2/s。

要通过实验确定空气横掠单圆管时的 Nu 与 Re 的关系，就需要测定不同流速 u 及不同管子直径 D 时换热系数 h 的变化。因此，本实验中要测量的基本量为管子所在处的空气流速 u、空气温度 t_f、管子表面温度 t_w 及管子表面散出的热量 Q。

3.2.3　实验装置

实验装置如图 3-3 所示，本体由风箱 1、风机 2、有机玻璃风道 3 组成，以保证在风道试验段中有均匀的空气流速。试验用管子为一薄壁不锈钢圆管 4，安装在有机玻璃风道试验段中间。采用低电压大电流的直流电源对实验管直接通电加热。空气横向掠过此管时，将电流流过管子时所产生的热量通过对流换热方式带走。低压大电流直流电由硅整流电源 5 供给，调整硅整流电源可改变对实验管的加热功率。

实验时雷诺数 Re 应有较大范围的变化，以保证求得的空气横掠单管换热准则式的准确性。Re 取决于管子所在处空气流的流速 u 及管子直径 D。空气流速 u 可以通过装在风机入口处的调风门 6 来改变，但 u 的变化范围受到风机压头的限制。如果采用不同直径的管子作为试验管，就可以达到较大的 Re 变化范围。因此实验时可用直径不同的管子在不同的空气流速的条件下进行，然后将试验结果整理求得换热准则式的具体表达式。

3.2.4　实验方法与步骤

（1）连接并检查所有线路和设备，合上背板上的空气开关，打开电源、仪表开关。此时交流供电开关应处于关闭状态！打开实验台右侧的变频器开关，调节风机频率到 50Hz 即最大风量观察毕托管测定风压值。

（2）打开大功率直流电源，将电流（压）调节旋钮旋至输出电流为 20~25A（注意：稳压电源提供的是恒流源。对试件的加热量主要看供给的电流大小，仪表会同时显示其输出电压值）。稳定后即可测量各有关数据。

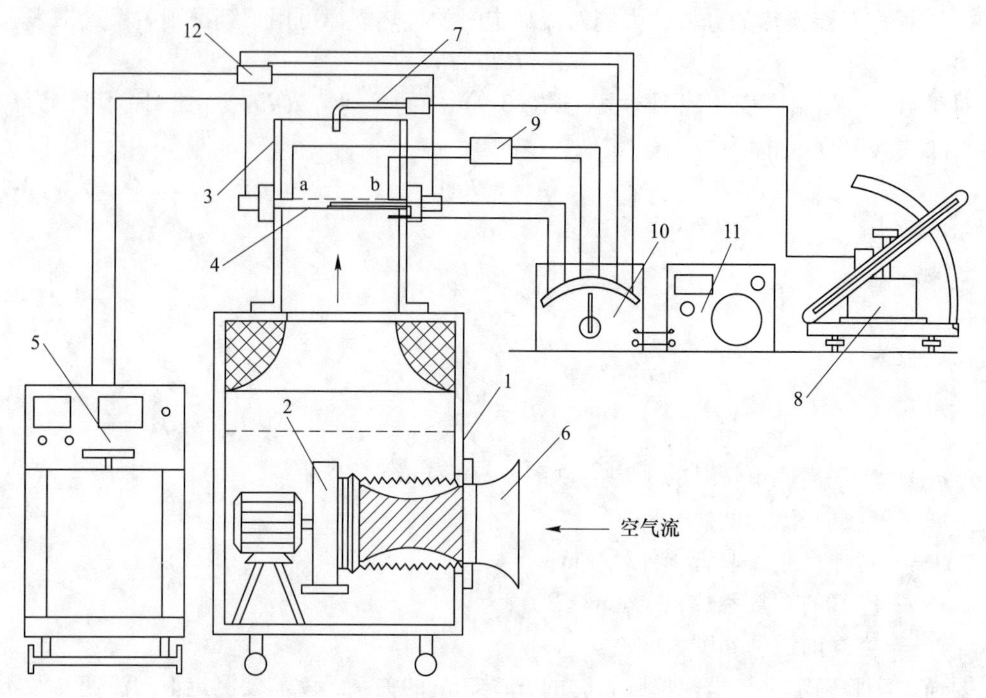

图 3-3　空气横掠单管平均换热系数的试验段简图

1—风箱；2—风机；3—有机玻璃风道；4—不锈钢圆管；5—硅整流电源；6—调风门；7—皮托管；8—微压计；9—分压箱；10—转换开关；11—电位差计；12—标准电阻

(3) 保持加热功率不变，风机频率减小，稳定后又可测到一组数据。试验时对每一种直径的管子，空气流速可调整为 10 个工况。加热电流（压）保持不变，亦可根据管子直径及风速大小适当调整，保持管壁与空气中有适当的温差。每调整一个工况，须待压力表、热电偶读数等稳定后方能测量各有关数据。

3.2.5　实验分析与讨论

(1) 空气的来流速度 u：根据伯努力方程，毕托管所测得的气流动压 $\Delta P(\mathrm{N/m^2})$ 与气流速度 $u(\mathrm{m/s})$ 的关系为

$$\Delta P = \frac{1}{2}\rho u^2 \tag{3-11}$$

$$u = \sqrt{\frac{2\Delta P}{\rho}} \tag{3-12}$$

式中　ρ——空气的密度，$\mathrm{kg/m^3}$，由空气温度 t_f 查表确定。

(2) 管壁温度 t_w：由铜-康铜热电偶测得，试验管为有内热源的圆筒形壁，且内壁绝热，因此，内壁温度 t_1 大于外壁温度 t_w。由于所用管壁很薄，仅 0.2～0.3mm，且空气对外管的换热系数较小，可认为 $t_w = t_1$。

(3) 试验管工作段 ab 间的发热量 $Q = UI$。

(4) 空气流过管外壁时的平均换热系数见式（3-7）。

$$h = \frac{Q}{F(t_w - t_f)}$$

式中　F——电压测点 ab 间试验管的外表面面积，m^2。

（5）换热准则方程式：根据每一实验工况所测得的数值可计算出相应的 Nu 值及 Re 值，Nu 和 Re 之间的关系可近似表示为一指数方程的形式，即

$$Nu = CRe^m \tag{3-13}$$

在双对数坐标纸上，以 Nu 为纵轴、Re 为横轴，将各工况点描出，它们的规律可近似地用一直线表示，即

$$\lg Nu = a + m\lg Re \tag{3-14}$$

其中　$a=\lg C$，如 $x=\lg Re$、$y=\lg Nu$，则式（3-14）可表示为

$$y = a + mx \tag{3-15}$$

根据最小二乘法原理，系数 a 及 m 可按下式计算

$$a = \frac{\sum xy \sum x - \sum y \sum x^2}{(\sum x)^2 - n\sum x^2} \tag{3-16}$$

$$m = \frac{\sum x \sum y - n\sum xy}{(\sum x)^2 - n\sum x^2} \tag{3-17}$$

式中　n——实验点的数目。

在计算 Nu 及 Re 时所用的空气导热系数 λ、运动黏度 ν，可根据壁面与流体的平均温度 $t_m=\frac{t_f+t_w}{2}$作为定性温度查表。

（6）记录及计算：试验用两根不锈钢管：直径 D=4. 0mm、6. 3mm，管长 200mm，测电压点 ab 间距 100mm。实验数据记录表如表 3-2 和 3-3 所示。

表 3-2　实验数据记录表一

工况	试件壁温 t_w/℃	空气温度 t_f/℃	电流/A	电压/V	压差/Pa
1					
2					
3					
4					
5					
6					
7					
8					
9					
10					
试件直径 mm，试件有效长度 100mm，有效面积 m^2					

（7）在双对数坐标纸上描绘出各实验点，并用最小二乘法求出强迫对流换热的准则方程式。

表 3-3　实验数据记录表二

工况	空气流速 $u/m \cdot s^{-1}$	定性温度 $t_m/℃$	空气密度 $\rho/kg \cdot m^{-3}$	空气导热系数 $\lambda/W \cdot (m \cdot ℃)^{-1}$	空气运动黏度 $\nu/m^2 \cdot s^{-1}$	加热功率 Q/W	对流换热系数 $h/W \cdot (m^2 \cdot ℃)^{-1}$	努谢尔特数		雷诺数	
								测定值	对数	测定值	对数
1											
2											
3											
4											
5											
6											
7											
8											
9											
10											

（8）将实验结果与有关参考书给出的空气横掠单管时换热的准则方程式和曲线图进行比较。

3.2.6　注意事项

（1）首先了解试验装置的各个组成部分，并熟悉仪表的使用，以免损坏仪器。

（2）为确保管壁温度不超出允许的范围，启动及工况改变时都必须注意操作顺序。启动电源之前，先将电源调节旋钮转至零位。

（3）启动时必须先开风机，调整风速，然后对试验管通电加热，并调整到要求的工况。注意电流表上的读数，不允许超出工作电流参考值，电流极限值 27A。试验完毕时，必须先关加热电源，待试件冷却后，再关风机。

（4）加热管壁温不能超过 100℃，皮托管压差不能小于 25kPa。

（5）空气物性参数见附录Ⅱ。

3.3　均匀壁面稳态热传导的温度分布及热流变化实验

3.3.1　实验目的

（1）了解实验装置，掌握测试仪器、仪表的使用方法。

（2）通过对实验数据的综合、整理，掌握均匀壁面稳态热传导的温度分布规律。

（3）了解均匀壁面稳态热传导热流变化规律。

3.3.2　实验原理

各种不同的导热系数测试方法都有其自身的优点、局限性、应用范围和方法本身所带来的不准确性。稳态测量法具有原理清晰、可准确且直接获得导热系数绝对值等优点，并适用于较宽温区的测量；缺点是比较原始、测定时间较长和对环境（如测量系统的绝热条件、测量过程中的温度控制以及样品的形状尺寸等）要求苛刻。常用于低导热系数材料的测量，其原理是利用稳定传热过程中，传热速率等于散热速率的平衡条件来测得导热系数。

试件内的温度分布是不随时间而变化的稳态温度场，当试样达到热平衡后，借助测量试样单位面积的温度分布和热流变化，就可以直接测定试件的导热系数。基于傅里叶导热定律描述的稳态条件进行测量的方法主要适用于在中等温度下测量中低导热系数的材料，这些方法包括：热板法、保护热板法、热流法、保护热流法、沸腾换热法等。

本实验采用热流法来进行测量。热流法是一种基于一维稳态导热原理的比较法。如图3-4所示，将厚度一定的方形样品插入两个平板间，在其垂直方向通入一个恒定的单向热流，使用校正过的热流传感器测量通过样品的热流，传感器在平板与样品之间和样品接触。当冷板和热板的温度稳定后，可测得样品厚度、温度分布和热流变化，根据傅里叶定律可确定样品的导热系数。

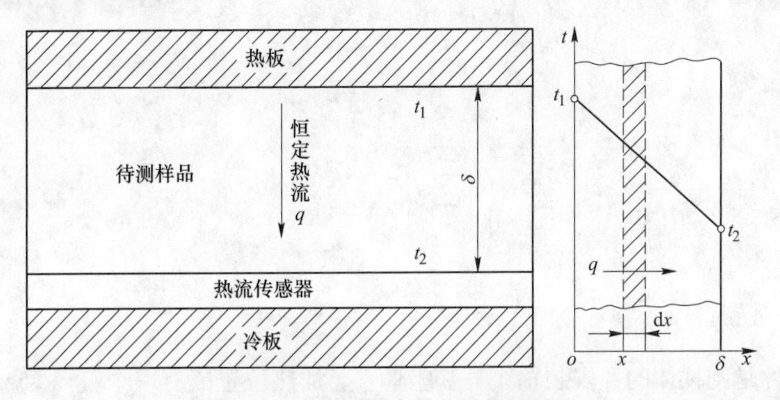

图 3-4 热流法测定导热系数原理图

该法适用于导热系数较小的固体材料、纤维材料和多孔隙材料，例如各种保温材料。在测试过程中存在横向热损失，会影响一维稳态导热模型的建立，扩大测定误差。但其具有易于操作、测量速度快等突出优点。

3.3.2.1 单层平壁一维稳态导热分析

根据

$$\rho c \frac{\partial t}{\partial \tau} = \frac{\partial}{\partial x}\left(\lambda \frac{\partial t}{\partial x}\right) + \frac{\partial}{\partial y}\left(\lambda \frac{\partial t}{\partial y}\right) + \frac{\partial}{\partial z}\left(\lambda \frac{\partial t}{\partial z}\right) + \dot{\Phi} = 0$$

得

$$\frac{\mathrm{d}^2 t}{\mathrm{d}x^2} = 0, t = c_1 x + c_2$$

当 $x=0$、$t=t_1$、$x=\delta$、$t=t_2$ 时，可得任一点温度分布方程为

$$t = \frac{t_2 - t_1}{\delta} x + t_1 \tag{3-18}$$

式中 x——测温点到测温点 t_1 的距离。

代入导热基本定律中求解热流量或热流密度为

$$q = -\lambda \frac{dt}{dx} = \frac{\lambda(t_1 - t_2)}{\delta} = \frac{\Delta t}{\frac{\delta}{\lambda}} \tag{3-19}$$

3.3.2.2　多层平壁一维稳态导热分析

温度分布方程为：

第一层

$$q = \frac{\lambda_1}{\delta_1}(t_1 - t_2) \quad \Rightarrow \quad t_2 = t_1 - q\frac{\delta_1}{\lambda_1} \tag{3-20}$$

第二层

$$q = \frac{\lambda_2}{\delta_2}(t_2 - t_3) \quad \Rightarrow \quad t_3 = t_2 - q\frac{\delta_2}{\lambda_2} \tag{3-21}$$

第 i 层

$$q = \frac{\lambda_i}{\delta_i}(t_i - t_{i+11}) \quad \Rightarrow \quad t_{i+1} = t_i - q\frac{\delta_i}{\lambda_i} \tag{3-22}$$

热流密度为

$$q = \frac{t_1 - t_{n+1}}{\sum_{i=1}^{n} r_i} = \frac{t_1 - t_{n+1}}{\sum_{i=1}^{n} \frac{\delta_i}{\lambda_i}} \tag{3-23}$$

式中　n——层数。

3.3.3　实验装置

传热组件是圆柱体的，安装轴线与基座垂直。加热位置嵌有一个直径 25mm 的圆柱形铜管，铜管顶端带有一个 65W 的加热器，具有高温切断功能以防过热。

冷却端也是由 25mm 直径黄铜加工而成，采用水冷。

紧固夹保证各部件被紧固在一起，释放紧固夹之前应松开螺母。

测量本体包括如下三个部件（图 3-5）：

(1) 加热端。材料：黄铜，25mm 直径，热电偶 T_1、T_2、T_3（间距 15mm）；热导率：大约 121W/(m · K)。

(2) 冷却端。材料：黄铜，25mm 直径，热电偶 T_6、T_7、T_8（间距 15mm）；热导率：大约 121W/(m · K)。

(3) 黄铜中间部分。材料：黄铜，25mm 直径，热电偶 T_4、T_5（位于中间位置，间距 15mm）；热导率：大约 121W/(m · K)。

热表面和冷表面温度，由于在有无中间传热件的情况下都需要保持热电偶 15mm 的间距，热电偶距离端面要缩进 7.5mm，因此

$$T_{热表面} = T_3 - \frac{T_2 - T_3}{2}, \quad T_{冷表面} = T_6 + \frac{T_6 - T_7}{2}$$

注意以上方程形式，是由于 T_3 和热表面以及 T_6 和冷表面的距离等于相邻热电偶间距的一半。具体温度分布测试见图 3-6。

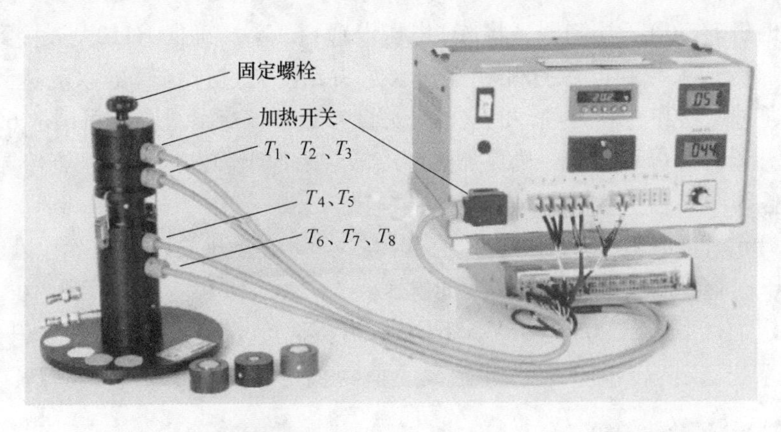

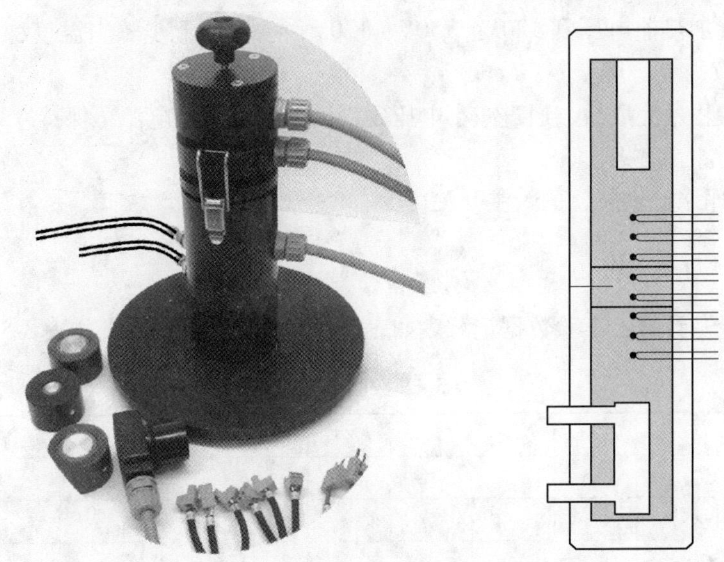

图 3-5　H112A 线性热传导模块

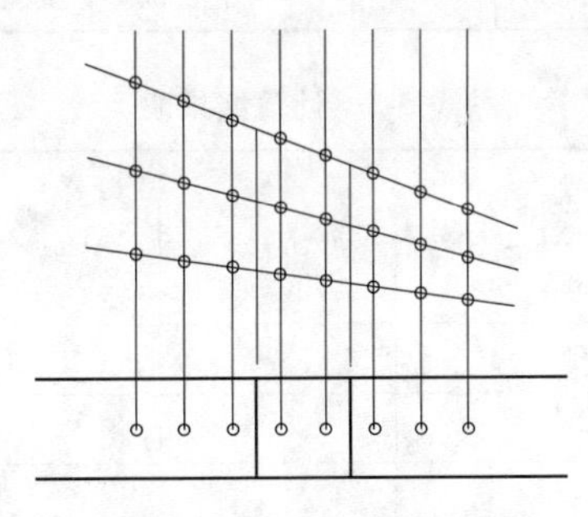

图 3-6　温度分布测试图

3.3.4　实验方法与步骤

（1）确保主开关处于关闭位置，漏电断路器处于 ON 位置。注意应定期检查以保证其正常工作。

（2）逆时针转动电压控制器，将 AC 电压设置到最小。确保 H112A 连接到 H112 上。

（3）确保冷却水源和电源打开。打开水龙头，使通过排水管的水流达到 1.5L/min。实际流量可通过量器和码表测量，但这不是关键参数。该流量最高仅可消散 65W 的热量。

（4）松开紧固螺母和夹子，确保加热和冷却端表面干净。同样，检查传导测试件。然后重新夹紧各部件。

（5）打开主开关，数字显示器应该亮起。将温度选择开关设定到 T_1 以显示加热端温度。旋转电压控制器以获得实验所需要的电压。

（6）设定加热电压到 90V（±5V，下同），观察温度 T_1，其值应该是上升的。

（7）等系统稳定后，确保冷却水流动，监视温度 T_1、T_2、T_3、T_6、T_7、T_8，直到稳定，记录：T_1、T_2、T_3、T_6、T_7、T_8、U、I。

（8）重置加热器电压到 120V、150V、170V，重复以上步骤当温度稳定后记录参数：T_1、T_2、T_3、T_6、T_7、T_8、U、I。

（9）实验程序完成后，通过减小电压到零以关闭加热器电源，保持冷却水供应一段时间以便冷却设备。

（10）关闭水源供应，关闭主开关。

3.3.5 实验分析与讨论

（1）记录及计算：实验数据记录表如表 3-4 所示，计算结果表如表 3-5 所示。

表 3-4 实验数据记录表

编号	T_1/℃	T_2/℃	T_3/℃	T_4/℃	T_5/℃	T_6/℃	T_7/℃	T_8/℃	电压 U/V	电流 I/A
1										
2										
3										
4										
距 T_1 距离/mm	0.000	0.015	0.030	—	—	0.045	0.060	0.075	—	—

表 3-5 计算结果表

编号	$\dot{Q}$/W	$\Delta T_{1\sim3}$/K	$\Delta T_{6\sim8}$/K	$\Delta x_{1\sim3}$/m	$\Delta x_{6\sim8}$/m	$\dfrac{\Delta T_{1\sim3}}{\Delta x_{1\sim3}}$ /K·m^{-1}	$\dfrac{\Delta T_{6\sim8}}{\Delta x_{6\sim8}}$ /K·m^{-1}
1							
2							
3							
4							

（2）根据实验数据，参考图 3-7，画出实际试样的温度分布曲线。

3.3.6 注意事项

（1）实验完成后导热膏应及时清除。

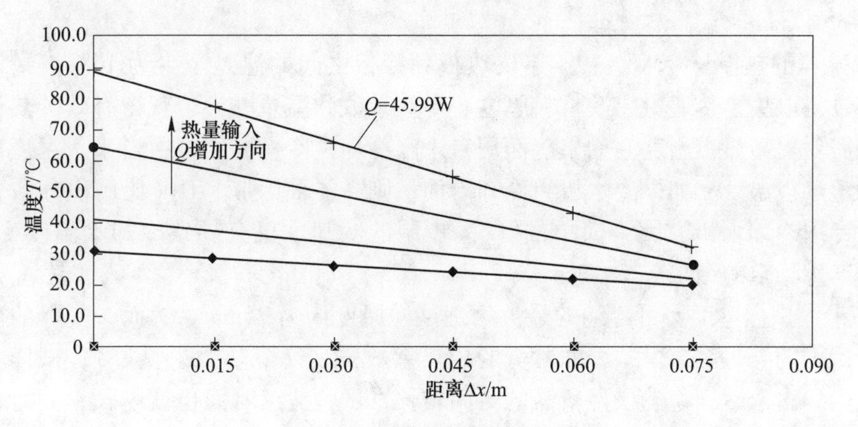

图 3-7 试样温度分布图示例

（2）冷却水应持续供应一段时间以便冷却设备。

3.4 建筑材料稳态热导实验（平板）

3.4.1 实验目的

（1）巩固稳态导热的基本理论。

（2）掌握利用热流计测定平板稳态导热系数的方法。

（3）测定建筑保温材料的导热系数及随温度变化的关系。

3.4.2 实验原理

导热系数是衡量物质导热能力的重要指标，其值与材料的几何形状无关，而与材料的成分、内部结构、密度和温度等有关。在温度变化不大的范围内，对大多数材料可以认为其导热系数与温度成线性关系。

导热系数计算公式如下

$$\lambda = \frac{l_s[(k_1 + k_2\bar{T}) + (k_3 + k_4\bar{T})HFM + (k_5 + k_6\bar{T})HFM^2)]}{dT} \tag{3-24}$$

式中 λ——导热系数，W/(m·K)；

l_s——试样厚度，m；

$k_1 \sim k_6$——校准常数；

HFM——热流量计读数，mV。

$$\bar{T} = \frac{T_1 + T_2}{2}$$

$$dT = T_1 - T_2$$

校准常数：$k_1 = -77.7849$，$k_2 = 1.0056$，$k_3 = 16.8144$，$k_4 = 0.2017$，$k_5 = 0.0366$，$k_6 = -0.0087$。

（1）最高热板温度：可设置的最高热板温度为 100℃，但建议最高设置值保持在 85℃

以下。

（2）推荐的热板与冷板温差：建议热板和冷板之间的温差至少为15℃。请注意，热流量计信号将取决于热通量以及材料厚度、导热系数和温差。为了获得有效的热流量计信号，可能需要提高热板温度。如果冷面用自来水冷却，冷板温度将由自来水温度决定，因此只能调整热板温度。如果冷水机组冷却冷面，则需要采用带PID（比例积分微分）控制的实验室专用冷却水机，因为简单的开/关控制的冷却水机会导致冷却水温度变化较大，因此不会产生稳定的结果。

（3）最大试样厚度：可容纳的最大物理试样厚度约为75mm。然而，实际的试样厚度将取决于试样的导热系数。一个非常低的导热系数样品（隔热效果良好），试样应该越薄越好，否则，由于达到稳态条件所需的时间较长，试验持续时间也就越长，同时也应符合设备的热阻限制。

3.4.3　实验装置

该装置配有两个硅橡胶垫，如图3-8所示放置在被测样品和热板1与冷板2之间。其作为校准装置必须使用，并且提供的校准方程仅在使用垫子时有效。橡胶垫的作用是去除试样与热板和冷板之间的潜在气隙。ISO 8301规定，试样表面应平整至0.025%以内，并在厚度的2%以内（即10mm厚的试样为0.2mm）平行。

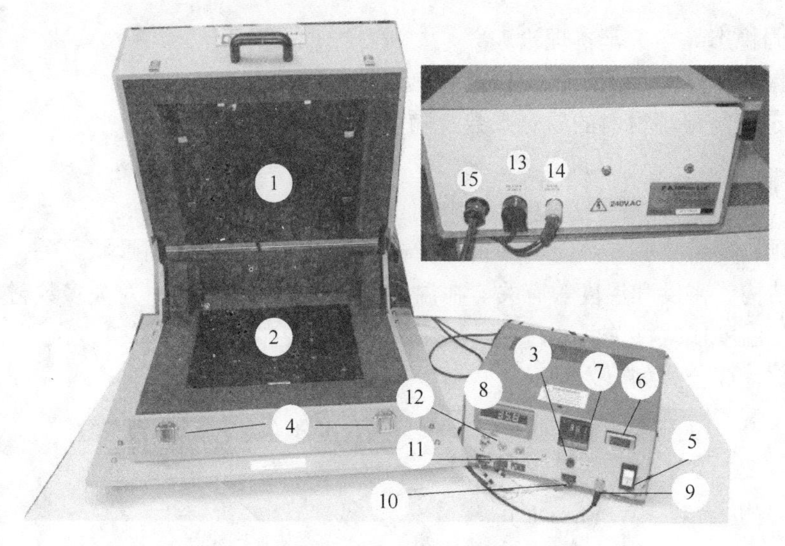

图3-8　平板法测定导热系数实验装置

1—热板；2—冷板/热流量计；3—加热器灯；4—外壳锁扣；5—主开关；6—热流量计指示器；7—PID加热器控制器；8—温度指示器；9—热流量计接头；10—热板热电偶；11—平板加载指示灯；12—温度传感器插头/选择开关；13—加热器电源插座；14—加载开关接头；15—来自H112或电源的电源线

对于碎石或砂等颗粒样品，必须制造木质底座以容纳材料。材料应放置在底座中并压制以获得最大密度，否则由于材料颗粒之间的气隙，结果将不准确。此类材料的厚度应始终为底座的厚度。

设备的主要部件放置在隔热玻璃纤维铰链外壳内。外壳的底座部分包含安装在4个弹簧上的热流量计和冷板2。使用稳定温度的水冷却，这样可保证板的敏感等温。外壳盖容纳电热板 1。这由 PID 加热器控制器 7 以电子方式控制至设定温度，最大允许设定温度为 100℃。热输入由闪烁的红色加热器灯 3 指示。平板由位于外壳顶部的加载机构升高和降低。手轮加载机构允许将试样压入热板和冷板之间。

热流量计组件周围有泡沫隔热。盖子中有类似隔热层，以及热板总成周围的静止气隙，将对周围环境的热损失降至最低。

为确保向试样施加正确的压力，将微型开关置于冷板下方，使弹簧压缩至该位置，从而产生正确的载荷。平板加载指示灯 11 熄灭表示正确的负载。

热板和仪表的电源可由综合传热实验台 H112 提供，或直接 220~240V，单相，50Hz。

冷板的冷却水必须由当地水源供应。

3.4.4 实验方法与步骤

3.4.4.1 试样厚度

尽管 ISO 8301 规定了平整度的等级，但是有些试样无法达到，应尽可能平整。如果可能，在多个点处测量试样的厚度 l_s（m），并取该值的平均值。

3.4.4.2 设置热板温度

热板温度控制器是一个数字 PID（比例积分微分）控制器，它运行一个内部固态继电器，反过来控制热板中 500W 加热器的功率。测量值（绿色显示）由热板上的专用 T 型热电偶感应。

热板温度控制器具有图 3-9 所示部件。

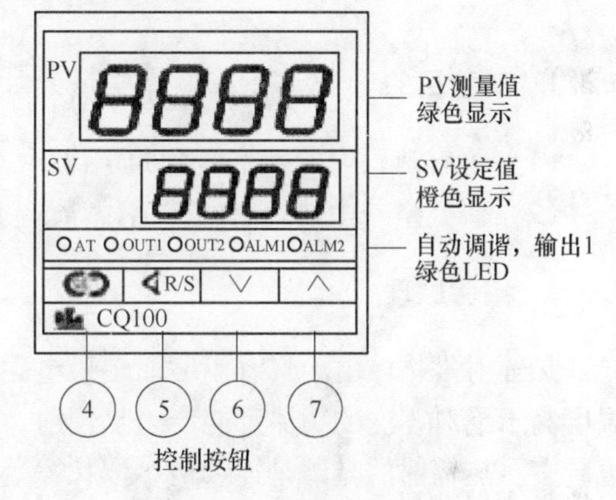

图 3-9 热板温度控制器

（1）按设定键④进入设定值 SV 设定模式。最亮的数字是可设置的数字。

（2）按<R/S 键⑤将亮起的数字向左移动。这可以根据需要重复多次，数字会反复向左滚动。按向上键⑦可根据需要增加数字。按向下键⑥将减少显示的数字。

根据需要调整所有数字后，按设定键④。所有设定值（SV）数字均亮起，仪器重新切换至正常运行模式。

按照上述步骤，可以设置任何所需的热板温度，所需的热板温度将取决于可用的冷却水温度。T_3 热电偶专门用于连接本地冷却水供应管，以显示冷却水供应温度。然后可以将热板温度设置为高于此温度 15~20℃。

达到稳定状态所需的时间取决于所测试的材料以及冷却水供应流量和温度的稳定性。对于好的隔热材料来说，时间可能比差的隔热材料要长。典型时间为 20~40min。高隔热材料可能需要 1.5h。通过监测热流量计指示器来最好地指示稳定性，因为这是最敏感的设备。

3.4.5 实验分析与讨论

（1）记录及计算：实验数据记录表如表 3-6 所示。

表 3-6　实验数据记录表

项目	T_1	T_2	T_3	HFM
稳定				
稳定+10min				
稳定+20min				
平均值				
试件厚度 l_s	mm			

（2）根据平均值，用上面公式计算出试样的导热系数。

3.4.6　注意事项

（1）在 H112N 装置上，最大设定点温度为 100℃。

（2）热板温度必须高于冷板温度，最佳温差在 15～20℃之间。

3.5　表面辐射强度与辐射源距离的关系测定实验

3.5.1　实验目的

（1）了解热辐射的基本概念和定律。

（2）研究空气中热辐射的传播规律。

3.5.2　实验原理

热辐射是物体由于具有温度而辐射电磁波的现象，是热量传递的三种方式之一。一切温度高于绝对零度的物体都能产生热辐射，温度越高，辐射出的总能量就越大，短波成分也越多。热辐射的光谱是连续谱，波长覆盖范围理论上可从 0 直至∞，一般的热辐射主要靠波长较长的可见光和红外线传播。温度较低时，主要以不可见的红外光进行辐射，当温度为 300℃时热辐射中最强的波长在红外区。当物体的温度在 500～800℃时，热辐射中最强的波长成分在可见光区。

热辐射的重要规律有 4 个，即基尔霍夫辐射定律、普朗克辐射分布定律、斯蒂藩-玻耳兹曼定律、维恩位移定律，统称为热辐射定律。由于电磁波的传播无需任何介质，所以热辐射是在真空中唯一的传热方式。其微观机理是物体内部带电粒子不停的运动导致热辐射效应，与电磁波一样具有反射、透射和吸收等性质。设辐射到物体上的能量为 Q，被物体吸收的能量为 Q_α，透过物体的能量为 Q_τ，被反射的能量为 Q_ρ。

由能量守恒定律可得

$$Q = Q_\alpha + Q_\tau + Q_\rho \tag{3-25}$$

归一化后可得

$$\alpha + \tau + \rho = 1 \tag{3-26}$$

式中　α——吸收率；

τ——透射率；

ρ——反射率。

当吸收率 $\alpha=1$ 时，表明物体能将投射到它表面的热射线全部吸收，称为绝对黑体，简称黑体。当透射率 $\tau=1$ 时，称为绝对透明体，又称为透热体。当反射率 $\rho=1$ 时，表明物体能将投射到它表面的热射线全部反射出去，称为绝对白体，简称白体。当是镜反射，即入射角等于反射角时，则称镜体。上述所说的黑体、白体、透明体均是对热射线而言。

辐射强度为物体在一定温度下，单位时间、单位表面积所发出的全部波长的总能量，单位为 W/m^2。如果光源的辐射功率恒定，那么辐射强度为常量，就可以测定辐射发射量与距离的二次方成反比的规律。

3.5.3　实验装置

实验装置见图 3-10，主要由以下三部分组成：

(1) 温度传感器和金属板。加热器温度传感器 T_5 使用一个热电偶插头，插到 H112 上的插座 2 (I) 标有 T_5 上。必要时黑体上的温度传感器可连接到 H112 上的微型插座 2 (K) 上标有 T_1 和 T_2，灰体的温度传感器应连接到微型插座 2 (K) 标有 T_3，镜体的温度传感器应连接到微型插座 2 (K) 标有 T_4 上。注意黑体的辐射系数可通过蜡烛火焰熏烤提高。

(2) 热源。热源位于轨道的左手端，将电源线连接到 H112 前面板上的圆形插座 2 (S) 上。

(3) 辐射计。辐射计上固定有一个安装针插到滑块上，滑块通过旋钮在支架上固定。

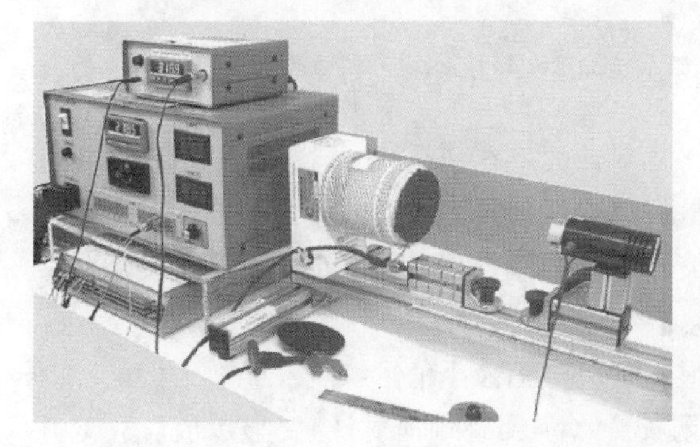

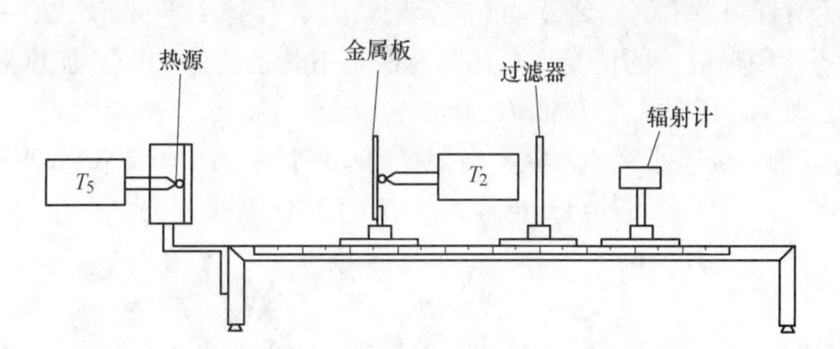

图 3-10　热辐射强度测试装置图

3.5.4　实验方法与步骤

遵循基本操作程序以及安装程序安装加热板到轨道左侧，安装辐射计到右手边的承载架上。对于该实验，左手边的承载架不安装任何装置，但是平台上必须放置一个黑色的板并连接到热电偶插座 T_4 上。

3.5.4.1 实验前开机准备

（1）确保 H112 主开关处于关闭状态；确保漏电断路器处于 ON 位置。

（2）将电压控制器逆时针方向调到最小。

（3）连接热源的圆形插头。

（4）将辐射计固定到最右侧滑块上。

（5）打开 H112 主开关，通过调节旋转选择开关，所需电压显示在数字显示器上。

（6）通过按两次右手边的 * 键可对辐射计进行自动调零。

3.5.4.2 测试程序

测试系统如图 3-11 所示。

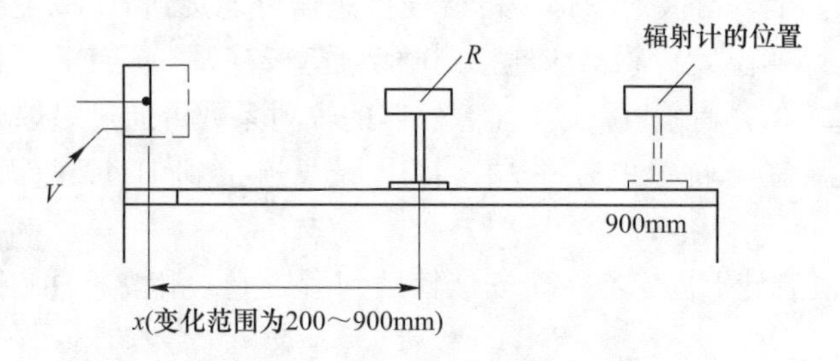

图 3-11 测试系统简图

（1）确保辐射防护屏遮挡住辐射计孔，将辐射计放置在 900mm 位置。

（2）放置好辐射计防护屏后，应稍等几分钟以确保预热消散。

（3）辐射防护屏保持原位状态，顺时针旋转电压控制器增加电压到最大值。选择 T_5，监视 T_5的值，使 T_5在 300~350℃之间。

（4）监视辐射计数字显示器，几分钟后显示器应达到最小值。

（5）当 T_5温度达到极限值时，移除辐射防护屏（不要碰触辐射计），显示值应立刻升高。监视数字显示值直到显示值达到最大，然后记录 T_4、T_5、x(900mm)、R。

（6）再一次不接触辐射计的情况下，移动承载辐射计的支架到距离加热板 800mm 距离位置。重复以上操作，记录 T_4、T_5、x(800mm)、R。

（7）以 100mm 的幅度减小距离重复实验，直到辐射计距加热板 200mm 距离。

（8）实验程序完成后，关闭加热器电源，然后关闭 H112 主开关，冷却。

3.5.5 实验分析与讨论

（1）记录及计算：$C=0.786$；$R_c=RC$。实验数据记录表如表 3-7 所示。

表 3-7 实验数据记录表

T_4/℃	T_5/℃	x/mm	R/W·m^{-2}	R_c/ W·m^{-2}
		900		
		800		

续表 3-7

T_4/℃	T_5/℃	x/mm	R/W · m^{-2}	R_c/ W · m^{-2}
		700		
		600		
		500		
		400		
		300		
		200		

（2）绘制 x^2-R_c关系曲线。

3.5.6　注意事项

（1）工作期间加热板温度高达 250~300℃，小心操作。

（2）注意小于 200mm 的距离时，测量精度下降。

（3）实验过程中，需保证加热板温度稳定，且不超过 350℃。

4　热工综合实验

4.1　可压缩气体（二氧化碳）压缩过程中状态变化测定

4.1.1　实验目的

（1）观察二氧化碳气体液化过程的状态变化和临界状态时气液突变现象，增加对临界状态概念的感性认识。

（2）加深对课堂所讲的工质的热力状态、凝结、汽化、饱和状态等基本概念的理解。

（3）掌握二氧化碳的 p-v-T 关系的测定方法，学会用实验测定实际气体状态变化规律的方法和技巧。

4.1.2　实验原理

当简单可压缩系统处于平衡状态时，状态参数压力、温度和比容之间有确切的关系，可表示为

$$F(p,v,T)=0 \tag{4-1}$$

或

$$v=f(p,T) \tag{4-2}$$

在维持恒温、压缩恒定质量气体的条件下，测量气体的压力与体积是实验测定气体 p-v-T 关系的基本方法之一。1863 年，安德鲁通过实验观察二氧化碳的等温压缩过程，阐明了气体液化的基本现象。

当维持温度不变时，测定气体的比容与压力的对应数值，就可以得到等温线的数据。

在低于临界温度时，实际气体的等温线有气、液相变的直线段，而理想气体的等温线是正双曲线，任何时候也不会出现直线段。只有在临界温度以上，实际气体的等温线才逐渐接近于理想气体的等温线。所以，理想气体的理论不能说明实际气体的气、液两相转变现象和临界状态。

二氧化碳的临界压力为 7.387MPa，临界温度为 31.1℃，低于临界温度时的等温线出现气、液相变的直线段，如图 4-1 所示。30.9℃是恰好能压缩得到液体二氧化碳的最高温度。在临界温度以上的等温线具有斜率转折点，直到 48.1℃才成为均匀的曲线。

1873 年范德瓦尔首先对理想气体状态方程式提出修正。他考虑了气体分子体积和分子之间相互作用力的影响，提出如下修正方程

$$\left(p+\frac{a}{v^2}\right)(v-b)=RT \tag{4-3}$$

或写成

$$pv^3 - (bp + RT)v^2 + av - ab = 0 \tag{4-4}$$

范德瓦尔方程式虽然还不够完善，但是它反映了物质气液两相的性质和两相转变的连续性。

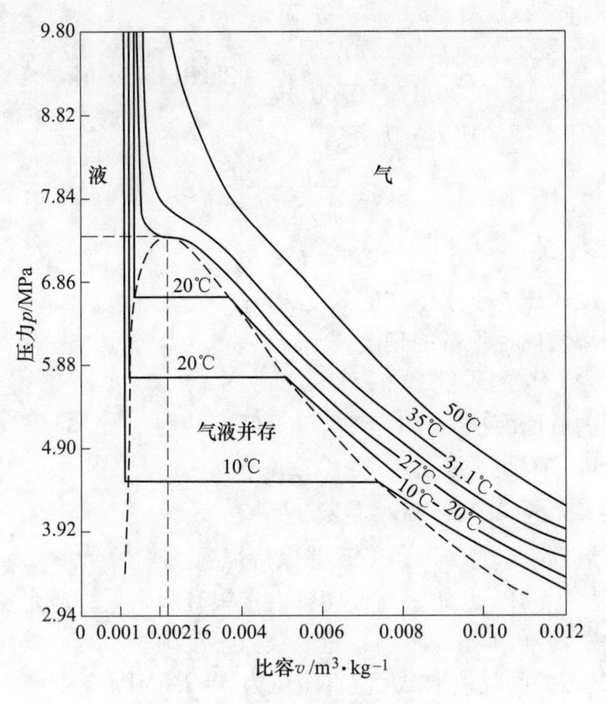

图 4-1　二氧化碳的 p-v-T 关系

上述表明等温线是一个 v 的三次方程，已知压力时方程有三个根。在温度较低时有三个不等的实根；在温度较高时有一个实根和两个虚根。得到三个相等实根的等温线上的点为临界点。于是，临界温度的等温线在临界点有转折点，需满足如下条件

$$\left(\frac{\partial p}{\partial v}\right)_T = 0 \tag{4-5}$$

$$\left(\frac{\partial^2 p}{\partial v^2}\right)_T = 0 \tag{4-6}$$

4.1.2.1　测定承压玻璃管内 CO_2 的质面比常数 k 值

由于充进承压玻璃管内的 CO_2 质量不便测量，而玻璃管内径或截面面积 A 又不易测准，因而实验中采用间接方法来测定 CO_2 的比容 v。CO_2 的比容 v 与其高度是一种线性关系，具体算法如下：

（1）已知 CO_2 液体在 20℃、100MPa 时的比容为

$$v(20℃, 10\text{MPa}) = 0.00117\text{m}^3/\text{kg} \tag{4-7}$$

（2）实地测出 CO_2 在 20℃、10MPa 时的液柱高度 Δh^*（m），其值为

$$\Delta h^* = 0.035\text{m} \tag{4-8}$$

（3）由于

$$v(20℃, 10\text{MPa}) = \frac{\Delta h^* A}{m} = 0.00117\text{m}^3/\text{kg} \tag{4-9}$$

所以

$$\frac{m}{A}=\frac{\Delta h^{*}}{0.00117}=k \tag{4-10}$$

即

$$k=\frac{\Delta h^{*}}{0.00117}=\frac{0.035}{0.00117}=29.9145\text{kg/m}^{2} \tag{4-11}$$

对于任意温度、压力下的比容 v 为

$$v=\frac{\Delta h}{m/A}=\frac{\Delta h}{k} \tag{4-12}$$

式中

$$\Delta h = h - h_0$$

h——任意温度、压力下水银柱的高度，m；

h_0——承压玻璃管内径顶端的刻度，m；

m——玻璃管内 CO_2 的质量，kg；

A——玻璃管内截面面积，m^2；

k——玻璃管内 CO_2 的质面比常数，kg/m^2。

4.1.2.2 测定临界等温线和临界参数

（1）使用恒温器调定温度 $t=31.1$℃，并保持恒温。

（2）压力记录从 4.5MPa 开始，当玻璃管内水银升起来后，应足够缓慢地摇进活塞螺杆，以保证等温条件，否则来不及平衡，造成读数不准确。

（3）按照适当的压力间隔读取 Δh 值直至压力 $p=9.0$MPa。

（4）注意加压后 CO_2 的变化，特别是注意饱和压力与温度的对应关系，液化、汽化等现象，要将测得的实验数据及观察到的现象一并填入表中。

（5）找出该曲线拐点处的临界压力 p_c 和临界比容 v_c。

4.1.2.3 观察临界现象

（1）临界乳光现象。保持临界温度不变，摇进活塞杆使压力升至 7.6MPa 附近处，然后突然摇退活塞杆（注意勿使实验本体晃动）降压，在此瞬间玻璃管内将出现圆锥状的乳白色的闪光现象，这就是临界乳光现象，这是由于 CO_2 分子受重力场作用沿高度分布不均和光的散射所造成的。

（2）整体相变现象。由于在临界点时，汽化潜热等于零，饱和气线和饱和液线合于一点，所以这时气液的相互转变不是像临界温度以下时那样逐渐积累，需要一定的时间，表现为一个渐变的过程，而这时当压力稍在变化时，气、液是以突变的形式相互转化。

（3）气、液两相模糊不清现象。处于临界点的 CO_2 具有共同的参数（p、v、T），因而是不能区别此时 CO_2 是气态还是液态。如果说它是气体，那么这个气体是接近了液态的气体；如果说它是液体，那么这个液体又是接近气态的液体。下面就用实验来证明这个结论。

因为这时是处于临界温度下，如按等温过程来进行使 CO_2 压缩或膨胀，那么管内是什么也看不到的。现在我们按绝热过程来进行。首先在压力等于 7.6MPa 附近突然降压，CO_2 状态点由等温线沿绝热线降到液区，管内 CO_2 出现了明显的液面，这就说明，如果这时管内的 CO_2 是气体，那么这种气体离液区很接近，可以说是接近液态的气体；当我们在

膨胀之后突然压缩 CO_2 时，这个液面又立即消失了；这就告诉我们这时的 CO_2 液体离气区也是非常近的，可以说是接近气态的液体，既然此时的 CO_2 既接近气态又接近液态，所以只能处于临界点附近。这种饱和气、液分不清现象，就是临界点附近饱和气、液模糊不清现象。

4.1.3　实验装置

（1）实验台本体如图 4-2 所示。

（2）整个实验装置由活塞式压力计、恒温器和实验本体三大部分组成，如图 4-3 所示。

（3）实验中气体的压力由活塞式压力计的手轮来调节。压缩气体时，缓缓转动手轮以提高油压。气体的温度由恒温器给恒温水套供水而维持恒定，并由恒温水套内的温度计读出。

（4）实验工质二氧化碳的压力由装在活塞式压力计上的压力表读出。比容首先由承压玻璃管内二氧化碳柱的高度来度量，然后再根据承压玻璃管内径均匀、截面面积不变等条件换算得出。

（5）玻璃恒温水套用以维持承压玻璃管内气体温度不变的条件，并且可以透过它观察气体的压缩过程。

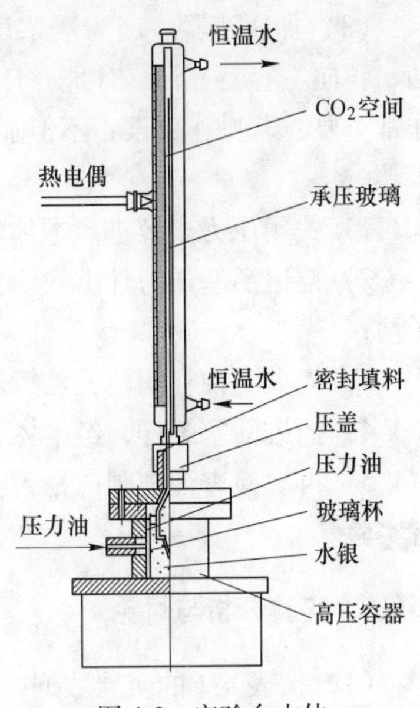

图 4-2　实验台本体

4.1.4　实验方法与步骤

（1）按图 4-3 安装好实验设备，并开启实验本体上的日光灯。

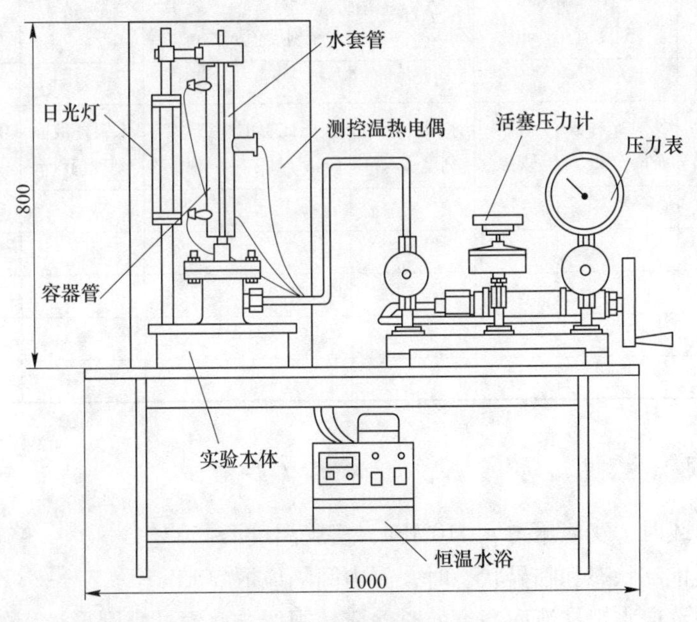

图 4-3　实验系统装置图

（2）使用恒温器调定温度：

1）检查并接通电路，开动电动泵，使水循环对流；

2）按要求设定恒温器温度；

3）当需要改变试验温度时，重复2）即可。

（3）加压步骤。因为活塞压力计的油缸容量比主容器容量小，需要多次从油杯里抽油，再向主容器充油，才能在压力表上显示压力读数。活塞压力计抽油、充油的操作过程非常重要，若操作失误，不但加不上压力，还会损坏实验设备，所以务必认真掌握其如下步骤：

1）关闭压力表及进入本体油路的两个阀门，开启活塞压力计上油杯的进油阀；

2）摇退活塞压力计上的活塞螺杆，直至螺杆全部退出，这时活塞压力计油缸中抽满了油；

3）先关闭油杯阀门，然后开启压力表和进入本体油路的两个阀门；

4）摇进活塞螺杆，经本体充油，如此重复，直至压力表上有压力读数为止；

5）再次检查油杯阀门是否关好，压力表及本体油路阀门是否开启，若已稳定，可进行实验。

4.1.5　实验分析与讨论

（1）按表4-1的实验数据，在 p-v 图上画出实验测定的等温线，并标明临界状态点。

（2）实验中为什么要保持加压（降压）过程缓慢进行？

（3）分析实验中有哪些因素会带来误差？

表4-1　等温线实验数据记录

p/MPa	t_1/℃	CO_2 气柱顶点刻度值 h_0/cm		t_2/℃	CO_2 气柱顶点刻度值 h_0/cm		t_3/℃	CO_2 气柱顶点刻度值 h_0/cm	
	水银柱液面刻度值/cm	实测比容值 v/$m^3 \cdot kg^{-1}$	观察现象	水银柱液面刻度值/cm	实测比容值 v/$m^3 \cdot kg^{-1}$	观察现象	水银柱液面刻度值/cm	实测比容值 v/$m^3 \cdot kg^{-1}$	观察现象

4.1.6　注意事项

（1）做等温线时，实验压力 $p \leqslant 10$MPa，实验温度 $t \leqslant 50$℃。

（2）在接近饱和状态和临界状态时，压力间隔应取50kPa。

（3）实验中读取水银柱液面高度 h 时，应使视线与水银柱半圆形液面的中间相齐。

（4）加压严禁超过9.5MPa。

4.2 喷管加速气流综合性能实验

4.2.1 实验目的

(1) 验证并进一步加深对喷管中气流基本规律的理解。

(2) 牢固树立临界压力、临界流速和最大流量等喷管临界参数的概念。

(3) 比较熟练地掌握用常规仪表测量压力（负压）、压差及流量的方法。

(4) 应明确在渐缩喷管中，其出口处的压力不可能低于临界压力，流速不可能高于音速，流量不可能大于最大流量。

(5) 应对喷管中气流的实际复杂过程有所了解，能定性解释激波产生的原因。

4.2.2 实验原理

4.2.2.1 喷管中气流的基本规律

(1) 由能量方程 $dq=dh+\frac{1}{2}dc^2$ 及热力学第二定律的第二解析式 $dq=dh-vdp$ 可得

$$-vdp=cdc \tag{4-13}$$

可见，因气体流经喷管时速度 c 增加时，压力 p 必然下降。

(2) 由连续性方程

$$\frac{A_1c_1}{v_1}=\frac{A_2c_2}{v_2}=\cdots=\frac{Ac}{v}=\text{常数}$$

可得

$$\frac{dA}{A}=\frac{dv}{v}-\frac{dc}{c} \tag{4-14}$$

由过程方程 $pv^k=$常数可得

$$\frac{kdv}{v}=-\frac{dp}{p}$$

根据$-vdp=cdc$、马赫数 $M=\frac{c}{a}$而 $a=\sqrt{kpv}$可得

$$\frac{dA}{A}=(M^2-1)\frac{dc}{c} \tag{4-15}$$

显然，当来流速度 $M<1$ 时，喷管应为渐缩型 $dA<0$；当来流速度 $M>1$ 时，喷管应为渐扩型 $dA>0$。

4.2.2.2 气体流动的临界概念

喷管气流的特征是 $dp<0$，$dc>0$，$dv>0$，三者之间互相制约。当某一截面的流速达到当地音速（亦称临界速度）时，该截面上的压力称为临界压力（p_c）。临界压力与喷管进口压力（p_1）之比称为临界压力比，有

$$\gamma=\frac{p_c}{p_1}$$

经推导可得

$$\gamma = \left(\frac{2}{k+1}\right)^{\frac{k}{k-1}} \tag{4-16}$$

对于空气，$k=1.4$，$\gamma=0.528$。

当渐缩喷管出口处气流速度达到音速，或缩放喷管喉部气流速度达到音速时，通过喷管的气体流量便达到了最大值（$\dot{m}_{max}$），或称为临界流量，可由下式确定

$$\dot{m}_{max} = A_{min}\sqrt{\frac{2k}{k+1}\left(\frac{2}{k+1}\right)^{\frac{2}{k-1}}\frac{p_1}{v_1}} \tag{4-17}$$

式中　A_{min}——最小截面面积（对于渐缩喷管即为出口处的流道截面面积；对于缩放喷管即为喉部处的流道截面面积。本实验台的两种喷管的最小截面面积均为 $11.43mm^2 = 11.43\times10^{-6}m^2$）。

4.2.2.3　气体在喷管中的流动

A　渐缩喷管

渐缩喷管如图 4-4 所示。因受几何条件 $dA<0$ 的限制，气体流速只能等于或低于音速（$C\leqslant a$）；出口截面的压力只能高于或等于临界压力（$p_2\geqslant p_c$）。

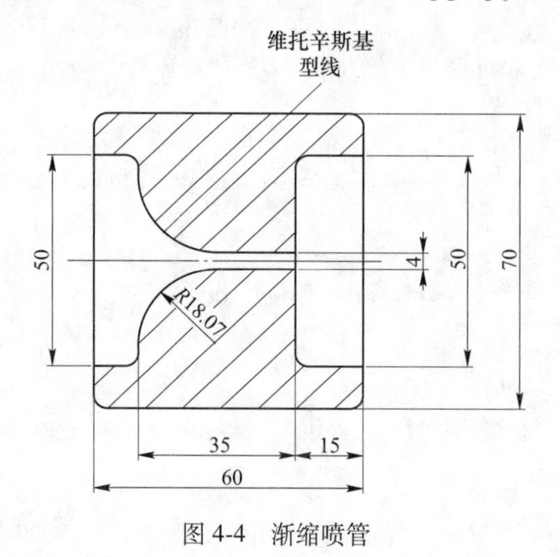

图 4-4　渐缩喷管

通过喷管的流量只能等于或小于最大流量（$\dot{m}_{max}$）。根据不同的背压（p_b），渐缩喷管可分为三种工况，如图 4-5 所示。

A：亚临界工况（$p_b>p_c$），此时 $m<\dot{m}_{max}$，则有

$$p_2 = p_b > p_c$$

B：临界工况（$p_b=p_c$），此时 $m=\dot{m}_{max}$，则有

$$p_2 = p_b = p_c$$

C：超临界工况（$p_b<p_c$），此时 $m=\dot{m}_{max}$，则有

$$p_2 = p_c > p_b$$

B　缩放喷管

缩放喷管如图 4-6 所示。喉部 $dA=0$，因此气流可以达到音速（$C=a$）；扩大段

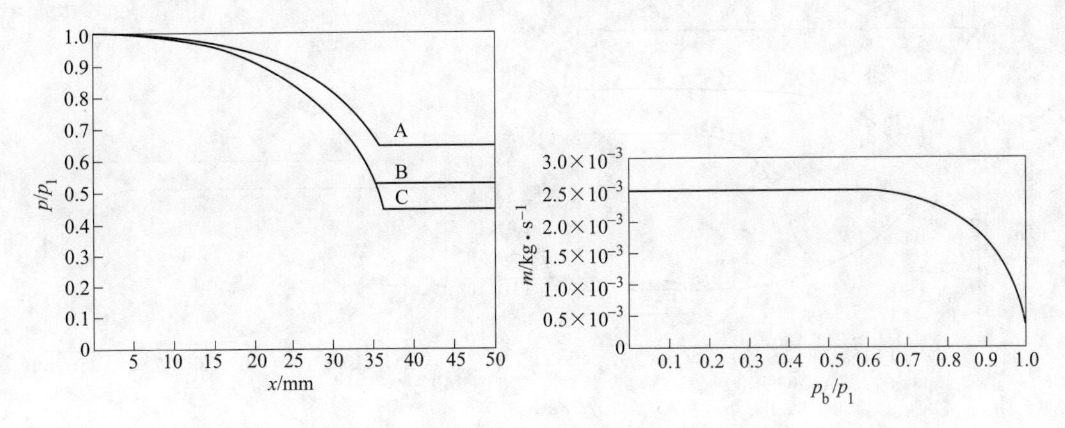

图 4-5　渐缩喷管压力分布曲线及流量曲线

($dA>0$)出口截面的流速可超音速（$C>a$），其压力可大于临界压力（$p_2<p_c$），但因喉部几何尺寸的限制，其流量的最大值仍为最大流量$\dot{m}_{max}$。

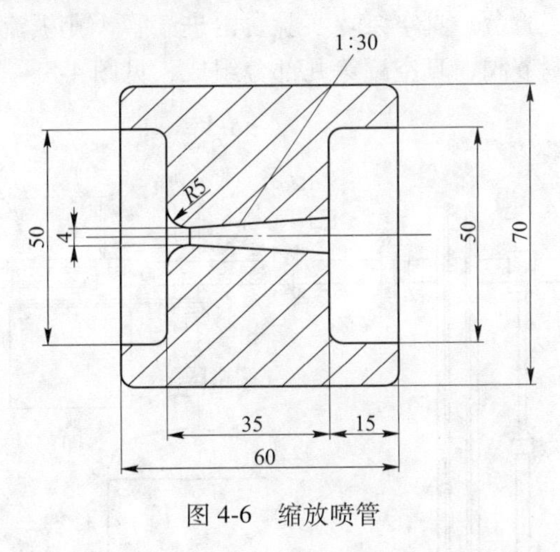

图 4-6　缩放喷管

气流在扩大段能做完全膨胀，这时出口截面处的压力成为设计压力（p_d）。缩放喷管随工作背压不同，亦可分为三种情况：

A：被压等于设计被压（$p_b=p_d$）时，称为设计工况。此时气流在喷管中能完全膨胀，出口截面的压力与被压相等（$p_2=p_b=p_d$），如图 4-7 中曲线 A 所示。在喷管喉部，压力达到临界压力，速度达到音速。在扩大段转入超音速流动，流量达到最大流量。

B：被压低于设计被压（$p_b<p_d$）时，气流在喷管内仍按曲线 A 那样膨胀到设计压力。当气流一离开出口截面便与周围介质汇合，其压力立即降至实际被压值，如图 4-7 中曲线 B 所示，流量仍为最大流量。

C：被压高于设计被压（$p_b>p_d$）时，气流在喷管内膨胀过度，其压力低于被压，以至于气流在未达到出口截面处便被压缩，导致压力突然升跃（即产生激波），在出口截面处，其压力达到被压，如图 4-7 中曲线 C 所示。激波产生的位置随着背压的升高而向喷管入口方向移动，激波在未达到喉部之前，其喉部的压力仍保持临界压力，流量仍为最大流量。当背压升高到某一值时，将脱离临界状态，其流量低于最大流量。

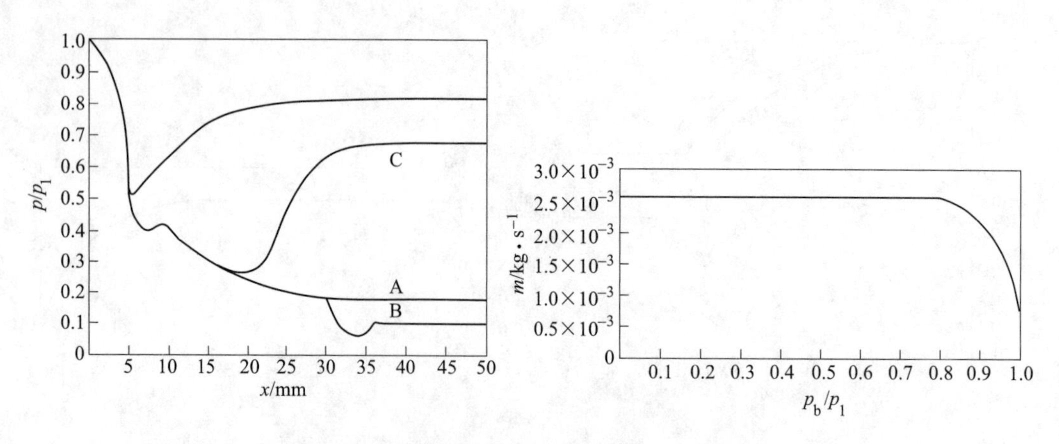

图 4-7 渐缩渐扩喷管压力分布曲线及流量曲线

4.2.3 实验装置

整个实验装置包括实验台、真空泵。实验台由进气管、孔板流量计、喷管、测压探针真空表及其移动机构、调节阀、真空罐等几部分组成，见图 4-8。

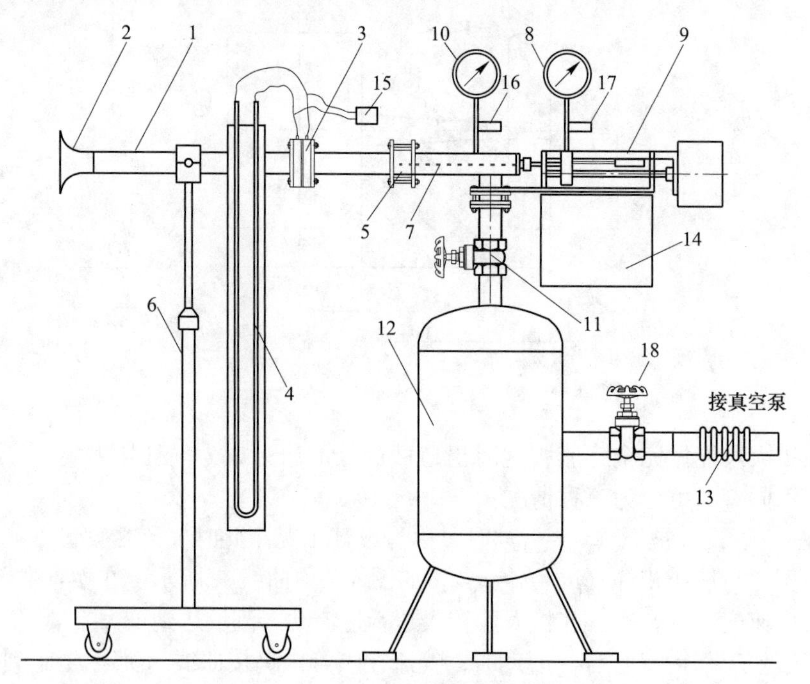

图 4-8 喷管实验台

1—进气管；2—空气吸气口；3—孔板流量计；4—U 形管压差计或压差传感器；5— 喷管；6—三轮支架；7—测压探压针；8—可移动真空表；9—螺杆机构、标尺及位移传感器；10—背压真空表；11—背压（罐前）调节阀；12—真空罐；13—软管；14—仪表箱；15—差压传感器；16—背压传感器；17—移动压力传感器；18—罐后调节阀

进气管 1 为 ϕ57mm×3. 5mm 无缝钢管，内径 ϕ50mm。空气从吸气口 2 进入进气管，流过孔板流量计 3。孔板孔径 ϕ7mm，采用角接环室取压。流量的大小可从 U 形管压差计 4

或压差传感器4读出。喷管5用有机玻璃制成，配给渐缩喷管和缩放喷管各一只，见图4-4和图4-6。根据实验的要求，可松开夹持法兰上的固紧螺丝，向左推开进气管的三轮支架6，更换所需的喷管。喷管各截面上的压力由插入喷管内的测压探压针7（外径ϕ1.0mm）连至可移动真空表8测得，它们的移动通过螺杆机构、标尺及位移传感器9实现。由于喷管是透明的，测压探针上的测压孔（ϕ0.5mm）在喷管内的位置可从喷管外部看出，也可从装在可移动真空表下方的指针在喷管轴向坐标板（图中未画出）上所指的位置来确定。喷管的排气管上还装有背压真空表10，背压用调节阀11调节。真空罐12直径ϕ400mm，体积0.118m^3，起稳压的作用。罐的底部有排污口，供必要时排除积水和污物之用。为减小振动，真空罐与真空泵之间用软管13连接。

在实验中必须测量4个变量，即测压孔在喷管内的不同截面位置x、气流在该截面上的压力p、背压p_b、流量m，这些量可分别用位移指针的位置、可移动真空表、背压真空表以及U形管压差计（或压差传感器）的读数来显示。

4.2.4 实验方法与步骤

（1）装上所需的喷管，用坐标校准器调好位移坐标板的基准位置，即使指针对准零刻度，此时探针上的测压孔正好在喷管的入口处。

（2）打开罐前的调节阀，将真空泵的飞轮盘车1~2圈，以消除空程。一切正常后，全开罐后调节阀，然后启动真空泵。

（3）测量轴向压力分布：$\frac{p_x}{p_1}=f(x)$，绘制压力比与位移曲线。

1）调节罐前调节阀，使背压表的指针从零转到最大，记录孔板流量计压差变化，然后逐渐关闭罐前调节阀，同时观察孔板流量计压差变化并记录下该值，则会发现开始调节至一定值后，孔板流量计压差不发生变化，该压力值点即为临界点，记录该点背压值。

2）调节罐前调节阀，使背压表处于亚临界工况，转动手轮或开启测压位移电机开关，使测压探针从进口处向出口方向移动。每移动一定距离（一般为2~3mm）便停顿下来，记录该点的坐标位置及相应的压力值，一直测至喷管出口之外。把各个点描绘到坐标纸上，便得到一条在这一背压下喷管的亚临界工况压力分布曲线。

3）若要做若干条压力分布曲线，只要改变其背压值并重复步骤1）、2）即可。

4）计算出准确的临界工况下真空表的背压值，用罐前调节阀调至该值（与步骤1）记录的值几乎相同），按上步所述操作做出临界工况下的位移与压力比曲线。

5）用罐前调节阀调出一个背压值为超临界工况下的数值，按步骤4）所述操作方法做出超临界工况下的位移与压力比曲线。

（4）流量曲线的测绘。测量喷管的流量变化情况：$m=f\left(\frac{p_b}{p_1}\right)$，绘制流量与压力比曲线。

1）把测压探针的引压孔移至出口截面之外，打开罐后调节阀，关闭罐前调节阀，启动真空泵。

2）用罐前调节阀调节背压，每一次改变2~3kPa，稳定后记录背压值和U形管压差计的读数。当背压升高到某一值时，U形管压差计的液柱或压差传感器测量值便不再变化（即流量已达到了最大值）。此后尽管不断提高背压，但U形管压差计的液柱或压差传感器测量值仍保持不变，这时测2~3点，至此，流量测量即可完成。

（5）实验结束后的设备操作。打开罐前调节阀，关闭罐后调节阀，让真空罐充气；3min后停真空泵并立即打开罐后调节阀，让真空泵充气（目的是防止回油）。

4.2.5　实验分析与讨论

（1）压力值的确定：

1）本实验装置采用的是负压系统，表上读数均为真空度，为此须换算成绝对压力p

$$p = p_a - p_{(v)} \tag{4-18}$$

式中　p_a——大气压力，Pa；

$p_{(v)}$——用真空度表示的压力，Pa。

2）由于喷管前装有孔板流量计，气流有压力损失。本实验装置的压力损失为U形管压差计读数Δp的97%。因此，喷管入口压力为

$$p_1 = p_a - 0.97\Delta p \tag{4-19}$$

3）临界压力$p_c = 0.528p_1$，在真空表上的读数（即用真空度表示）为

$$p_{c(v)} = p_a - p_c \tag{4-20}$$

$$p_{c(v)} = 0.472p_a + 0.51\Delta p \tag{4-21}$$

计算时，式中各项必须用相同的压力单位。

（2）喷管实际流量测定：由于管内气流的摩擦而形成边界层，从而减小了流通面积。因此，实际流量必然小于理论值。其实际流量（kg/s）为

$$m = 4.386 \times 10^{-5}\sqrt{\Delta p}\,\varepsilon\beta\gamma \tag{4-22}$$

式中　ε——流速膨胀系数，$\varepsilon = 1 - 0.2873\dfrac{\Delta p}{p_a}$；

β——气态修正系数，$\beta = 0.0538\sqrt{\dfrac{p_a}{t_a + 273}}$；

γ——几何修正系数（约等于1.0）；

Δp——U形管压差计的读数，Pa；

t_a——室温，℃。

（3）以测压探针孔在喷管中的位置x为横坐标，以$\dfrac{p}{p_1}$为纵坐标，绘制不同工况下的压力分布曲线。

（4）以压力比$\dfrac{p_b}{p_1}$为横坐标，流量$\dot{m}$为纵坐标，绘制流量曲线。

（5）根据条件，计算喷管最大流量的理论值。

喷管压力和流量分布实验数据表如表4-2~表4-5所示。

表 4-2 喷管压力分布实验数据表（临界状态）

喷管类型： 渐缩喷管大气压力 p_a： MPa 室温 t_a： ℃

喷管背压（绝对压力）p_b/MPa				U 形管压差计 Δp/Pa				
轴向位移 x/mm	0	5	10	15	20	25	30	35
各截面真空度 $p_{d(v)}$/MPa								
各截面绝对压力 p/MPa								

表 4-3 喷管压力分布实验数据表（超临界状态）

喷管背压（绝对压力）p_b/MPa				U 形管压差计 Δp/Pa				
轴向位移 x/mm	0	5	10	15	20	25	30	35
各截面真空度 $p_{d(v)}$/MPa								
各截面绝对压力 p/MPa								

表 4-4 喷管压力分布实验数据表（亚临界状态）

喷管背压（绝对压力）p_b/MPa				U 形管压差计 Δp/Pa				
轴向位移 x/mm	0	5	10	15	20	25	30	35
各截面真空度 $p_{d(v)}$/MPa								
各截面绝对压力 p/MPa								

表 4-5 喷管流量分布实验数据表

喷管背压真空度 $p_{b(v)}$/MPa	0.000	0.005	0.010	0.015	0.020	0.025	0.030	0.035	0.040	0.045	0.050	0.055	0.060	0.065	0.070
喷管背压绝对压力 p_b/MPa															
U 形管压差计 Δp/Pa															

4.2.6 注意事项

实验中压力表均为 0.25 级真空表。

每大格 0.01/4 = 0.0025MPa = 2500Pa；

每小格 0.01/20 = 0.0005MPa = 500Pa。

4.3 旋流燃烧器模拟实验

4.3.1 实验目的

（1）了解旋流燃烧器的工作原理。

（2）演示旋流燃烧器出口处的速度分布。

（3）演示旋流燃烧器的温度场。

4.3.2 实验原理

在燃料燃烧过程中，广泛采用的燃烧器有直流燃烧器及旋流燃烧器，本实验装置是旋流燃烧器的模拟。

旋流燃烧器是以旋转射流为基础来形成燃烧过程的。旋转射流由各种旋流器产生，从而形成各种不同的旋流燃烧器。目前有蜗壳型旋流燃烧器和叶片型旋流燃烧器两种，蜗壳型旋流燃烧器又有单蜗壳型旋流燃烧器和双蜗壳型旋流燃烧器。

本实验用以分析单蜗壳型旋流燃烧器运行机理如图 4-9 所示。一次风为直流射流，二次风经蜗壳后形成旋转射流，气流离开燃烧器时，由于离心力的作用，不仅具有轴向速度，而且还具有一个使气流扩散的切向速度；同时，由于旋转的结果，在旋转射流的中心部分形成一个低压区，从而形成一个中心回流区。随着旋流强度的不同，旋转射流可分为弱旋转射流和强旋转射流。弱旋转射流是在旋流强度很弱时，气流中心不出现回流区；强旋转射流是指中心有回流区的情况。

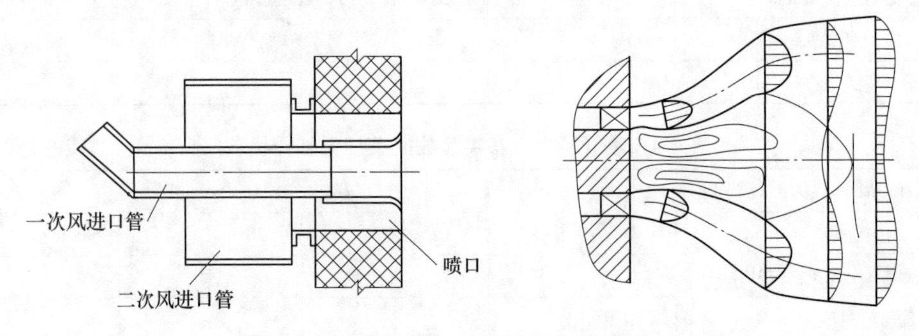

图 4-9　旋流燃烧器运行机理示意图

4.3.3　实验装置

实验装置示意如图 4-10 所示。

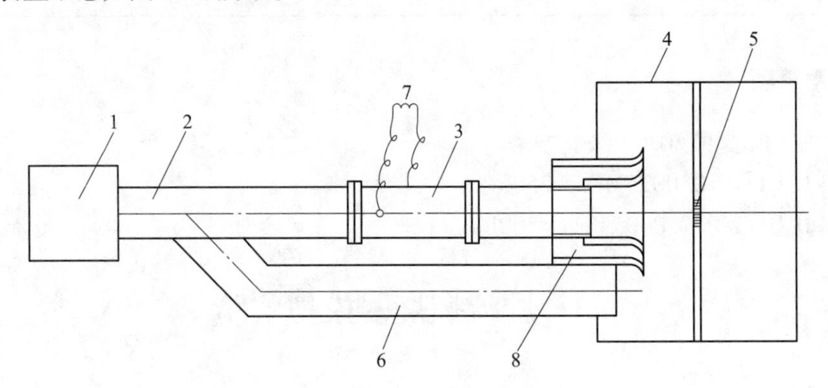

图 4-10　实验装置示意图

1—送风机；2—一次风道；3—加热管；4—测量支架；
5—夹具；6—二次风道；7—调压器；8—蜗壳

从送风机出来的风分成一次风和二次风，其各自的风量可以通过风道上的调节风阀进行调节。一次风经加热器后直流喷出，二次风经蜗壳后形成旋转射流，一、二次风可以有不同的配比，在燃烧器出口处测出不同的气流特性。

比较典型的两种气流是开放气流和扩散气流。开放气流是旋转强度逐渐增大，气流的内外压力逐渐接近，这时沿着气流方向，中心回流区在主气流速度很低时才封闭。

在模拟燃烧器前端的夹具用来夹持温度计与毕托管。夹具本身可以围绕旋流燃烧器旋转，并可以纵向或横向移动，从而检测一定范围内温度和速度的分布。

4.3.4 实验方法与步骤

（1）将实验设备放置于平坦处，高压风机的底座要与地面打地脚连接。高压风机出风口与设备进风口用软连接接好。

（2）将二次风管与一次风管、加热器、旋流器进行螺栓连接；在旋流器的前端锥形集流器处安装好有机板的指示盘、旋臂和滑动杆等部件。按电控箱后面板指示分别接通三相四线电源、风机工作电源、电加热器工作电源。

（3）将三只斜管微压计悬挂起来，并调整到水平位置，然后向其容器内注入纯净水，水位达到前端玻璃管的刻度零处。注意排除内部存留的气体。松动固定螺丝，使带刻度的指示玻璃管旋转到接近垂直的位置，并记下该位置的测量系数 k。

（4）将三只毕托管的上端两个测压接头分别用软胶管与斜管微压计的刻度玻璃管和容器上部的接口相连接，其中在一次风管和二次风管测压处分别安置一只毕托管，毕托管的检测孔要正对来风方向，第三只风速测量毕托管和测温传感器一起夹在滑尺滑动座上，使毕托管测点对准一次风管的中心线。

（5）启动风机，一次风调节风阀关闭，二次风调节风阀处于 3/4 开度状态。

（6）测读微压计读数，为使读数具有可读性，一方面可以调整玻璃管的位置，即改变测量系数；另一方面要调整毕托管的测点正好处于管道的中心位置。当启动风机后没有压差时，可以将连接测点的软胶管调换后再重新插好。

（7）暂不投入加热器，调压器输出为零。二次风道阀门在半开度及全开度时，在离旋流器出口 100mm 和 200mm 处的水平轴线和垂直轴线上分别测量风速。每隔 20mm 为一测点。

（8）投入加热器，二次风道阀门为半开度，在离旋流器出口 100mm 和 200mm 处的水平轴线和垂直轴线上分别测量温度。同样以每隔 20mm 为一测点。

（9）改变一次风与二次风配比，重新进行上述操作。

4.3.5 实验分析与讨论

（1）根据实验测量数据计算风速

$$u = \sqrt{\frac{2k\Delta h}{\rho}}$$

式中 k——微压计系数；

Δh——微压计读数，m；

ρ——测点处空气密度，kg/m^3。

（2）根据计算数据，绘出速度场。

4.3.6 注意事项

（1）实验可以通过在水平和垂直的中心轴线上测量，来代替速度场和温度场的全场测量。

（2）由于时间限制，温度场较速度场更为复杂，实验中可根据实际情况调节。

4.4 煤燃烧过程的综合热分析

4.4.1 实验目的

（1）了解综合热分析仪的原理及仪器装置、操作方法。
（2）通过实验掌握热重分析的实验技术。
（3）使用综合热分析仪分析煤的热效应。

4.4.2 实验原理

热分析技术是指在程序控温和一定气氛下，测量试样的物理性质随温度或时间变化的一种技术。根据被测量物质的物理性质不同，常见的热分析方法有热重分析（Thermogravimetry，TG）、差热分析（Difference Thermal Analysis，DTA）、差示扫描量热分析（Difference Scanning Claorimetry，DSC）等。热分析技术主要用于测量和分析试样物质在温度变化过程中的一些物理变化（如晶型转变、相态转变及吸附等）、化学变化（分解、氧化、还原、脱水反应等）及其力学特性的变化，通过这些变化的研究，可以认识试样物质的内部结构，获得相关的热力学和动力学数据，为材料的进一步研究提供理论依据。

4.4.2.1 热重分析原理

热重分析（TG）就是在程序控温下，测量物质的质量随温度变化的关系。在加热过程中如果试样无质量变化，热天平将保持初始的平衡状态，一旦样品中有质量变化时，天平就立即由传感器检测并输出天平失衡信号，信号经测重系统放大后，用以自动改变平衡复位器中的线圈电流，使天平又回到初时的平衡状态，即天平恢复到零位。平衡复位器中的电流与样品质量的变化成正比，因此，记录电流的变化就能得到试样质量在加热过程中连续变化的信息，而试样温度或炉膛温度由热电偶测定并记录。这样就可以得到试样质量随温度（或时间）变化的关系曲线，即热重曲线。

4.4.2.2 差热分析原理

差热分析（DTA）是指在程序控温下，测量试样物质（S）与参比物（R）的温差（ΔT）随温度或时间变化的一种技术。在所测温度范围内，参比物不发生任何热效应，如 Al_2O_3 在 0~1700℃范围内无热效应产生，而试样却在某温度区间内发生了热效应，如放热反应（氧化反应、爆炸、吸附等）或吸热反应（熔融、蒸发、脱水等），释放或吸收的热量会使试样的温度高于或低于参比物的温度，从而在试样与参比物之间产生温差，且温差的大小取决于试样产生热效应的大小，由 X-Y 记录仪记录下温差随温度 T 或时间 t 变化的关系即为 DTA 曲线。

4.4.2.3 差示扫描量热分析原理

差示扫描量热分析（DSC）是指在程序控温下，测量单位时间内输入到样品和参比物之间的能量差（或功率差）随温度变化的一种技术。按测量方法的不同，DSC 仪可分为功率补偿式和热流式两种，本实验采用功率补偿式测量。样品和参比物分别具有独立的加热器和传感器，整个仪器有两条控制电路，一条用于控制温度，使样品和参照物在预定的速率下升温或降温；另一条用于控制功率补偿器，给样品补充热量或减少热量，以维持样品和参比物之间的温差为零。当样品发生热效应时，如放热效应，样品温度将高于参比物，在样品与参比物之间出现温差，该温差信号被转化为温差电势，再经差热放大器放大后送入功率补偿器，使样品加热器的电流减小，而参比物的加热器电流增加，从而使样品温度降低，参比物温度升高，最终导致两者温差又趋于零。因此，只要记录样品的放热速度或吸热速度（即功率），即记录下补偿给样品和参比物的功率差随温度 T 或时间 t 变化的关系，就可获得试样的 DSC 曲线。

4.4.3 实验装置

本实验使用德国耐驰生产的 STA409PC 综合热分析仪作为热分析测试设备，见图 4-11，测温范围为 25～1550℃，加热速率最大为 50K/min（理论），实验中推荐使用 20～30K/min。

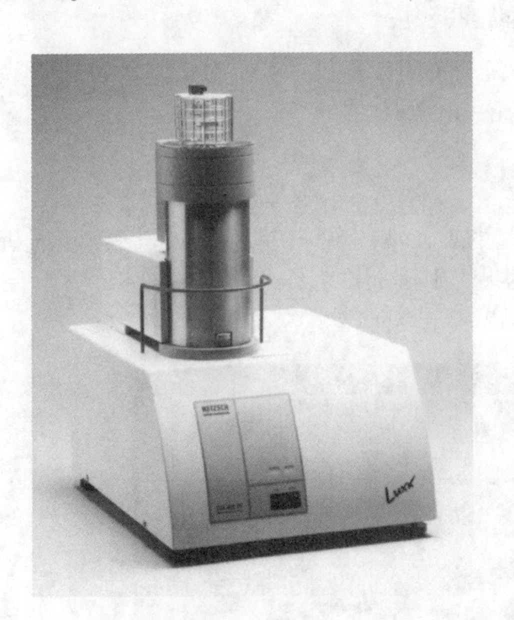

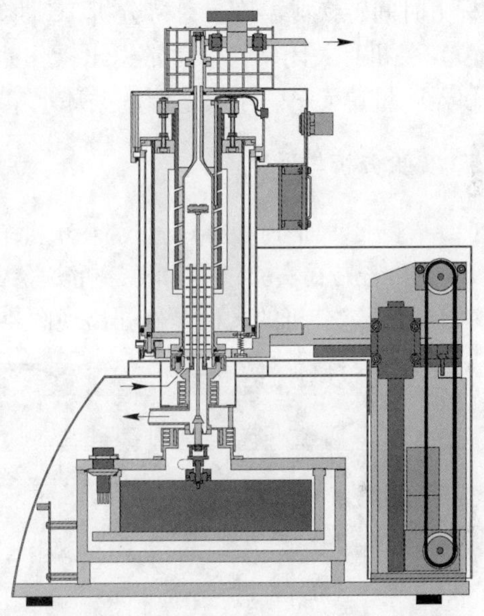

图 4-11 STA409PC 装置图

该设备具有如下优点：

（1）垂直结构，优化气流状况，污染小，易于操作。

（2）真空密闭系统，可在多种动态气氛（N_2、Ar、He、空气、O_2 与其他特殊气体）、静态气氛下进行测量。

（3）提供多种不同温度范围、不同特性的可自由更换的传感器与炉体，适应不同的应用需要。

（4）提供多种不同类型的坩埚，适应不同的样品特性。

4.4.4 实验方法与步骤

（1）预烧坩埚：坩埚预先热处理到等于或高于需测量的最高温度。

（2）测定 Baseline 分析文件：在确定的程序温度下，对样品坩埚和参比坩埚进行空运行分析，得到两个空坩埚的分析结果。

（3）称量样品：先将约10mg试样装入试样坩埚，样品量一般不超过坩埚容积的2/3，把装样的坩埚在清洁的石台上轻墩数次，使样品松紧适中。

（4）装样：远端为参比物，近端为样品，按下综合热分析仪，调好气氛控制器，使该测试在所需气氛下进行。

（5）测量：装好样品后，在Baseline文件基础上进行样品测试，点击“NETZSCH测量”中“确定”，点击“初始化工作条件”，先进行实验温度程序初始化，再点击“开始”进行实验测量，即得到纯样品的分析结果。

通过测量窗口可观看到实验测量过程中的实时曲线，若想知道已设定的其他实验参数可点击“查看/测量参数”来查看。

（6）分析：仪器测试结束后打开Tools菜单，从下拉菜单中选择Run analysis program选项，进入软件界面，打开文件，点击工具栏上的“X-time/X-temperature”转换开关，使横坐标由时间转换成温度，对待分析TG曲线进行分析。

（7）关机：关闭软件—正常退出操作系统—关闭计算机—实验用气体（如N_2）调压阀—仪器测量单元—炉子大电源—循环水单元—电源开关。

4.4.5　实验分析与讨论

（1）打开桌面Proteus Analysis分析软件或在测量窗口执行“工具/运行分析程序（R）”，若是在实验过程中要分析实验结果，则执行“工具/运行实时分析（S）”。

（2）打开欲分析的文件，例如出现图4-12所示界面。

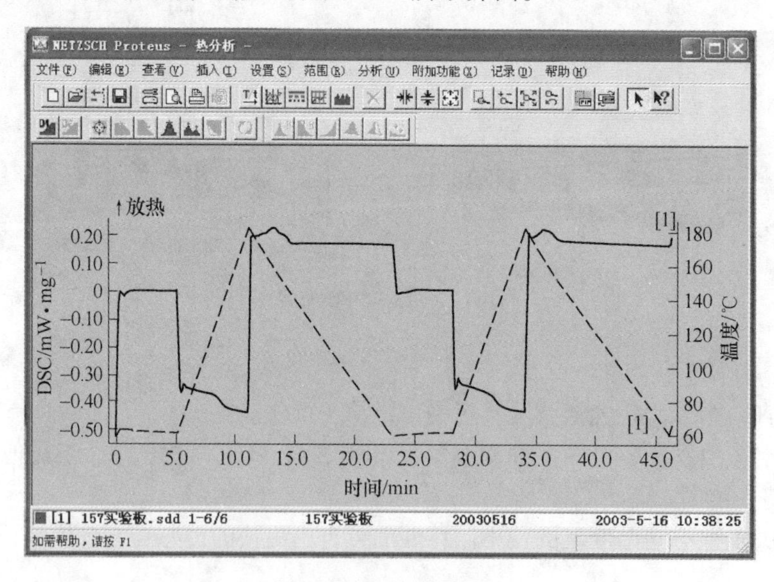

图4-12　测试结果示意图

（3）打开“设置（S）/温度段（G）”或点击温度段图标，在温度段列表中选择要分析的温度段，在其前面“□”打上“√”并“确定”，然后点击“设置（S）/X—温度（E）”或温度段图标将坐标轴X轴-时间转换成X轴-温度，再选择相应的实验曲线对其进行分析、计算。

(4) 分析 TG 曲线，给出该物质的起始分解温度、终止分解温度、各阶段的失重情况。

(5) 分析材料在热处理过程中的热焓变化情况。

4.4.6 注意事项

(1) 本仪器面板许多参数是出厂设定值，不能任意更改，以免影响仪器正常运行。

(2) 试样装填和取出动作要轻稳，一般情况由实验老师操作。

(3) 不得随意更改计算机中的预设参数和端口设置等。

(4) 实验室门应轻开轻关，尽量避免或减少人员走动。

(5) 坩埚（包括参比坩埚）预先热处理到等于或高于其最高测量温度。

(6) 保证与测量坩埚底部接触良好，样品应适量，确保测量精度。

(7) 对于热反应剧烈或在反应过程中易产生气泡的样品，应适当减少样品量。

4.5 锅炉燃烧热效率测试分析

4.5.1 实验目的

通过本实验加深对锅炉燃烧的理解，对锅炉热量的利用、损失有一个更为清晰的认识。锅炉热平衡实验是热能与动力工程专业领域一项重要的实验，热平衡实验进行的方式又可分为正平衡实验及反平衡实验。通过热平衡实验，测试锅炉在稳定工况下的运行效率，可以判断锅炉燃料利用程度与热量损失情况，具体实验目的如下：

(1) 了解热平衡实验系统的组成。

(2) 掌握锅炉给水温度、压力、流量、排烟温度、灰渣质量、灰渣中可燃物含量、烟气成分等的测量方法，通过分析误差原因，学习减小误差的方法。

(3) 掌握锅炉各项热损失的计算方法。

(4) 掌握锅炉正、反平衡实验的方法和步骤。

4.5.2 实验原理

从能量平衡的观点来看，在稳定工况下，输入锅炉的热量应与输出锅炉的热量相平衡，锅炉的这种热量收、支平衡关系，就叫锅炉热平衡，其原理如图 4-13 所示。输入锅炉的热量是指伴随燃料送入锅炉的热量；锅炉输出的热量可以分为两部分，一部分为有效利用热量，另一部分为各项热损失。

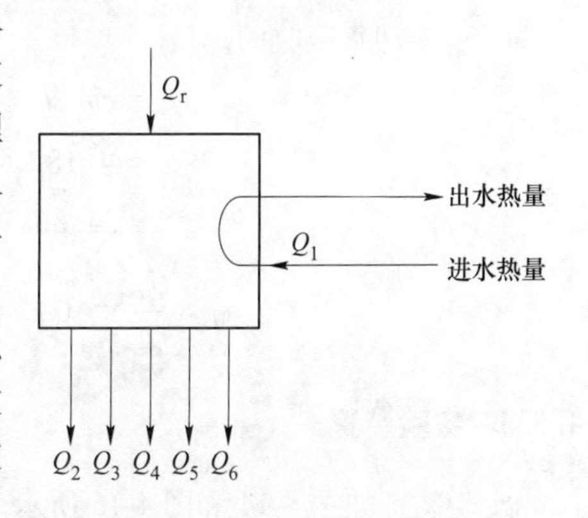

图 4-13 锅炉热平衡原理图

锅炉热效率测定实验的基本原理就是锅炉在稳定工况下进出热量的平衡。锅炉工作是将燃料释放的热量最大限度地传递给汽水工质，剩余的没有被利用的热量以各种不同的方式损失掉了。在稳定工况下，其进出热量必平衡，可表示如下

输入锅炉热量 = 锅炉利用热量 + 各种热损失

锅炉输入热量以 Q_r(kJ/kg) 或 100%表示。锅炉热损失包括以下几项：排烟热损失 Q_2(kJ/kg) 或 q_2(%)；化学未完全燃烧损失的热量 Q_3(kJ/kg) 或 q_3(%)；机械未完全燃烧损失的热量 Q_4(kJ/kg) 或 q_4(%)；散热损失的热量 Q_5(kJ/kg) 或 q_5(%)；灰渣物理热损失的热量 Q_6(kJ/kg) 或 q_6(%)；锅炉利用热量 Q_1(kJ/kg) 或 q_1(%)，则有

$$Q_r = Q_1 + Q_2 + Q_3 + Q_4 + Q_5 + Q_6 \tag{4-23}$$

或

$$100\% = q_1 + q_2 + q_3 + q_4 + q_5 + q_6 \tag{4-24}$$

本实验为模拟实验，以燃烧器为模拟锅炉，以煤油作为液体燃料，以自来水作为给水，对自来水流量（g/s）和进出口温度（℃）、燃油流量（L/h）和烟气温度（℃）以及排烟成分（%）进行测量。通过锅炉正反平衡实验，记录相关数据并进行处理得出结论。

锅炉正平衡实验就是直接测量燃油带入热水器的热量与冷却水有效利用的热量而求得热效率的一种方法，叫正平衡，也叫直接测量法。

正平衡热效率为

$$\eta = \frac{Q_1}{\text{锅炉输入热量 } Q_r} \times 100\% \tag{4-25}$$

反平衡热效率为

$$\eta = 1 - (q_2 + q_3 + q_4 + q_5 + q_6) \tag{4-26}$$

本次实验仅进行正平衡热效率测量，即冷却循环水带走的热量（没有蒸汽产生，不涉及焓变）与总燃料带入的热量之比。

（1）热量输入

$$\begin{aligned} Q_r &= \text{燃料的流量} \times \text{燃料的热值} \\ &= 4.76\text{kg/h} \times 46200\text{kJ/kg} \times \frac{1}{3600}\text{h/s} \\ &= 219912\text{kJ/h} \times \frac{1}{3600}\text{h/s} \\ &= 61.09\text{kW} \end{aligned} \tag{4-27}$$

（2）冷却水吸收的热量

$$\begin{aligned} Q_1 &= cm\Delta t \\ &= 4.182 \times 205 \times 10^{-3} \times (43 - 14) \\ &= 24.86\text{kW} \end{aligned} \tag{4-28}$$

$$\eta = \frac{Q_1}{Q_r} \times 100\% = \frac{24.86}{61.09} \times 100\% = 40.69\% \tag{4-29}$$

4.5.3　实验装置

实验装置如图 4-14 和图 4-15 所示。

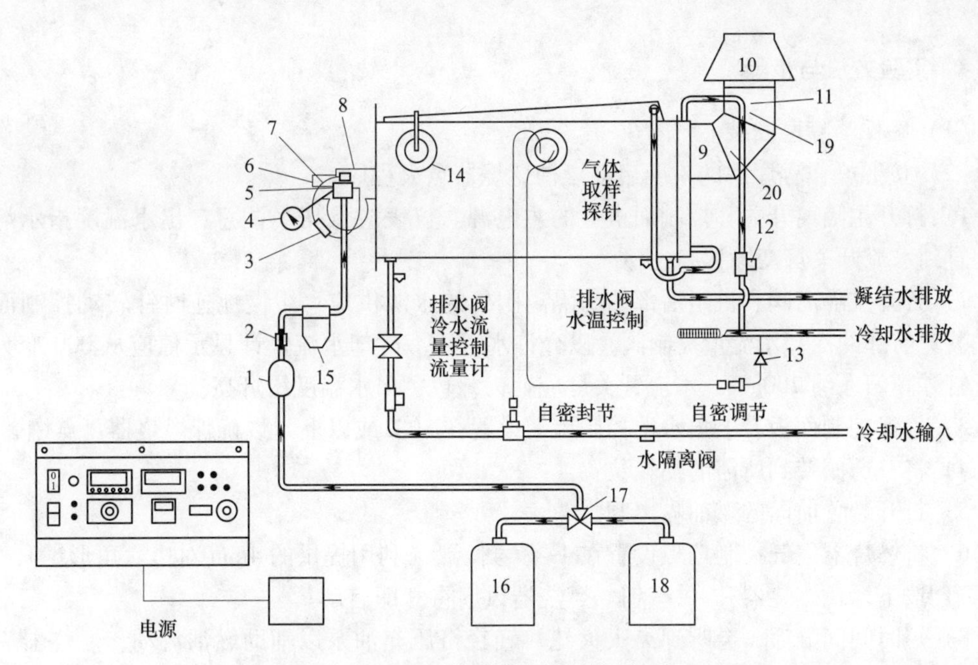

图 4-14 燃油燃烧器结构图

1—起动泵；2—燃油隔离阀；3—燃油流量计；4—泵压表；5—燃油泵；6—燃烧器控制箱；7—空气控制；8—燃油燃烧器；9—排气烟道；10—空气遮断罩；11—烟气分析点；12—水流量开关；13—单向阀；14—火焰温度探针；15—滤油器；16—煤油罐；17—三通阀；18—柴油罐；19—零辐射位置；20—辐射位置

图 4-15 燃油燃烧器实物图

1—复位键；2—控制盒；3—点火变压器；4—点火电缆到电极；5—燃油泵；6—燃油电磁阀；7—燃油压力调节器；8—燃油流量传感器；9—油压表；10—燃烧器固定螺钉；11—鼓风机和燃油泵电机；12—燃油进口

4.5.4 实验方法与步骤

（1）确保喷嘴已安装。

（2）按照操作程序中的说明启动燃油燃烧器点火程序。

1）打开主隔离开关和控制面板上的主电源。仪表应点亮（注意：出水温度指示灯不亮，直到水流开关灯变绿）。

2）打开主隔离阀和机组后部的水隔离阀处的水源供应。缓慢地逆时针转动控制面板左侧装置前部的冷却水流量控制阀，以允许水进入。冷却水流量计显示值应从000变为正值。打开阀门大约200g/s。水流开关灯应变为绿色，出水温度绿灯亮。

3）确保控制面板右上角水温控制旋钮设置在80℃或以上（以确保燃烧器可点燃）。

4）将三通阀转到所需的油箱位置。

5）打开装置前面的燃油隔离阀。

6）将燃烧器空气控制挡板设置在1~2号位置（利用提供的4mm对边六角形键）。

7）按下绿色燃烧器开/关按钮。燃烧器风扇将立即启动。

8）短时间间隔后，会听到点火火花，轻轻挤压充油泵以辅助燃油流动，燃烧器应点火，此时可以松开充油泵。泵压力表将指示输送压力，绿色灯亮起。如果不亮，燃烧器将在火焰中断时锁定。

（3）设定燃油泵压力，使空气/燃料比在大范围内可调，50~60kW（4.93~5.92kg/h）的热输入，整个实验过程保持恒定。

（4）调节冷却水流量，使出口温度（t_2）在60~80℃之间，在整个实验过程中保持流量恒定。

（5）将空气控制阻尼器调整到可维持燃烧的最小位置。

（6）稳定后，记录数据。

（7）将空气控制阻尼器位置增加一个刻度。

（8）稳定后，再次记录数据。

（9）继续分阶段增加空气流量，直到达到最大空气控制阻尼器位置或无法维持燃烧。

（10）关闭燃烧器，对于紧急停止，按下控制面板上的红色燃烧器开/关按钮“O”。

（11）确保关闭燃油隔离阀。

（12）关闭冷却水流量控制阀、隔水阀和远离机组的主阀处的水流。

（13）关闭控制面板上的主开关。

4.5.5 实验分析与讨论

（1）完成表4-6中数据计算与分析。

（2）图文描述：热效率与过量空气的关系。

（3）简述影响锅炉热效率的主要因素。

表4-6 选定油压下实验数据记录表（油压Ⅰ/Ⅱ/Ⅲ）

序　号										
燃料油油压Ⅰ/kN·m^{-3}										

续表 4-6

序　　号										
燃料油流量/L · h^{-1}										
冷却水流量/g · s^{-1}										
冷却水进口温度/℃										
冷却水出口温度/℃										
空气进口温度 t_3/℃										
排烟温度 t_4/℃										
O_2 含量/%										
CO_2 含量/%										
CO 含量/%										
过量空气/%										
火焰温度 t_5/℃										
输入热量/kW										
输出热量/kW										
热效率 η/%										

4.5.6　注意事项

（1）燃油燃烧器可使用煤油或柴油燃料。

（2）当使用煤油型燃料时，最大工作压力为 1MPa。在高于 1MPa 的压力下长时间使用煤油型燃油会损坏燃油泵。

（3）如果燃烧器锁定，需要等 30s 才能按复位键。

4.6　合成吸附剂二氧化碳吸附性能测试

4.6.1　实验目的

（1）了解新型吸附剂研究进展，掌握吸附剂的制备过程。

（2）掌握吸附测试实验的设计及实现过程。

4.6.2　实验原理

温室气体包括二氧化碳、甲烷、一氧化二氮、含氯氟烃、臭氧等。温室效应导致全球变暖、海平面上升和生态系统的不平衡，威胁到许多生物的生存。因此，各种温室气体的吸附、分离和捕获技术的发展是一个迫切需要深入研究的课题。CO_2 的增加主要是来自化石燃料的燃烧，这通常被认为是全球变暖的主要原因。目前，煤、石油、天然气等化石燃料占全球能源消耗的 85%。这些燃料燃烧产生的 CO_2 占总排放量的 40%以上。CO_2 是一种无毒、便宜、可再生的气体，可用于替代许多有毒有机溶剂、化学品和中间体。收集 CO_2 可有效减少二氧化碳排放量，以及创造潜在的经济效益。

碳捕集与封存（carbon capture and storage，CCS）技术，是指将 CO_2 从工业等相关排放源中分离出来，经压缩后输送到封存地点并实现长期与大气隔绝，具体流程见图 4-16。

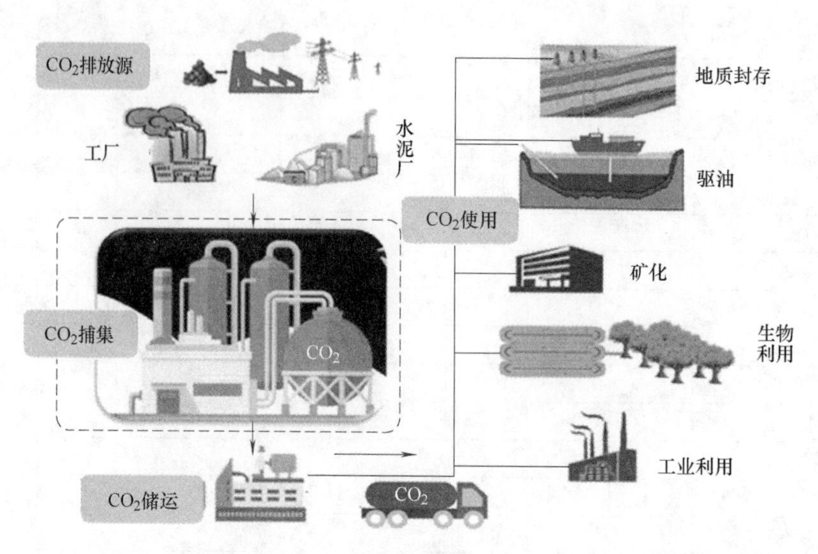

图 4-16 碳捕集、储运与封存全流程

中国以燃煤为主的发电结构在未来长时间内不会改变，控制燃煤发电污染物排放的任务将更加艰巨，目前所属燃烧前捕集的全氧燃烧工艺颇具前景，但技术水平仍不够成熟。因此 CCS 等前沿脱碳技术的发展受到了非常高的关注程度，探索煤电二氧化碳的减排技术是我国污染物防控工作的重要任务。CO_2 的捕集方法可分为变压变温吸附法、物理化学吸收法、膜分离法、低温分离法等，储存方式可分为地质、深海、盐水层、矿物储存等。

CO_2 化学吸收法具有技术成熟、分离效率高等优势，但存在吸收剂溶液热解能耗高的关键瓶颈问题。吸附法具有诸多突出优点，如 CO_2 回收率高、工艺简单、能源消耗少、吸附剂使用寿命长、环保效益良好等。吸附法通过选用具有选择吸附性的多孔介质来捕集 CO_2，例如活性炭、沸石、分子筛等。利用上述吸附剂在一定实验条件下对 CO_2 进行选择性吸附，后又进行 CO_2 脱附分离。一般把以下条件作为衡量吸附剂好坏的标准：（1）使用寿命；（2）工作能力，变温吸附能力及变压吸附能力；（3）选择性，指对二氧化碳在废气中的吸附率远高于其他气体；（4）平衡等温线类型；（5）热效应，吸、脱附过程热效应越小越好。本实验选取使用寿命作为评价吸附剂性能的指标，活性炭的具体寿命取决于它的制备方法与用途。

为充分发挥课程创新性，激发学生科研兴趣，学生可通过查阅相关优秀文献，独立实施并合成新型吸附剂，期间实验室提供相应实验用品作为保障。本实验以经高温热解炭化活化而成的果壳活性炭为例，来阐明吸附剂制备过程。

本实验以实验室合成吸附剂（根据研究方向可调整）作为创新点，进行二氧化碳的吸附测试。在测量之前，将样品在高温下以流动的惯性气体预处理，以除去任何污染物。

4.6.3 实验装置

4.6.3.1 吸附剂制备装置

（1）真空干燥箱，用于干燥果壳；

（2）破碎机，用于机械破碎；

(3) 筛子，用于颗粒物筛分；

(4) 热解反应器，用于热解反应。

4.6.3.2 吸附实验设备

本实验使用德国耐驰生产的STA409PC综合热分析仪作为热分析测试设备，电压最大为75V，功率最大为900W，测温范围为25~1550℃，加热速率最大为50K/min（理论），实验中推荐使用20~30K/min，装置图参见图4-11，实验时气体采用99.999%的高纯CO_2作为反应气体。

4.6.4 实验方法与步骤

4.6.4.1 吸附剂制备

(1) 原料制备，将风干的果壳（学生自选）进行机械破碎，用14目（1.168mm）筛子进行筛分，选取1.165mm大小的颗粒，于真空干燥箱内120℃下烘干至恒重。

(2) 高温热解，将100g果壳置于热解反应器，将密闭的热解反应器置于马弗炉中，以10℃/min的升温速率升温至热解温度1000℃（热解温度、升温速率可进行调整，以生成不同品位的活性炭），并在热解温度下保温10h，待热解过程结束，经酸洗、水洗、干燥，最终形成活性炭样品。

4.6.4.2 吸附实验

(1) 预烧坩埚：坩埚预先热处理到等于或高于需测量的最高温度。

(2) 开启CO_2气路，体积流量为30mL/min，开启循环水、设备主机、稳定测试系统。

(3) 测定Baseline分析文件：待设备稳定后，在确定的程序温度下，对样品坩埚和参比坩埚进行空运行分析，得到两个空坩埚的分析结果。

(4) 称量样品：先将约10mg吸附剂装入试样坩埚，样品量一般不超过坩埚容积的2/3，把装样的坩埚在清洁的石台上轻墩数次，使样品松紧适中。

(5) 装样：远端为参比物，近端为样品，按下综合热分析仪，调好气氛控制器，使该测试在二氧化碳气氛下进行。

(6) 测量：装好样品后，在Baseline文件基础上进行样品测试，点击“NETZSCH测量”中“确定”，点击“初始化工作条件”，先进行实验温度程序初始化，再点击“开始”进行实验测量，即得到纯样品的分析结果。

通过测量窗口可观看到实验测量过程中的实时曲线，若想知道已设定的其他实验参数可点击“查看/测量参数”来查看。

(7) 分析：仪器测试结束后打开Tools菜单，从下拉菜单中选择Run analysis program选项，进入软件界面，打开文件，点击工具栏上的“X-time/X-temperature”转换开关，使横坐标由时间转换成温度，对待分析TG曲线进行分析。

(8) 关机：关闭软件—正常退出操作系统—关闭计算机—实验用气体（CO_2）调压阀—仪器测量单元—炉子大电源—循环水单元—电源开关。

4.6.5 实验分析与讨论

(1) 打开桌面Proteus Analysis分析软件或在测量窗口执行“工具/运行分析程

序（R）”，若是在实验过程中要分析实验结果，则执行“工具/运行实时分析（S）”。

（2）打开欲分析的文件，例如出现图 4-17 所示界面。

（3）打开“设置（S）/温度段（G）”或点击温度段图标，在温度段列表中选择要分析的温度段，在其前面“□”打上“√”并“确定”，然后点击“设置（S）/X—温度（E）”或温度段图标将坐标轴 X 轴-时间转换成 X 轴-温度，再选择相应的实验曲线对其进行分析、计算。

（4）分析 TG 曲线，给出该物质的起始分解温度、终止分解温度、各阶段的失重情况。

（5）分析材料在热处理过程中的热焓变化情况。

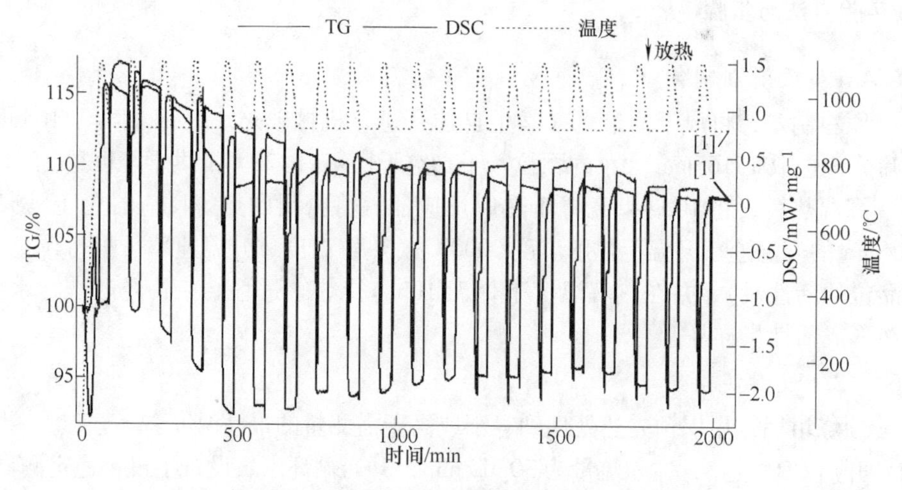

图 4-17 吸附剂吸附循环利用性能测试结果

由图 4-17 可知，吸附剂循环进行 CO_2 的吸附与脱附操作，且随着时间的推移，吸附剂吸附性能总体呈现平稳态势，当循环至 2000min 时，吸附剂仍保持良好吸附性能，具有较好的吸附稳定性。

4.6.6 注意事项

同 4.4 节。

4.7 储能原理与储能技术综合实验

4.7.1 实验目的

（1）了解储能技术的基本原理。

（2）掌握储能实验的设计及实现过程。

4.7.2 实验原理

储能系统主要包括两个部分，由储能元件组成的储能装置和由电力电子器件组成的电网接入装置。储能装置主要实现能量的存储、释放或快速功率交换。电网接入装置通过电力调峰、能源优化等实现储能装置与电网之间的能量双向传递与转换。现有储能技术分类总结如图 4-18 所示。随着可再生能源发电的飞速发展和社会对电能质量要求的不断提高，大规模电力储能技术的研究与应用已成为国内外科学研究的热点课题，与示范中心的学科建设特色相符，应作为示范中心综合实验平台建设方向。

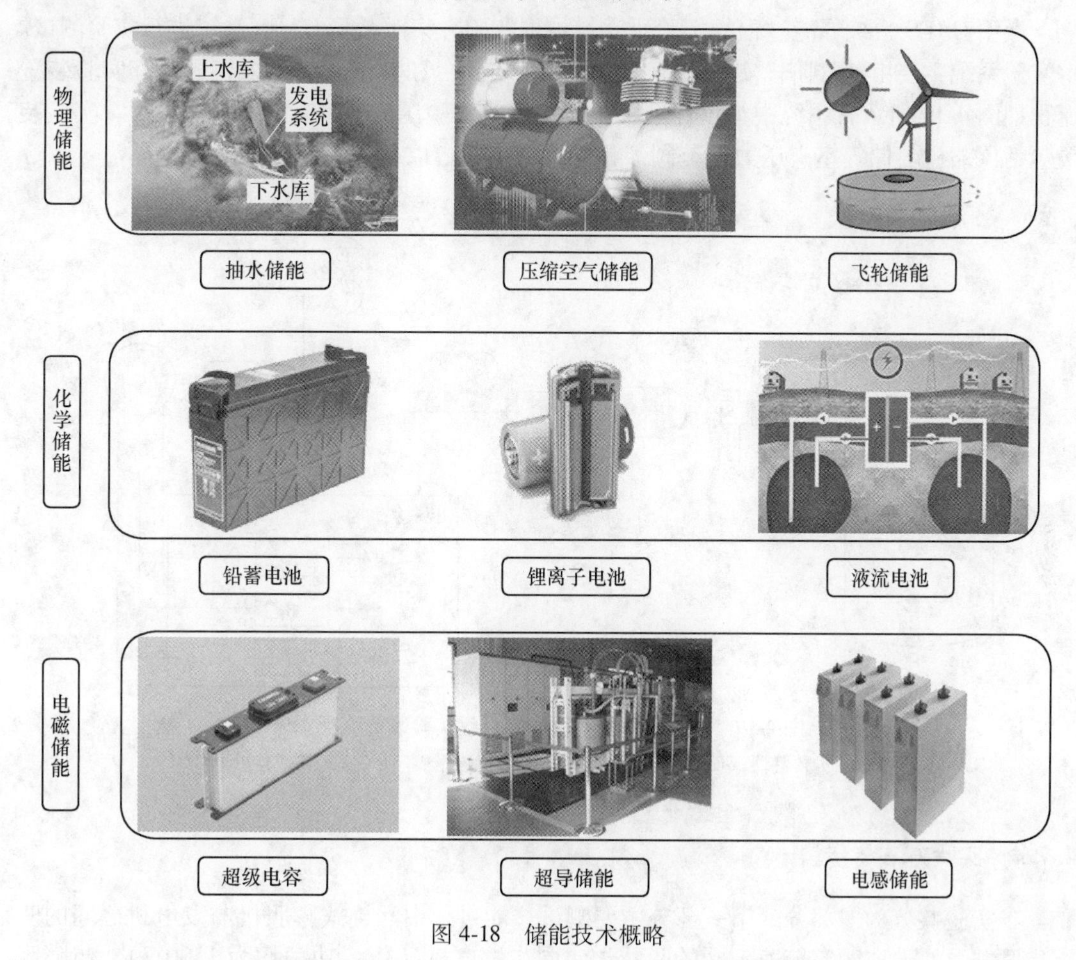

图 4-18　储能技术概略

本实验以压缩空气储能（CAES）作为研究对象。与其他蓄能技术相比 CAES 具有如下优点：（1）投资少，运行维护费用低；（2）动态响应快，运行方式灵活；（3）经济性能高，环境污染小；（4）占地面积小。

缺点为远离负荷中心，需要一定的地质条件。

CAES 蓄能原理是利用电力系统负荷低谷时的剩余电量，由电动机带动空气压缩机，将空气压入作为储气室的密闭大容量地下洞穴，即将不可储存的电能转化成可储存的压缩空气的气压势能并储存于储气室中。当系统发电量不足时，将压缩空气经换热器与油或天然气混合燃烧，导入燃气轮机作功发电，满足系统调峰需要。

CAES 电站工作原理为：压气机、电动机、储气室等组成的系统中将电站低谷的低价电能通过压缩空气储存在岩穴、废弃矿井等储气室中，蓄能时通过联轴器将电动机/发电机和压气机耦合，与燃气轮机解耦合；电力系统峰荷时，利用压缩空气燃烧驱动燃气轮机发电，燃气轮机、燃烧室以及加热器等即发电子系统，发电时电动机/发电机与燃气轮机耦合、与压气机解耦合。

4.7.3　实验装置

微型 CAES 系统释能过程的实验研究，根据实验方案对微型 CAES 系统进行实验测试。本实验系统主要由储气阶段实验设备、释能过程实验台和数据采集系统组成，其实验装置流程如图 4-19 所示，系统中为了保证实验安全，将实验压力控制在 0.8MPa 以下。实验装置包括压缩机、储气室、压力调节阀、释能过程实验台以及相关连接管路等。

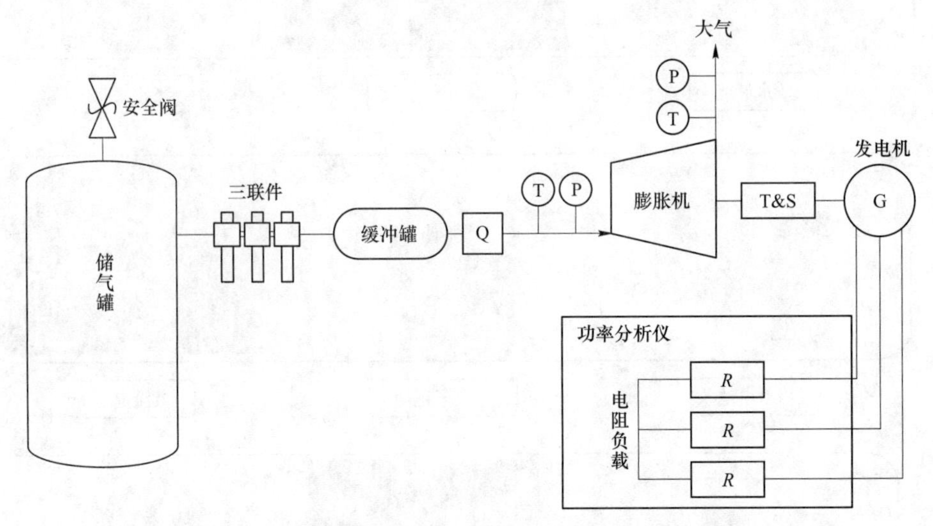

图 4-19　微型 CAES 系统释能过程实验装置流程图

P—压力传感器；T—温度传感器；Q—流量传感器；T&S—扭矩转速传感器

4.7.4　实验方法与步骤

本实验共分为三部分，第一部分主要测试释能过程中涡旋式膨胀机与发电机之间的匹配耦联关系，选取额定转速不同的两种永磁同步发电机（额定功率均为 1500W），与膨胀机进行耦联实验。实验室周围环境温度为 305K，且释能过程中管道引起的能量损失、阀门引起的能量损失以及传感器等引起的能量损失忽略不计，实验中的主要参数包括：转速扭矩、发电功率、涡旋式膨胀机进出口温度与流量。

在不同阻值的负载条件下，通过调节供气压力的大小分别测试释能过程的主要参数，根据测试数据，对比不同条件下释能过程的输出功率及排气温度。实验中，为了减少涡旋式膨胀机进气口压力对手动减压阀输出压力的影响，在手动减压阀和涡旋式膨胀机之间，搭建一段小型气罐，以使得进入涡旋式膨胀机的供气压力稳定。

第二部分主要测试释能过程中系统的动态特性，主要是涡旋式膨胀机与发电机之间的动态耦联关系。该动态特性包括系统单周期内的动态特性，也包括供气压力变化过程中的动态特性（包括启动过程），并与仿真结果相对比。在不同阻值的三相负载条件下，通过调节供气压力分别测试释能过程的主要参数，根据测试数据，得到单周期内释能过程的动态特性；从“0”开始，连续改变实验供气压力，测试系统中实验参数数据的变化，得到连续变化条件下释能过程的变化情况。

第三部分主要针对在不同阻值的负载条件下，根据供气压力的大小分别测试释能过程的主要参数，根据测试数据，对微型 CAES 系统中的能效进行分析。

4.7.5 实验分析与讨论

实验数据记录表如表 4-7 所示。

表 4-7 实验数据记录表

项目	供气压力/MPa												
	0.10	0.15	0.20	0.25	0.30	0.35	0.40	0.45	0.50	0.55	0.60	0.65	0.70
$\omega_{rpm}/r\cdot min^{-1}$													
W_{gen}/W													

释能过程中压缩空气进入膨胀机时携带的有效能为

$$W_{gen} = \eta_{coupler} W_{scroll,output2} = \eta_{coupler}\left(\frac{T_s\omega_{rpm}}{9.550}\right) \tag{4-30}$$

式中 W_{gen}——发电机的输入功率；

$\eta_{coupler}$——机械传递效率；

ω_{rpm}——输出轴的转速，r/min。

根据式（4-30），得到释能过程涡旋式膨胀机的理想输出功和输出轴功率。当系统中的供气压力小于涡旋式膨胀机的启动压力（相对压力 0.113MPa）时，涡旋式膨胀机处于停止状态，对外输出的轴功率为 0；当负载阻值一定时，理想输出功和输出轴功率随供气压力的增大而增多；当供气压力相同时，理想输出功和输出轴功率随负载阻值增大而增多，即涡旋式膨胀机的理想输出功和输出轴功率随着输入有效能的变化而变化。测试结果可参考图 4-20。

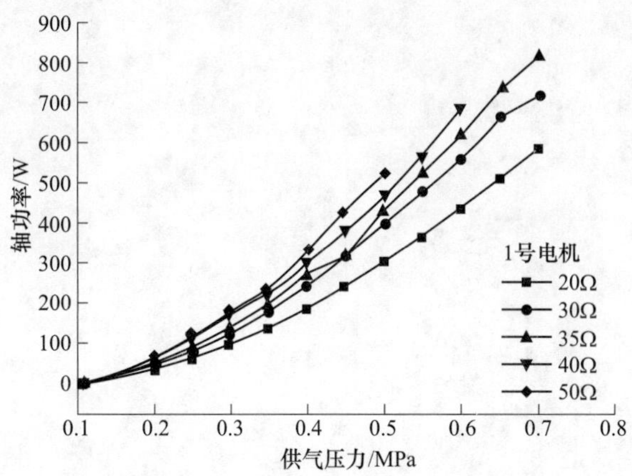

图 4-20 实际输出轴功率随供气压力和负载阻值变化曲线

4.7.6 注意事项

本实验可在此基础上开发出多种类实验，便于学生开展 CAES 技术研究。

参考文献

[1] 仝永娟 . 能源与动力工程实验 [M]. 北京：冶金工业出版社，2016.
[2] 韩昭沧 . 燃料及燃烧 [M]. 2 版 . 北京：冶金工业出版社，1994.
[3] Robabeh Jazaei. Fluid Mechanics Experiments [M]. San Rafael US：Morgan & Claypool Publishers，2020.
[4] 张扬军，彭杰，诸葛伟林 . 流体力学 [M]. 北京：科学出版社，2019.
[5] 陶文铨 . 传热学 [M]. 5 版 . 北京：高等教育出版社，2019.
[6] 谭羽非，吴家正，朱彤 . 工程热力学 [M]. 6 版 . 北京：中国建筑工业出版社，2016.
[7] 车得福，等 . 锅炉 [M]. 西安：西安交通大学出版社，2008.
[8] Andrei G，TerGazarian. Energy Storage for Power Systems [M]. IET Digital Library，2020.

第二篇　先进表征与测试技术

现代科学发展到今天，结构的研究、性能的测试、成分的分析等已经成为科学研究中不可或缺的部分。自20世纪初量子科学诞生至今，人们所认知的经典物理世界被重新构建，玻尔原子模型、泡利不相容原理、海森堡不确定原理、爱因斯坦相对论等系列理论的建立，在探讨电子属性的同时，也奠定了人类对物质结构认知的新阶段。

本篇将理工学科实验过程中经常涉及的表征手段按照原理进行划分，设计了16个常用的教学实验，涵盖了扫描电子显微镜、透射电子显微镜、X射线光电子能谱、多晶X射线衍射仪、金相显微镜、直读光谱、原子荧光光谱、原子吸收光谱、激光拉曼光谱等，旨在通过实验教学环节培养学生实践的能力、理论联系实际的能力以及运用所学知识进行综合创新的能力。

5　电子光学分析综合实验

随着科学技术的进步，人们对物质结构研究已达到原子水平，光学显微镜受到光源（可见光）波长的限制，无法获得更高的分辨率，于是科学家尝试使用波长更短的电子作为光源进行成像，以获得更高的分辨率。电子光学分析是通过分析电子束与物质进行相互作用产生的各种信号来进行分析表征的方法。常使用的电子光学分析设备有扫描电子显微镜、透射电子显微镜、电子探针、X 射线光电子能谱等。

5.1　扫描电子显微实验

5.1.1　实验目的

（1）了解扫描电子显微镜的结构和基本原理。
（2）了解不同种类样品的制备方法及注意事项。
（3）学习用扫描电子显微镜对材料的微区特征进行表征。

5.1.2　实验原理

扫描电镜是扫描电子显微镜的简称，英文缩写为 SEM（Scanning Electron Microscopy）。扫描电镜主要用于观察样品的微观形貌及成分特征，其放大倍数可由几十倍到几十万倍连续调节，与透射电子显微镜相比，由于样品制备简单、使用方便、容易操作等特点，广泛应用于现代科学的大部分领域，如冶金、矿物、半导体材料、生物医学、物理和化学等学科，在相关科学研究领域发挥着重要作用。

5.1.2.1　信号的产生过程

A　相互作用区

电子束与样品相互作用产生的各种信号是扫描电镜应用的基础。电子束由电子光源产生后，经由电场加速、电磁透镜汇聚后会形成能量很高、直径很小的束斑，当该束斑入射至样品中时，束电子会与样品原子核、核外电子进行相互作用，引起运动方向、能量的变化。该部分能量相互作用的范围即为相互作用区。相互作用区通常为上小下大的梨形状，具体形状与原子序数及加速电压有关，如图 5-1 所示。

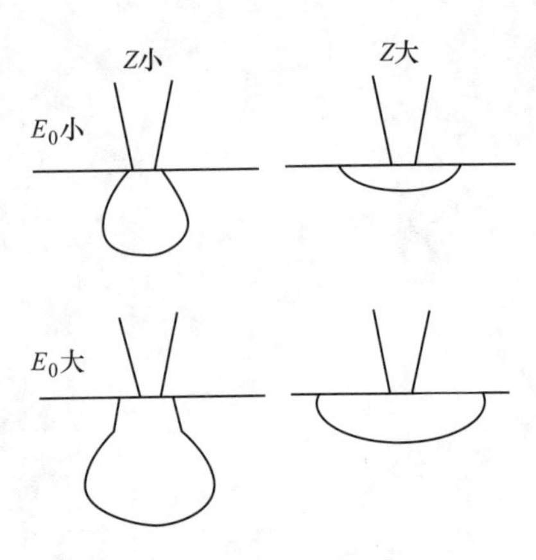

图 5-1　相互作用区与 Z 和 E_0 的关系

由图 5-1 可知，相互作用区的体积随原子序数的增加而减小。样品的原子序数越大，束电子走过单位距离所经受的弹性散射事件越多，其平均散射角度越大，电子越容易偏离起始方向，因此减小了在样品中的穿透深度。而当电子束能量增加时，入射电子在样品中弹性散射事件减少，接近表面的电子轨迹变化不大，电子束向深度范围扩散，使得作用区尺寸增加，但作用区的形状趋势没有发生改变。

B　信号产生过程

图 5-2 为入射电子与样品相互作用示意图。经由电子光学系统汇聚后的入射电子束与样品进行相互作用，作用深度一般为几个微米，入射能量将会完全被样品吸收，产生各种信号，根据信号产生深度由浅入深的顺序，依次为俄歇电子、二次电子、背散射电子、特征 X 射线信号等。

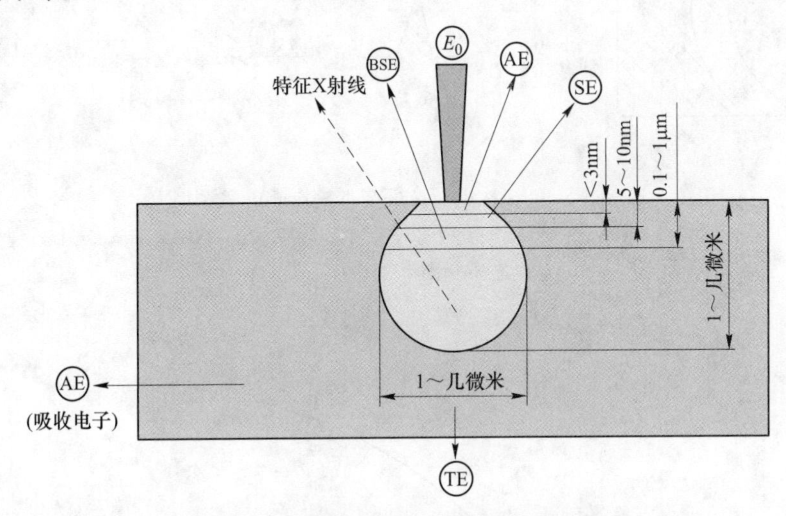

图 5-2　入射电子与样品相互作用示意图

在扫描电镜成像过程中，通常使用两种信号，即用于提供形貌特征的二次电子和用于提供成分特征的背散射电子（BSE）。两种信号的特点为：

（1）二次电子（Secondary Electron，SE）：二次电子由原子核外层电子受入射电子激发逸出获得，属于非弹性散射过程，主要产生于样品表面以下 5～10nm，能量小于 50eV。二次电子对试样表面状态非常敏感（主要表现在二次电子产额与形貌影响的关系，如图 5-3 所示），能非常有效地显示试样表面的微观形貌，且其产生深度较浅，入射电子（E_0）还没有被多次散射，因此产生二次电子的面积与入射电子的照射面积没多大区别，所以二次电子的空间分辨率较高，一般可达 1nm 左右。

（2）背散射电子（Backscattered Electron，BSE）：背散射电子是入射电子受到原子核的大角度卢瑟福散射形成的，为偏转运动方向的入射电子，能量损失很小（为 0.7～0.9E_0），属于弹性散射过程。产生深度为样品表面以下 0.1～1μm。由于信号产生深度较深，入射电子束已经被散射开，因此散射直径比二次电子产生范围要大，所以，背散射电子的分辨率低于二次电子。背散射电子信号也可以用来表现样品表面形貌特征，但其对表面形貌变化没有二次电子信号敏感，不过由于背散射电子产额与样品原子序数有密切关系，所以该信号可以反映样品表面元素原子序数差异。背散射电子产额与原子序数的关系如图 5-4 所示，其中，η 为背散射电子产额，δ 为二次电子产额。

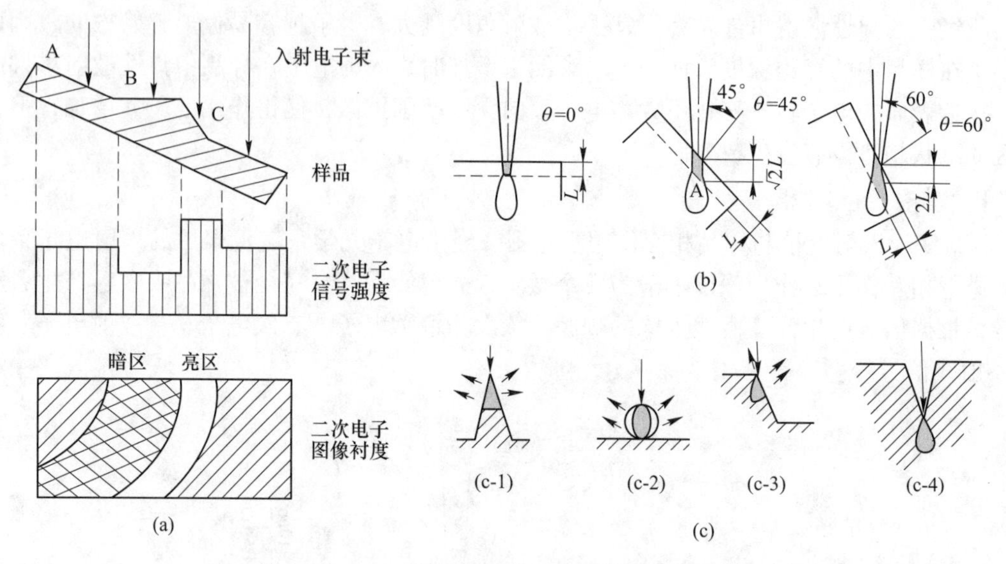

图 5-3 二次电子产额与形貌影响的关系

（a）形貌衬度原理；（b）二次电子成像；（c）实际样品中二次电子的激发过程：（c-1）凸出尖端，（c-2）小颗粒，（c-3）侧面，（c-4）凹槽

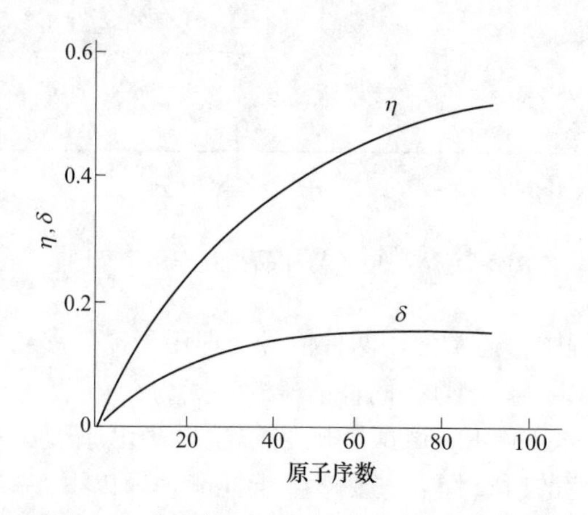

图 5-4 背散射电子产额与原子序数的关系

除 SE 与 BSE 信号外，扫描电镜还经常安装能谱仪（EDS）附件，用以完成对微区成分的分析过程，能谱仪使用信号为特征 X 射线，此部分内容详见 5. 2 节。

5. 1. 2. 2 信号成像过程

A 衬度

在扫描电镜中，电子束与样品相互作用，由于样品微区特征的差异，如形貌、原子序数、化学成分、晶体结构或取向等，产生的信号强度不同，导致荧光屏上出现不同亮度的区域，从而获得扫描图像的衬度。如前所述，不同信号的产生机理不同，不同位置产生信号的数量也不同，这种由微区产生信号数量的差异就会形成明暗的衬度。衬度主要用于描述扫描电镜成像差异，可分为形貌衬度和成分衬度，使用 SE 信号获得图像的衬度称为形貌衬度，使用 BSE 信号获得图像的衬度称为成分衬度。人眼能够在荧光屏上察觉出的最小衬度值约为5%，低于该值就分辨不出亮暗变化。

B　成像

扫描电镜成像方式一般为“逐行扫描，逐点成像”，电子束在扫描线圈作用下随着时间顺序沿样品第一行进行扫描，扫描过程即为与每样品点进行相互作用，产生信号并收集后进行下一点，在完成这行扫描后，又以极短的时间回到第二行的起始位置，重复第一行程序。以此类推，直到所有观察区域内样品点扫描完成，形成图像。相互作用时间（也可称为驻留时间）可以通过软件调整（一般在1~10μs范围内选择），样品导电性良好的情况下，每点驻留时间越长，获得样品所需要的帧时间越长，图像越清楚。但如果样品电导性差，较长的驻留时间会使得图像清晰度变差，并产生拍照结果失真的情况。成像过程如图5-5所示。

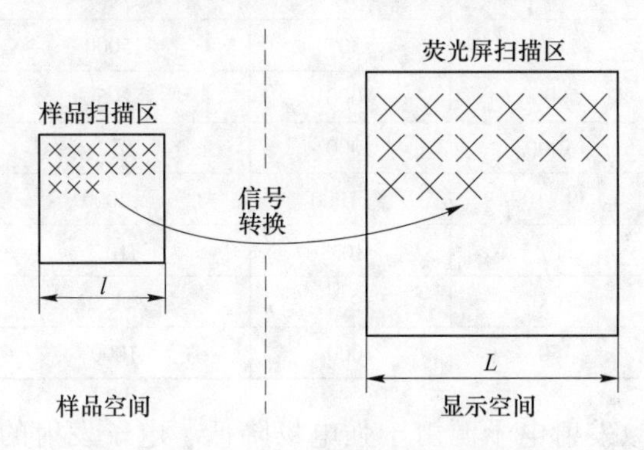

图5-5　扫描电镜成像过程

5.1.3　实验装置

扫描电镜的结构示意图如图5-6所示，实物图如图5-7所示。

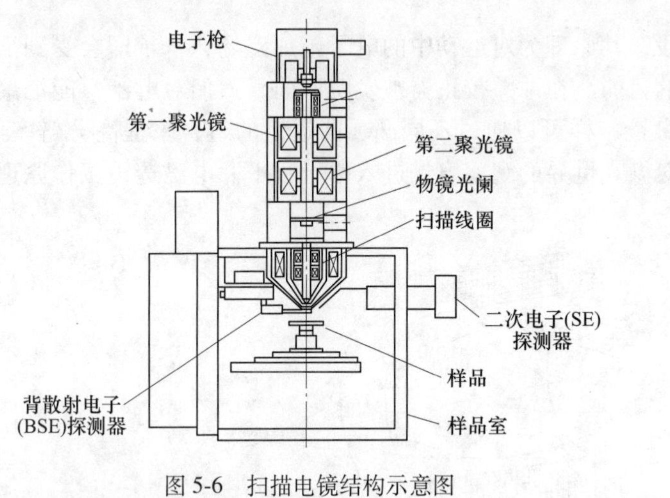

图5-6　扫描电镜结构示意图
（来源于网络）

图5-7　FEI Quanta FEG 250

概括起来，扫描电镜包括电子光学系统（电子枪、电磁透镜、扫描线圈、消像散器、光阑、样品室等）、信号收集及显示系统、真空系统、电源及控制系统几部分。各部分作用如下：

（1）电子光学系统主要负责产生、汇聚电子束，把光源（电子枪）出射直径约 30μm 的光斑汇聚成直径 1nm 左右的入射束斑（该束斑尺寸一般只有场发射扫描电子显微镜可以获得）。根据电子枪种类不同，可将 SEM 划分为热场发射扫描电镜（TFESEM）、冷场发射扫描电镜（CFESEM）和钨灯丝扫描电镜。不同电子源比较如表 5-1 所示。

表 5-1　不同电子源的区别

项目	热发射		冷场发射	热场发射
阴极材料	W	LaB_6	W（310/111）	W（100）/ZrO_2
工作温度/K	2800	1900	300	1800
亮度	10^4	10^5	10^7	10^7
束流密度/A·cm^{-2}	3	30	15000	5300
电子源直径/nm	50000	5000	2.5	15
最大束流/nA	1000	1000	0.2	10
阴极寿命/h	50~100	约 1000	>2000	约 2000
真空度/Pa	$<10^{-3}$	$<10^{-4}$	$<10^{-8}$	$<10^{-7}$
图像分辨率/nm	3.0	<2.5	<1.0	1.0
参考价格/美元	50	1000	1000	8000

由表 5-1 可知，场致发射电子源由于强电场降低了电子发射的表面势垒，单色性更好，具有更高的分辨率，通常为 1nm 左右，但价格对比热发射电子源也更加昂贵。热发射电镜由于束流更大，更适合作为分析设备应用。从目前各电镜生产厂商对待冷场和热场的态度来看，欧美厂家更倾向于热场，而日本厂家更钟情于冷场。对于热发射电镜，钨丝作为电子源较为常见，六硼化镧由于价格较贵，且使用寿命也比较低，更多的应用在桌面型台式电镜上。

电磁透镜作为电子束汇聚手段，其原理为对运动中的电子施加磁场，电子即会受到洛伦兹力的作用逐渐偏转达到汇聚的目的。在球差校正器被发明以前，人们对电子只能汇聚而不能发散，所以不能像光学显微镜一样可以通过不同凸、凹透镜的组合来提高分辨率。球差校正技术的应用，使得人们对微观世界的观察直接进入原子水平。电磁透镜工作原理示意图如图 5-8 所示。

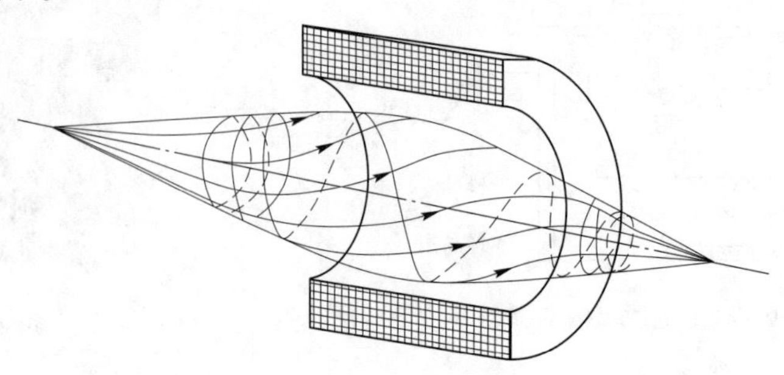

图 5-8　电磁透镜工作原理示意图

扫描线圈的主要作用是在扫描电镜工作时，通过偏转线圈控制电子束在样品上做栅格扫描，用以形成图像。

（2）信号收集及显示系统主要完成信号的收集与显示工作，不同的信号对应不同的探测器，最终通过显示器显示。

扫描电镜常用探测器为：二次电子探测器，根据其放置位置，分为 E-T 型二次电子探测器（ETD）和透镜内二次电子探测器（IN-LENS）两种，探测器前端加正电压用以吸收电子，一般来说，配有 IN-LENS 的电镜分辨率更高，价格也更加昂贵，但需注意的是，配有 IN-LENS 的电镜一般使用半磁浸没物镜，要谨慎处理磁性样品的测试过程；背散射电子探测器一般只接收高角背散射电子，故安放位置为样品正上方，根据安装方式可分为固定式和插入式，固定式一般外挂到物镜下方，插入式根据使用需求，需要时由步进马达推入，反之推出。探测器位置如图 5-6 所示。二次电子像及背散射电子像如图 5-9 所示。

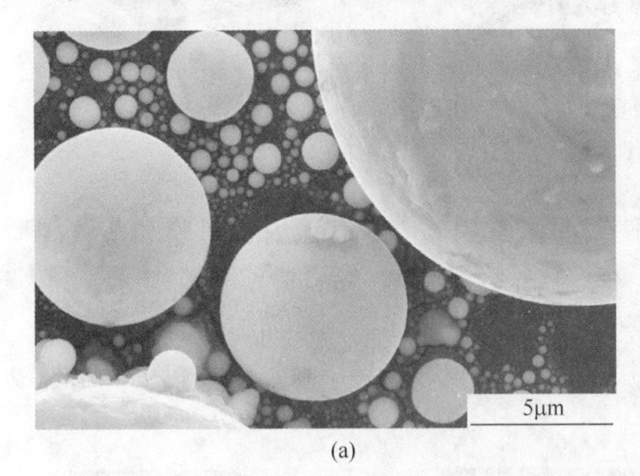

(a)

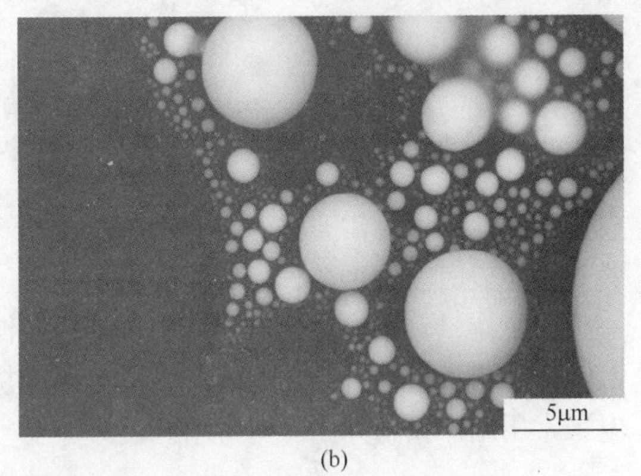

(b)

图 5-9　二次电子像及背散射电子像

（a）二次电子信号成像；（b）背散射电子信号成像

（3）真空系统主要用于获得满足设备使用需求的真空状态，由于汇聚后的电子束很容易被空气分子散射，同时空气中的灰尘、悬浮物等会加速镜筒污染，故设备正常使用的首要条件就是真空状态稳定。

目前，钨灯丝电镜由于使用真空要求相对较低，常使用两级真空系统（即第一级机械泵，第二级分子泵/扩散泵），场发射电镜真空要求较高，多使用三级真空系统（即第一级机械泵，第二级分子泵/扩散泵，第三级离子泵）。不同真空泵可以为系统提供不同的真空范围，其中，机械泵 1～10Pa，分子泵/扩散泵 10^{-4}～10^{-3} Pa，离子泵 10^{-8}～10^{-7} Pa。由于冷场电镜电子枪的真空要求更高，故一般比热场电镜电子枪位置多配备一个离子泵，以满足更高的真空使用要求。扫描电镜常用真空泵种类如图 5-10 所示。

（4）电源及控制系统主要用于为设备提供需要的电能，包括各种高压、低压、交流、直流电等，控制系统主要完成各种指令操作与设备状态监控。

5.1.4　实验方法与步骤

5.1.4.1　样品制备

进行扫描电镜检测的样品需要置于真空环境下，所以对样品的要求首先是干净、干燥。其次，由于样品需要受到电子束辐照，所以需要有较好的导电性，避免因荷电造成图像漂移等影响。

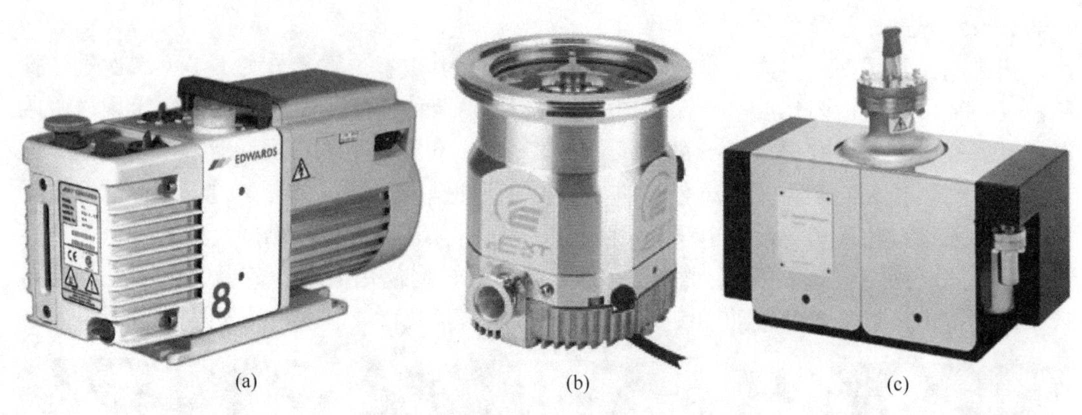

图 5-10 扫描电镜常用真空泵（来源于网络）
（a）EdwardsRV-8 机械泵；（b）Edwards NEXT240T 涡轮分子泵；（c）安捷伦 Vaclon Plus 20 离子泵

不导电的样品需要进行导电处理，根据使用要求常用的方法有溅射金属膜和蒸镀碳膜。样品表面需要平整，一般需要磨抛处理，有些观察还需要对样品进行腐蚀。磨抛过程一般为手持，较小的块体需要首先进行样品镶嵌，镶料种类较多，因样品物性而异。

样品制备过程常需要使用的设备有抛光机、离子溅射仪、碳镀膜仪、镶样机等。扫描电镜常用制样设备如图 5-11 所示。

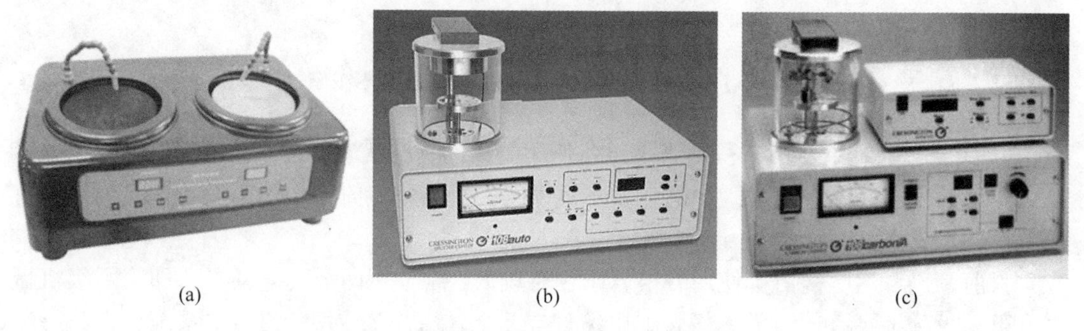

图 5-11 扫描电镜常用制样设备（来源于网络）
（a）科晶 UNIPOL-820 金相研磨抛光机；（b）Cressington 108A 离子溅射仪；（c）Cressington 108C 镀碳仪

5.1.4.2 实验步骤

以 FEI Quanta FEG 250 型场发射扫描电子显微镜为例，实验步骤如下：

（1）打开软件主界面，点击“Vent”按钮（给样品室充气）。

（2）放置/更换样品。

（3）打开软件主界面，点击“Pump”按钮（抽样品室真空）。

（4）建立实验数据存储文件夹（D：/学院/指导教师姓名/使用者姓名/实验日期/…）。

（5）待样品室内真空达到/高于 $5e^{-3}$后，打开 Beam On 开关。

（6）进行实验（对焦、拍照、进行能谱分析等操作）。

（7）实验结束后，关闭 Beam On 开关。

（8）1min 后，点击“Vent”按钮，2 ~ 3min 后取出样品，轻关样品室仓门，点击“Pump”按钮，待样品室真空达到 $8e^{-3}$后方可下机。

5.1.5　实验分析与讨论

（1）简述场致发射扫描电子显微镜与热发射（钨灯丝）扫描电子显微镜的区别。
（2）FEI Quanta FEG 250 的上、下机过程需要哪些操作及注意事项。
（3）简述什么是 SE、BSE 及二者的区别。
（4）简述电磁透镜的工作原理。
（5）简述不同试样的制备方法及 SEM 对试样的要求。

5.1.6　注意事项

（1）样品制备过程要提前进行。
（2）样品在样品台上固定良好，且样品干净、无脱落。
（3）样品要保持干燥，易吸水的样品要保存在干燥器中。
（4）磁性样品需要提前进行消磁处理，不允许直接放入样品仓。
（5）样品高度不要超过 2cm，且样品间高差不要超过 0. 5cm。
（6）使用过程推、拉样品仓门要轻。
（7）实验室内为超清洁要求，进入实验室须穿鞋套及实验服，保证室内卫生。

5.2　能谱分析实验

5.2.1　实验目的

（1）了解能谱仪的结构和基本原理。
（2）学习用 Co 标样对能谱仪进行定量分析最优化。
（3）学习用能谱仪对元素进行成分分析及元素分布的线、面分析。

5.2.2　实验原理

能谱作为微区成分分析的常用手段，通过接收元素受激发产生的特征 X 射线来进行定性与定量分析。其使用的激发源为电子束，因此无法单独使用，需作为附件与扫描电镜、透射电镜、电子探针等设备配合使用，完成分析工作。能谱仪结构简单，分析速度快，且数据稳定性和重现性较好。能谱技术的日益进步与成熟，使得电子显微镜由单一的显微功能丰富为集微区观察和成分分析为一体，极大地扩展了应用范围。

5. 2. 2. 1　特征 X 射线的产生过程

A　临界激发能 E_c

在原子结构中，原子核外层电子具有固定能级，能量为确定值，因此核外电子受激发电离所需要的能量也是确定值，电离所需要的最小能量即为临界激发能，原子中不同壳层的电子存在不同的临界激发能。只有当轨道电子获得的能量大于或等于临界激发能的时候，电子才能被激发。表 5-2 列出部分元素部分壳层的临界激发能。

表 5-2　Si、Nb、Pt 的 K 壳层和 L 壳层的 E_c　(keV)

壳层	Si	Nb	Pt
K	1.84	18.99	78.39
L	0.15	2.70	13.88

B　连续 X 射线

连续 X 射线非特征辐射，它的能量与样品材料成分无关，主要构成能谱图背底，其产生原因为入射电子在样品中受到原子实（由原子核与紧密束缚的电子组成）的库仑场中减速，其衰减的能量以 X 射线形式发散出来。连续 X 射线与特征 X 射线的区别如图 5-12 所示。

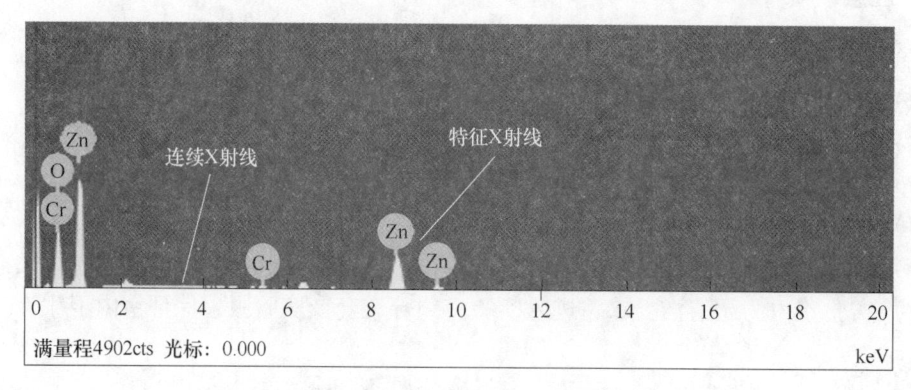

图 5-12　连续 X 射线与特征 X 射线的区别

C　特征 X 射线

原子内壳层电子受激发电离后会出现空位，为保持状态稳定，在激发后的瞬间（10^{-12}s 内），原子便由激发态恢复到基态，在此过程中，一系列外壳层电子会向内壳层发生跃迁，多余的能量以特征 X 射线形式释放，该能量等于跃迁过程中相关壳层间的临界激发能之差。例如：Fe 原子 K 壳层和 L 壳层的 E_c 分别为 7.111keV 和 0.707keV，当 L 壳层电子跃迁到 K 壳层电子空位时，会辐射 Fe K_α 能量，能量值为 $E_K - E_L = 7.111 - 0.707 = 5.304$keV。受激后，不同原子不同壳层辐射的特征 X 射线能量不同，如 Mn K_α 为 5.899keV，Cu K_α 为 8.048keV；Mn L_α 为 0.637keV，Cu L_α 为 0.928keV。各种元素特征 X 射线能量如图 5-13 所示。

D　特征 X 射线的命名规则

简单来讲，原子外壳层电子按照能量分布由低到高，可分为 K、L、M、N…层，K 层代表主量子数 $n=1$ 的电子层，包含 1 个电子亚层轨道（s）；L 层代表主量子数 $n=2$ 的电子层，包含 2 个电子亚层轨道（s、p）；M 层代表主量子数 $n=3$ 的电子层，包含 3 个电子亚层轨道（s、p、d）；N 层代表主量子数 $n=4$ 的电子层，包含 4 个电子亚层轨道（s、p、d、f）。上面讲过，原子内壳层电子受激发后，外壳层电子会向内壳层发生系列跃迁，原子序数越高，电子层越多，跃迁越复杂。当 K 电子层出现空位时，即 K 为始态，谱线就为 K 系谱线，如果 L 层电子跃迁到此空位，则产生的谱线为 K_α，如果 M 层电子跃迁到此

特征X射线——元素周期表

原子序数 元素符号 特征X射线 — 39 Y 88.906 钇 K_{α} 14.933 K_{β} 16.754 L_{α} 1.92 L_{β} 2 — 原子量 元素名称

金属　稀有气体　非金属　过渡元素

族 周期	IA 1	IIA 2	IIIB 3	IVB 4	VB 5	VIB 6	VIIB 7	VIII 8	VIII 9	VIII 10	IB 11	IIB 12	IIIA 13	IVA 14	VA 15	VIA 16	VIIA 17	O 18
1	1 H 1.008 氢																	2 He 4.003 氦
2	3 Li 6.941 锂	4 Be 9.012 铍 K_{α} 0.109											5 B 10.811 硼 K_{α} 0.183	6 C 12.011 碳 K_{α} 0.277	7 N 14.007 氮 K_{α} 0.392	8 O 15.999 氧 K_{α} 0.525	9 F 18.998 氟 K_{α} 0.677	10 Ne 20.180 氖 K_{α} 0.848
3	11 Na 22.990 钠 K_{α} 1.041 K_{β} 1.067	12 Mg 24.305 镁 K_{α} 1.25 K_{β} 1.3											13 Al 26.982 铝 K_{α} 1.49 K_{β} 1.55	14 Si 28.086 硅 K_{α} 1.74 K_{β} 1.838	15 P 30.974 磷 K_{α} 2.02 K_{β} 2.14	16 S 32.065 硫 K_{α} 2.31 K_{β} 2.468	17 Cl 35.453 氯 K_{α} 2.62 K_{β} 2.82	18 Ar 39.948 氩 K_{α} 2.96 K_{β} 3.19
4	19 K 39.098 钾 K_{α} 3.31 K_{β} 3.59	20 Ca 40.078 钙 K_{α} 3.69 K_{β} 4.01	21 Sc 44.956 钪 K_{α} 4.09 K_{β} 4.46	22 Ti 47.867 钛 K_{α} 4.51 K_{β} 4.93	23 V 50.942 钒 K_{α} 4.95 K_{β} 5.43	24 Cr 51.996 铬 K_{α} 5.41 K_{β} 5.95	25 Mn 54.938 锰 K_{α} 5.895 K_{β} 6.49	26 Fe 55.845 铁 K_{α} 6.4 K_{β} 7.06	27 Co 58.933 钴 K_{α} 6.925 K_{β} 7.65	28 Ni 58.693 镍 K_{α} 7.47 K_{β} 8.265	29 Cu 63.546 铜 K_{α} 8.04 K_{β} 8.907	30 Zn 65.409 锌 K_{α} 8.63 K_{β} 9.572	31 Ga 69.723 镓 K_{α} 9.24 K_{β} 10.263	32 Ge 72.640 锗 K_{α} 9.876 K_{β} 10.984	33 As 74.922 砷 K_{α} 10.532 K_{β} 11.729	34 Se 78.960 硒 K_{α} 11.21 K_{β} 12.501 L_{α} 1.38 L_{β} 1.42	35 Br 79.904 溴 K_{α} 11.91 K_{β} 13.296 L_{α} 1.48 L_{β} 1.53	36 Kr 83.798 氪 K_{α} 12.63 K_{β} 14.12 L_{α} 1.59 L_{β} 1.64
5	37 Rb 85.468 铷 K_{α} 13.375 K_{β} 14.971 L_{α} 1.69 L_{β} 1.75	38 Sr 87.620 锶 K_{α} 14.142 K_{β} 15.849 L_{α} 1.81 L_{β} 1.87	39 Y 88.906 钇 K_{α} 14.933 K_{β} 16.754 L_{α} 1.92 L_{β} 2	40 Zr 91.224 锆 K_{α} 15.746 K_{β} 17.687 L_{α} 2.04 L_{β} 2.124 L_{γ} 2.3 L_1 1.792	41 Nb 92.906 铌 K_{α} 16.6584 K_{β} 18.647 L_{α} 2.17 L_{β} 2.257 L_{γ} 2.46 L_1 1.902	42 Mo 95.940 钼 K_{α} 17.443 K_{β} 19.633 L_{α} 2.29 L_{β} 2.395 L_{γ} 2.62 L_1 2.015	43 Tc (97.907) 锝 K_{α} 18.327 K_{β} 20.647 L_{α} 2.42 L_{β} 2.538 L_{γ} 2.79 L_1 2.122	44 Ru 101.07 钌 K_{α} 19.235 K_{β} 21.687 L_{α} 2.56 L_{β} 2.683 L_{γ} 2.96 L_1 2.252	45 Rh 102.91 铑 K_{α} 20.167 K_{β} 22.759 L_{α} 2.7 L_{β} 2.834 L_{γ} 3.14 L_1 2.376	46 Pd 106.42 钯 K_{α} 21.123 K_{β} 23.859 L_{α} 2.84 L_{β} 2.99 L_{γ} 3.33 L_1 2.503	47 Ag 107.87 银 K_{α} 22.1 K_{β} 24.987 L_{α} 2.98 L_{β} 3.151 L_{γ} 3.52 L_1 2.633	48 Cd 112.41 镉 K_{α} 23.109 K_{β} 26.143 L_{α} 3.13 L_{β} 3.316 L_{γ} 3.72 L_1 2.767	49 In 114.82 铟 K_{α} 24.139 K_{β} 27.382 L_{α} 3.29 L_{β} 3.487 L_{γ} 3.92 L_1 2.904	50 Sn 118.71 锡 K_{α} 25.193 K_{β} 28.601 L_{α} 3.44 L_{β} 3.662 L_{γ} 4.13 L_1 3.044	51 Sb 121.76 锑 K_{α} 26.274 K_{β} 29.851 L_{α} 3.605 L_{β} 3.843 L_{γ} 4.35 L_1 3.188	52 Te 127.60 碲 K_{α} 27.38 K_{β} 31.128 L_{α} 3.77 L_{β} 4.029 L_{γ} 4.57 L_1 3.335	53 I 126.90 碘 K_{α} 28.512 K_{β} 32.437 L_{α} 3.94 L_{β} 4.22 L_{γ} 4.8 L_1 3.484	54 Xe 131.29 氙 K_{α} 29.669 K_{β} 33.777 L_{α} 4.11 L_{β} 4.422 L_{γ} 5.04 L_1 3.636
6	55 Cs 132.91 铯 K_{α} 30.854 K_{β} 35.149 L_{α} 4.286 L_{β} 4.62 L_{γ} 5.28 L_1 3.794	56 Ba 137.33 钡 K_{α} 32.065 K_{β} 36.553 L_{α} 4.47 L_{β} 4.828 L_{γ} 5.53 L_1 3.953	57~71 镧系	72 Hf 178.49 铪 L_{α} 7.898 L_{β} 9.021 L_{γ} 10.5 L_1 6.958	73 Ta 180.95 钽 L_{α} 8.145 L_{β} 9.341 L_{γ} 10.9 L_1 7.172	74 W 183.84 钨 L_{α} 8.396 L_{β} 9.67 L_{γ} 11.3 L_1 7.386	75 Re 186.21 铼 L_{α} 8.651 L_{β} 10.008 L_{γ} 11.7 L_1 7.602	76 Os 190.23 锇 L_{α} 8.91 L_{β} 10.354 L_{γ} 12.1 L_1 7.821	77 Ir 192.22 铱 L_{α} 9.17 L_{β} 10.706 L_{γ} 12.5 L_1 8.04	78 Pt 195.08 铂 L_{α} 9.441 L_{β} 11.069 L_{γ} 12.9 L_1 8.267	79 Au 196.97 金 L_{α} 9.711 L_{β} 11.439 L_{γ} 13.4 L_1 8.493	80 Hg 200.59 汞 L_{α} 9.987 L_{β} 11.823 L_{γ} 13.8 L_1 8.72	81 Tl 204.38 铊 L_{α} 10.266 L_{β} 12.21 L_{γ} 14.3 L_1 8.952	82 Pb 207.20 铅 L_{α} 10.549 L_{β} 12.61 L_{γ} 14.8 L_1 9.183	83 Bi 208.98 铋 L_{α} 10.84 L_{β} 13.021 L_{γ} 15.2 L_1 9.419	84 Po (208.98) 钋 L_{α} 11.13 L_{β} 13.441 L_{γ} 15.7 L_1 9.662	85 At (209.99) 砹 L_{α} 11.42 L_{β} 13.87 L_{γ} 16.2	86 Rn (222.02) 氡 L_{α} 11.72 L_{β} 14.316 L_{γ} 16.8
7	87 Fr (223) 钫 L_{α} 12.03 L_{β} 14.77 L_{γ} 17.3	88 Ra (226.03) 镭 L_{α} 12.34 L_{β} 15.233 L_{γ} 17.8 L_1 10.62	89~103 锕系	104 Rf (261) 𬬻	105 Db (262) 𬭊	106 Sg (266) 𬭳	107 Bh (264) 𬭛	108 Hs (277) 𬭶	109 Mt (268) 鿏	110 Uun (271) 𫟼	111 Uuu (272) 𬬭	112 Uub (277)	113 Uut (284)	114 Uuq (289)	115 Uup (288)	116 Uuh (292)	117 Uus (291)	118 Uuo (293)

镧系	57 La 138.91 镧 K_{α} 33.3 K_{β} 37.986 L_{α} 4.65 L_{β} 5.043 L_{γ} 5.79 L_1 4.124	58 Ce 140.12 铈 K_{α} 34.569 K_{β} 39.453 L_{α} 4.84 L_{β} 5.262 L_{γ} 6.05 L_1 4.287	59 Pr 140.91 镨 K_{α} 35.864 K_{β} 40.953 L_{α} 5.034 L_{β} 5.489 L_{γ} 6.32 L_1 4.452	60 Nd 144.24 钕 K_{α} 37.185 K_{β} 42.484 L_{α} 5.23 L_{β} 5.722 L_{γ} 6.6 L_1 4.632	61 Pm (147) 钷 K_{α} 38.535 K_{β} 44.049 L_{α} 5.431 L_{β} 5.956 L_{γ} 6.89 L_1 4.816	62 Sm 150.36 钐 K_{α} 39.914 K_{β} 45.649 L_{α} 5.636 L_{β} 6.206 L_{γ} 7.18 L_1 4.994	63 Eu 151.96 铕 K_{α} 41.323 K_{β} 47.283 L_{α} 5.846 L_{β} 6.456 L_{γ} 7.48 L_1 5.176	64 Gd 157.25 钆 K_{α} 42.761 K_{β} 48.949 L_{α} 6.059 L_{β} 6.714 L_{γ} 7.79 L_1 5.361	65 Tb 158.93 铽 L_{α} 6.275 L_{β} 6.979 L_{γ} 8.1 L_1 5.546	66 Dy 162.50 镝 L_{α} 6.495 L_{β} 7.249 L_{γ} 8.42 L_1 5.742	67 Ho 164.93 钬 L_{α} 6.72 L_{β} 7.528 L_{γ} 8.75 L_1 5.942	68 Er 167.26 铒 L_{α} 6.948 L_{β} 7.81 L_{γ} 9.09 L_1 6.152	69 Tm 168.93 铥 L_{α} 7.18 L_{β} 8.103 L_{γ} 9.42 L_1 6.341	70 Yb 173.04 镱 L_{α} 7.41 L_{β} 8.401 L_{γ} 9.78 L_1 6.544	71 Lu 174.97 镥 L_{α} 7.65 L_{β} 8.708 L_{γ} 10.1 L_1 6.752
锕系	89 Ac (227.03) 锕 L_{α} 12.65 L_{β} 15.712 L_{γ} 18.4	90 Th 232.04 钍 L_{α} 12.97 L_{β} 16.2 L_{γ} 19 L_1 11.117	91 Pa 231.04 镤 L_{α} 13.29 L_{β} 16.7 L_{γ} 19.6 L_1 11.364	92 U 238.03 铀 L_{α} 13.61 L_{β} 17.218 L_{γ} 20.2 L_1 11.616	93 Np (237.05) 镎	94 Pu (244) 钚	95 Am (243) 镅	96 Cm (247) 锔	97 Bk (247) 锫	98 Cf (251) 锎	99 Es (252) 锿	100 Fm (257) 镄	101 Md (258) 钔	102 No (259) 锘	103 Lr (260) 铹

图 5-13　各种元素特征 X 射线能量(来源于网络)

空位，则产生的谱线为 K_β；同理，L 层电子跃迁到 K 层后，L 层会产生电子空位，以 L 为始态，谱线就为 L 系谱线，如果 M 层电子跃迁到此空位，则产生的谱线为 L_α，如果 N 层电子跃迁到此空位，则产生的谱线为 L_β；以此类推。同理，由于电子亚层的存在还会出现 $K_{\alpha1}$、$K_{\alpha2}$、$L_{\alpha1}$、$L_{\alpha2}$、$L_{\alpha3}$ 等不同谱线。电子跃迁命名规则如图 5-14 所示。

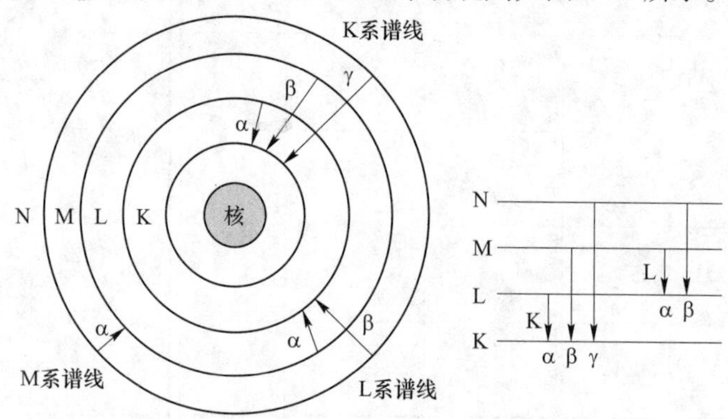

图 5-14 电子跃迁命名规则示意图

5.2.2.2 特征 X 射线的分析过程

能谱仪通过识别特征 X 射线信号，完成对元素的定性、定量分析。能谱仪的核心部件为探测器，目前，能谱仪常使用的为硅漂移探测器（SDD）。当样品产生的特征 X 射线到达探测器后，所有能量均被晶体吸收，形成电子空穴对，由于产生电子空穴对所需消耗的平均能量 $\varepsilon = 3.8\text{eV}$，因此由入射能量为 E 的特征 X 射线产生的电子空穴对数量就为固定值，通过放大器将其放大为脉冲信号，再经过脉冲处理器转换、运算，即可获得对应的分析结果。脉冲处理器处理过程如图 5-15 所示。首先按照 X 射线能量值从小到大将计算机内存划分通道并按照道址编号，通常选 1024 个通道存储脉冲计数，不同能量的脉冲计数将按自身的能量值分别存储在相应的通道中，当设定通道能量为 20eV/通道时，就可覆盖 0~20keV 的能量范围，当特征 X 射线被晶体接收并识别后，每收集一个 X 射线光子，它的特征能量对应的脉冲计数将在相应的通道中进行加一累计，最后形成谱图。

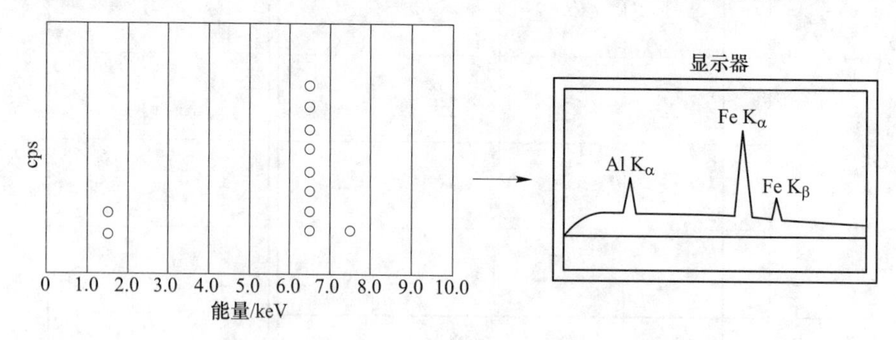

图 5-15 脉冲处理器处理特征 X 射线过程

5.2.2.3 能谱分析应用

能谱可用于元素定性分析和定量分析。定性分析涉及两方面内容：（1）确定样品中各元素的组成；（2）确定元素在样品中的分布状态（可分为线扫描 LineScan 和面分布 Mapping)。点分析过程，电子束固定在试样感兴趣的点上，进行定性或定量分析。该方法准确度高，用于微区成分分析，对低含量元素定量只能使用点分析，点分析如图 5-16 所示；面分布分析过程，电子束在试样表面进行扫描，元素在试样表面的分布能在屏幕上以亮度（彩色）分布显示出来，亮度越高，说明该区域/位置元素含量越高，面分布如图 5-17

电子图像1

元素	质量分数/%	原子数分数/%
O K	27.99	59.01
Cr K	13.82	8.97
Mn K	9.04	5.55
Fe K	5.20	3.14
Cu K	43.95	23.33

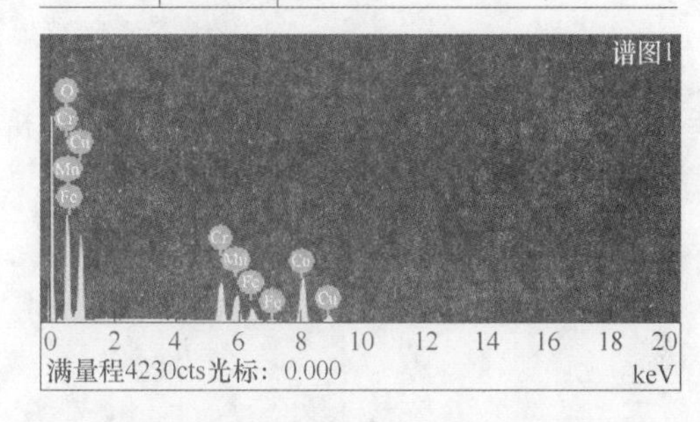

图 5-16 能谱点分析结果

电子图像1

Al $K_{\alpha1}$

Co $K_{\alpha1}$

Cr $K_{\alpha1}$

图 5-17　能谱面分布分析结果

所示；线扫描分析过程，电子束沿一条分析线进行扫描，获得元素含量变化的线分布曲线，通过与试样形貌像/成分像对照分析，能直观地获得元素在不同相或区域内的分布特点，线扫描如图 5-18 所示。

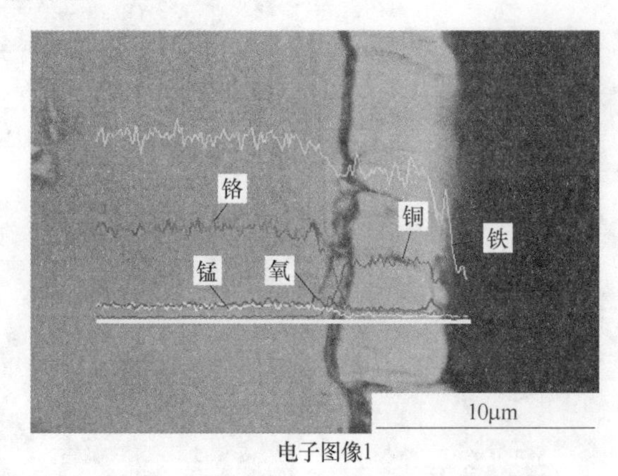

图 5-18　能谱线扫描分析结果

5.2.3　实验装置

能谱仪的结构如图 5-19 所示。能谱仪主要由 X 射线探测器、放大器、脉冲处理器、显示系统和计算机系统组成。特征 X 射线被能谱仪接收后，依次经信号处理器和图形处理器进行转换，最后显示在输出设备上。目前，随着技术的发展，使用液氮制冷的硅锂晶体 Si（Li）探测器能谱已经被配备硅漂移晶体（SDD）的电制冷能谱取代，带有液氮罐的能谱已不多见，如图 5-20 所示。硅漂移探测器与锂漂移硅探测器相比，在相同活性区面下，SDD 探测器的分辨率与 Si（Li）探测器相当，已经优于 133eV，且其可以在室温下工作，不需要液氮或者其他相关制冷设备，维护简单，优势明显。图 5-21 为能谱仪探头结构示意图，探头主要由准直器、电子陷阱、窗体、晶体、场效应管（FET）等组成。其中，准直器的作用是限制 X 射线的入射角度；电子陷阱的作用是滤掉二次电子；窗体的作用是支撑并透过信号；晶体的作用是接收 X 射线并将其能量转化成电信号；场效应管的作用是放大信号。

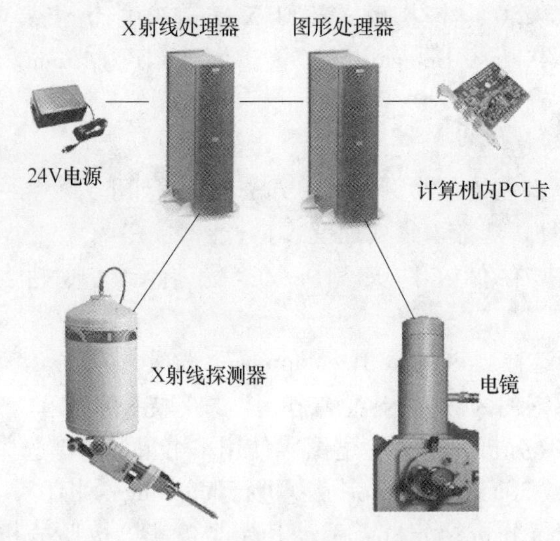

图 5-19　能谱仪结构示意图

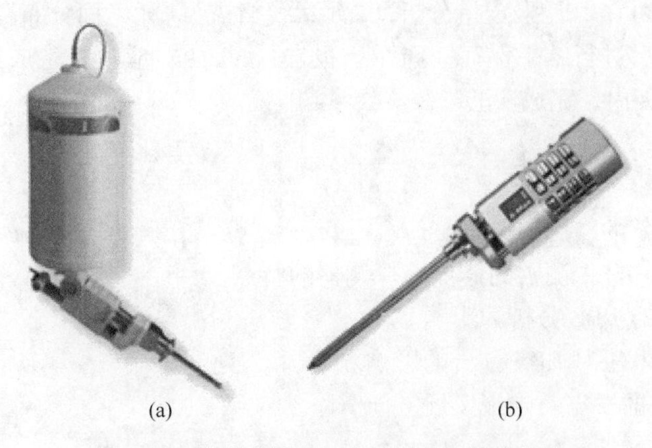

图 5-20　电制冷能谱与液氮制冷能谱的对比
(a) 液氮制冷 Si(Li) 探头；(b) 电制冷 SDD 探头

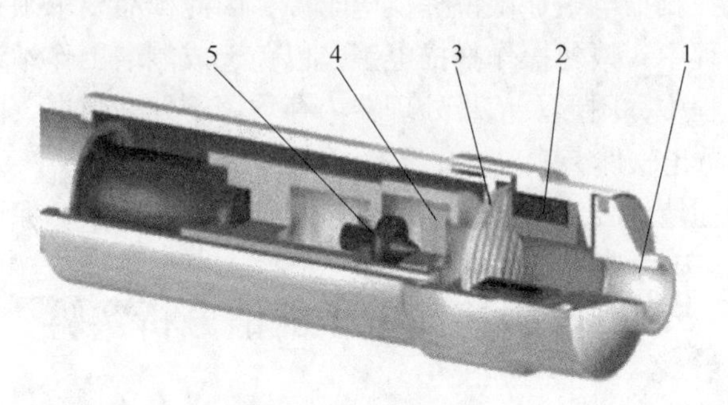

图 5-21　能谱仪探头结构
1—准直器；2—电子陷阱；3—窗体；4—晶体；5—场效应管

值得注意的一点是，在能谱的使用中，为了能提高特征 X 射线收集计数，需要固定样品与物镜的工作距离（Working Distance，WD），该工作距离与电镜、能谱的品牌皆有关系，如 FEI Quanta FEG 250 电镜搭配 Oxford X-Max 20 能谱仪，WD 为 10mm；Hitachi SU8010 电镜搭配 Bruker XFlash Detector 5030 能谱仪，WD 为 15mm。

5.2.4　实验方法与步骤

以 Oxford X-Max 20 型能谱仪为例，实验方法与步骤如下：

（1）打开 INCA 软件，选择采集处理模式。

（2）建立实验数据存储文件夹（D：/学院/指导教师姓名/使用者姓名/实验日期/…）。

（3）根据使用需要选择“Point & ID/Mapping”选项卡。

（4）依次点击“感兴趣区”“新建感兴趣区”“获取图像”。

（5）进行 Point & ID 分析在“采集谱图”使用单击鼠标左键选择被分析点、块进行分析，分析过程自动进行，30s 左右即可完成：进行 Mapping 分析在“SmartMap”中使用鼠标选择对应的线、面进行分析，分析需手动开始与停止，按照分析效果，分析时间 3～8min 为宜。

（6）分析数据可在“元素定量分析”“元素线扫描”“元素面分布”中进行。

（7）分析结束后进行结果保存，选择“报告”，按照对应模板生成报告，报告存储在实验数据存储文件夹内，完成实验。

5.2.5　实验分析与讨论

（1）简述能谱仪的作用与原理。

（2）简述锂漂移硅探测器与硅漂移探测器的特点。

（3）简述合峰对 EDS 分析的影响。

（4）简述加速电压对 EDS 分析的影响。

（5）简述 EDS 的缺点及未来发展方向。

5.2.6　注意事项

（1）能谱实验依托扫描电子显微镜提供电子源，因此样品要求须符合电镜试样要求。

（2）能谱分析过程中，请勿操作扫描电镜，以免造成能谱工作站系统宕机。

（3）能谱分析过程中，图形及信号处理器内存均用于处理数据，因此在实验过程中避免对能谱进行操作，防止软件卡顿。

（4）实验室内为超清洁要求，进入实验室须穿鞋套及实验服，保证室内卫生。

5.3　X 射线光电子能谱分析实验

5.3.1　实验目的

（1）了解 XPS 的结构和基本原理。

（2）学习用 XPS 对材料进行分析。

5.3.2 实验原理

光电子能谱的基本物理过程是光电效应，通过将光子打在样品上，带有结构、价态信息的光电子即从样品中原子（或分子）的某一轨道上电离出来。光电效应早在19世纪末被发现，但由于精确测量电子能量的困难，因此将其应用于化学分析和物质结构的研究直到20世纪60年代初期才得以实现。与其他分析方法相比，光电子谱要准确得多，不仅可以分析固体，也可以分析液体和气相试样，广泛应用于现代科学的各个领域，如材料科学中的氧化、腐蚀、摩擦磨损、黏结、薄膜工艺、界面偏聚、界面反应等，微电子学中的器件材料、工艺等以及催化研究和聚合研究等。现在光电子能谱分析已经是一种成熟的分析方法。

5.3.2.1 激发源的种类

根据激发源不同，光电子能谱可分为紫外光电子能谱（Ultraviolet Photoelectron Spectroscopy，UPS）、俄歇电子能谱（Auger Ultraviolet Photoelectron Spectroscopy，AES）和X射线光电子能谱（X-Ray Photoelectron Spectroscopy，XPS）。其中，UPS使用的激发源为He Ⅰ（21.22eV）、He Ⅱ（40.8eV）、YM_ζ（132.3eV）、ZeM_ζ（154.1eV），可测定气体分子的价电子或固体的价带电子结合能，分辨率达几毫电子伏；AES使用的激发源为电子轨道能级跃迁产生的X射线，主要适用于原子序数小于19的元素，分辨率约为0.2eV，俄歇电子具有很强的指纹性，可用于元素和状态分析；XPS使用的激发源为MgK_α（1254eV）、AlK_α（1487eV）、CuK_α（8048eV）、TiK_α（4511eV），可测定气体、液体、固体物质的内层电子结合能及其相关的化学位移，分辨率达零点几电子伏，因其早期主要用于化学分析，所以XPS也称为ESCA（Electron Spectroscopy for Chemical Analysis）。本实验内容以东北大学现有XPS进行表面微区分析为例，未涉及UPS、AES相关内容。

5.3.2.2 激发过程

当一束能量足够高的特征X射线照射金属表面原子时，可以观察到电子发射，其过程是入射光子与被照射的原子相互作用，单个光子把能量全部转移给原子中某壳层上的某个受束缚的电子，这个电子得到的能量一部分用于克服轨道束缚能，其余部分变为电子动能，与用电子或离子激发相比，用光子激发的重要不同点是光子一次即把全部能量转移给受激发的电子，因而产生的光电子有确定的能量。基本公式为

$$h\nu = E_k + E_b + \phi_{sp} \tag{5-1}$$

式中 $h\nu$——入射光子能量；

E_k——光电子动能；

E_b——发射该光电子的能级的结合能；

ϕ_{sp}——电子能量分析器入口狭缝材料的功函数，称为谱仪功函数，与试样无关，可视为常数。

当用已知能量的靶源激发时，$h\nu$是已知的，如常用的AlK_α的$h\nu=1486.6eV$，MgK_α的$h\nu=1253.6eV$。测量光子的动能E_k就可以得到结合能E_b。由此得到以光电子动能E_{kin}(eV)或电子结合能E_b(eV)为横坐标、强度P_s（脉冲数/s）为纵坐标的测试谱图。与X射线标识谱线一样，每个元素都有其特征光电子谱线。每条谱线由产生该谱线元素的电子能级记号标记，如O1s、$Cu2p_{\frac{1}{2}}$、$Cu2p_{\frac{3}{2}}$、$Au4f_{\frac{5}{2}}$、$Au4f_{\frac{7}{2}}$等。

5.3.2.3　电子能级的表示方法

XPS 谱图分析中电子能级用两个数字和一个小写字母表示。数字分别为主量子数和内量子数。字母为角量子数。例如：$3d_{\frac{5}{2}}$，3 代表主量子数，d 代表角量子数，$\frac{5}{2}$ 代表内量子数。内量子数 $j=|l\pm1/2|$，l 为角量子数。

在量子科学领域内，电子的运动状态可以用四个量子数来描述，分别为主量子数 n、角量子数 l、磁量子数 m、自旋量子数 m_s。其中主量子数用来描述电子层，电子层是按电子出现几率最大的区域离核远近来划分的，取值为 $n=1, 2, 3, \cdots$；角量子数用来描述电子亚层，取值为 $l=0, 1, 2, \cdots$，用 s、p、d、f 表示，电子亚层包含于电子层中，一个电子层中包含若干电子亚层，不同电子亚层电子云形状不同，s 亚层的电子云是以原子核为中心的球形，p 亚层的电子云是纺锤形，d 亚层为花瓣形，f 亚层的电子云形状比较复杂；磁量子数用来描述电子云伸展方向，取值为±1 内的自然数；自旋量子数用来描述电子自旋方向，取值为$\pm\frac{1}{2}$。所以，电子能级 O1s 代表氧元素 K 电子层 s 亚层电子结合能。电子能级 $Cu2p_{\frac{1}{2}}$代表铜元素 L 电子层 p 亚层自旋为负的电子结合能。电子能级 $Cu2p_{\frac{3}{2}}$代表铜元素 L 电子层 p 亚层自旋为正的电子结合能。同理，电子能级 $Au4f_{\frac{5}{2}}$代表金元素 N 电子层 f 亚层自旋为负的电子结合能。电子能级 $Au4f_{\frac{7}{2}}$代表金元素 N 电子层 f 亚层自旋为正的电子结合能。

5.3.2.4　应用范围

目前，XPS 可以应用于固体样品表面的组成及化学状态分析、元素分析、多相研究、化合物结构鉴定、微量元素分析和元素价态鉴定等。XPS 可以安装氩离子枪、中和电子枪、气体反应池、四极杆质谱仪、样品加热/冷却装置及样品蒸镀装置等，实现原位溅射、清洁、蒸发、升华、淀积、断裂、刮削和热处理等过程测试。同时 XPS 还可以联用一个或多个附加技术（如 AES、ISS、UPS、SIMS、LEED、EELS 等），构成多功能表面分析系统。

5.3.3　实验装置

X 射线光电子能谱仪主要由激发源、电子能量分析器、真空系统和检测及数据处理系统组成。XPS 结构如图 5-22 所示。实物如图 5-23 所示。

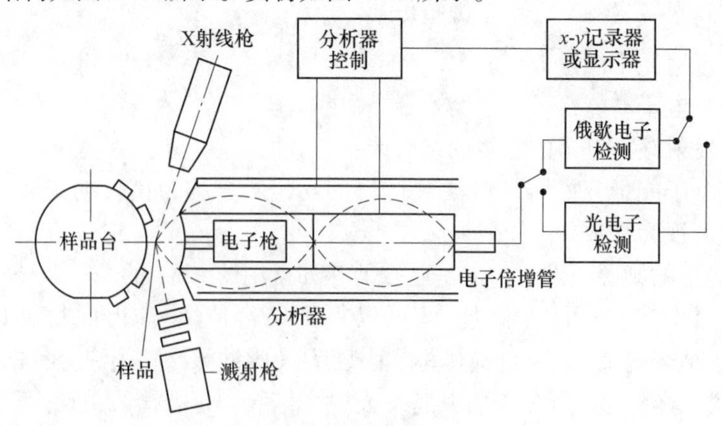

图 5-22　XPS 结构示意图

图 5-23 Kratos-Axis Supra（来源于网络）

激发源用于产生 X 射线，主要由灯丝、阳极靶及滤窗组成。不同 X 射线源的能量及线宽见表 5-3。

表 5-3 不同 X 射线源的能量及线宽

X 射线源	能量/eV	FWHM/eV	X 射线源	能量/eV	FWHM/eV
YM_{ζ}	132.3	0.47	MgK_{α}	1253.6	0.7
ZrM_{ζ}	151.4	0.77	AlK_{α}	1486.6	0.85
NbM_{ζ}	171.4	1.21	SiK_{α}	1739.5	1.0
MoM_{ζ}	192.3	1.53	YL_{α}	1922.6	1.5
TiL_{α}	395.3	3.0	CrK_{α}	5417.0	2.1
CrL_{α}	572.8	3.0	CuK_{α}	8048.0	2.6

能量分析器为 XPS 的关键部件，其作用为将光电子选择出来并滤除其他能量的电子，通过施加扫描电压，依次选取不同能量的光电子，即可获得光电子的能量分布。XPS 采用的能量分析器主要有两种，一种为带预减速透镜的半球或接近半球的球偏转分析器 SDA，另一种为带有减速栅网的双通筒镜分析器 CMA。SDA 包含两种扫描方式，分别为固定分析器通过能量方式（CAT 或 FAT）和固定减速比方式（CRR 或 FRR），前者不管光电子能量是多少，都会被减到一个固定的能量再进入分析系统，后者是将光电子能量按一个固定的比例减小，再送入分析系统。目前，XPS 常使用 FAT 方式预减速。

检测系统及数据处理系统主要用于检测并分析处理数据。XPS 分析涉及大量复杂的数据采集、存储、分析和处理，数据系统由在线实时处理器和处理软件组成。

XPS 谱峰强度的经验规律，同一元素，主量子数小的谱峰更强，如图 5-24 中 O1s 与 O2s；同一元素，同一壳层，角量子数大的谱峰更强，如图 5-24 中 Ti3p 与 Ti3s；同一元素，同一壳层，同一亚层，内量子数大的谱峰更强，如图 5-24 中 $Ti2p_{\frac{3}{2}}$ 与 $Ti2p_{\frac{1}{2}}$，另外，$Ti2p_{\frac{3}{2}}$ 与 $Ti2p_{\frac{1}{2}}$ 的形成是由于谱峰发生自旋-轨道分裂。伴峰与谱峰分裂也是 XPS 谱图结果分析中常常要思考的地方。另需要注意的是，常用的 X 射线源激发产生的光电子动能都在 1500eV 以内，其逸出深度小于 2nm。这表明只有表面 2nm 以内产生的光电子才能从试样表面射出而无明显的能量损失，深处产生的光电子则不能。

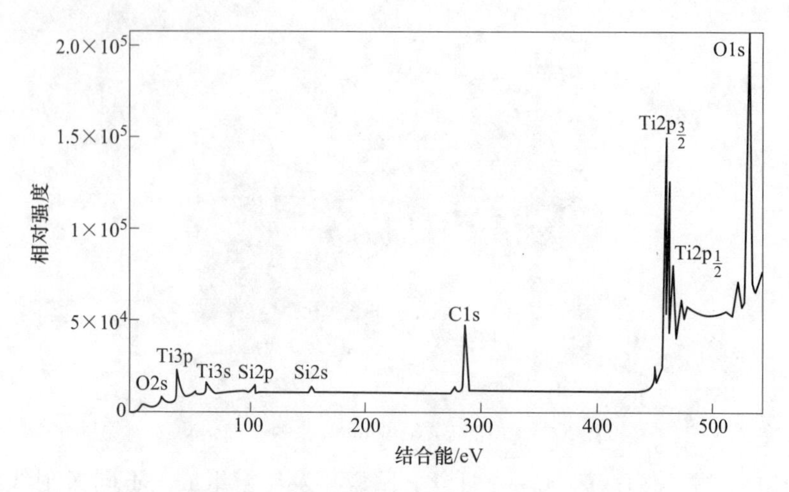

图 5-24 二氧化钛涂层玻璃试样的 XPS 图谱

5.3.4 实验方法与步骤

5.3.4.1 样品制备

XPS 分析一般要求样品表面足够干净，所以对样品的表面处理往往比实验过程更加耗时。样品测试前一般需要进行化学刻蚀、机械抛光或电化学抛光等方法处理，以去除样品表面的各种污染、氧化层或保护层。

5.3.4.2 实验步骤

以 Kratos-Axis Supra 型 XPS 为例，实验步骤如下：

（1）制样：使用导电胶带将样品固定于样品台上，对于电导性差的样品，为保证电荷均匀分布，测试过程中须采用电荷中和模式。

（2）进样：拧开样品室柔性锁，打开高纯 N_2开关，在设备软件中点击 Vent 按钮，打开样品室舱门，将样品条放置于样品停放台上，将样品停放台推入样品室中，关闭样品室舱门，拧紧柔性锁，点击 Pump 按钮。

（3）测试：在真空度良好的状态下将待测样品条在样品室中拍照后传送至样品条卡槽上，新建测试文件，选取测试点，创建测试方法，将方法提交至对应样品上所选取点，开始测试，测试过程中如出现异常，立刻停止测试，检查仪器状态，修改测试条件，测试数据会自动保存。

（4）数据处理：将测试数据保存为 . vms 格式文件，该类型文件可用软件 Casa XPS 打开并进行数据拟合处理，建立实验数据存储文件夹按照（D：/学院/指导教师姓名/使用者姓名/实验日期/…）格式进行。

（5）取样：将测试完的样品条卸载至样品传送停放台上，以便更换另外样品条或将样品取出。

5.3.5 实验分析与讨论

（1）简述 XPS 的原理。

(2) 简述 XPS 的应用方向。

(3) 简述 XPS 的优势和缺点。

(4) 简述不同试样的制备方法及 XPS 对试样的要求。

5.3.6 注意事项

(1) 粉末样品要求颗粒细小、干燥；块状样品要求表面清洁，厚度不超过 4mm。

(2) 磁性样品测试须提前告知。

(3) 测试前检查实验室内 UPS 电源、冷却水水位、各种气体压力状态、仪器真空度及运行状态。

(4) 实验室内为超清洁要求，进入实验室须穿鞋套及实验服，保证室内卫生。

5.4 透射电子显微实验

5.4.1 实验目的

(1) 了解透射电子显微镜的结构和基本原理。

(2) 掌握透射电子显微镜金属薄膜样品制备方法。

(3) 学习用透射电子显微镜观察金属薄膜样品典型组织形貌。

5.4.2 实验原理

5.4.2.1 明场像与暗场像

金属薄膜的衍衬成像是由于样品中不同晶体（或同一晶体不同位向）衍射条件不同而造成的衬度差别。设想在金属薄膜内有两晶粒 A 与 B，它们之间唯一的差别是晶体学取向不同。如果在电子束照射下，B 晶粒的某晶面组（hkl）恰与入射方向交成精确的布拉格角 θ_B，而其余晶面组均与衍射条件存在较大偏差，若不考虑入射电子受到的吸收效应，以及在所谓“双光束条件下”忽略所有其他较弱衍射束，则强度为 I_0 的入射电子束在 B 晶粒区域内经过散射后，将成为强度为 I_{hkl} 的衍射束和强度为（I_0-I_{hkl}）的透射束两部分。同时设想与 B 晶粒取向不同的 A 晶粒内所有晶面组，均与布拉格条件存在较大偏差，故 A 晶粒区域的透射束强度仍近似等于入射束强度 I_0。由于电镜中样品的第一幅衍射花样出现在物镜的背焦面上，所以在这个平面上加进一尺寸足够小的物镜光阑，把 B 晶粒的 hkl 衍射束挡掉，而只让透射束通过光阑孔并达到像平面，构成样品的第一幅放大像，此时：$I_A \approx I_0$，$I_B \approx I_0-I_{hkl}$。在荧光屏上会看到 B 晶粒较暗，A 晶粒较亮，如图 5-25 所示，这种成像方式叫明场像。若以光阑孔挡住透射束，可以得到暗场像，其衬度与明场像相反，B 晶粒较亮，A 晶粒较暗。

5.4.2.2 典型组织观察

晶体中存在各种缺陷，如晶界、位错、层错、孪晶、第二相粒子等，由于这些微观缺陷造成小区域取向不同，因而衍射强度不同，所以我们就能直接观察到这些微观缺陷。图 5-26~图 5-29 分别为 TEM 观察到的晶体中各种典型组织。

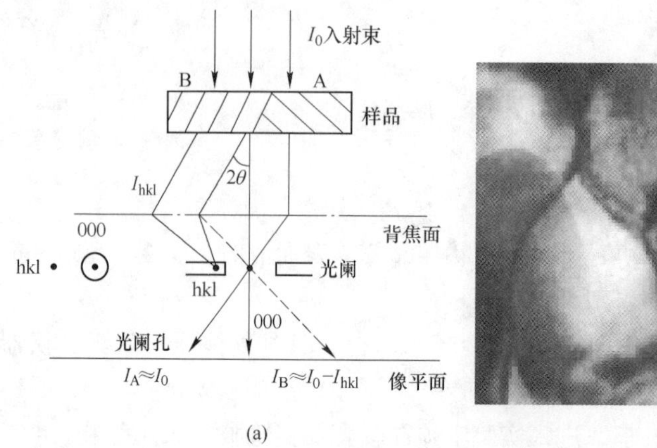

(a)

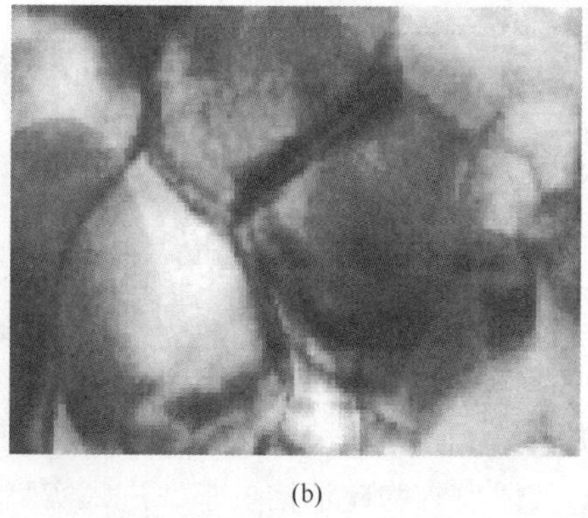

(b)

图 5-25 薄膜内取向不同的晶粒引起的衍衬效应

（a）光路原理；（b）不锈钢薄膜衍衬像

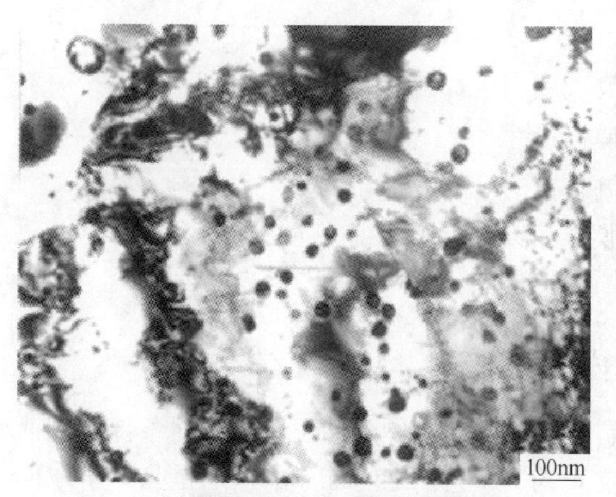

图 5-26 15-5 PH 不锈钢 700℃、64h 时效处理的球状 Cu 析出物

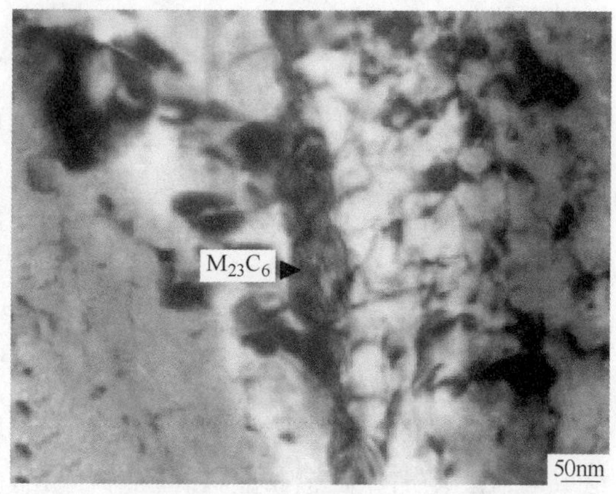

图 5-27 500℃、128h 时效处理板条马氏体间析出的 $M_{23}C_6$ 碳化物

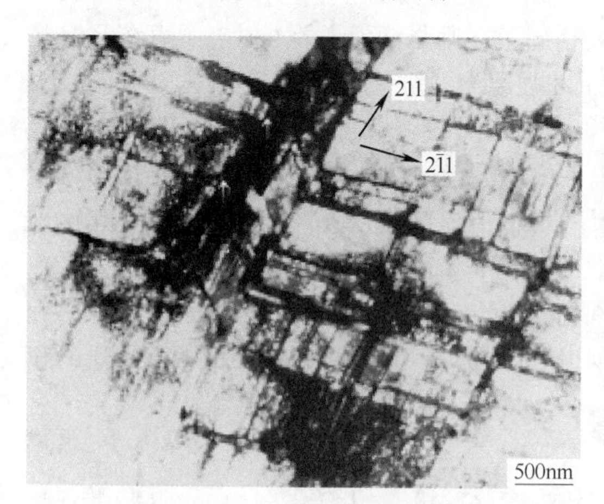

图 5-28 15-5 PH 不锈钢残留奥氏体中的层错

图 5-29 Sanavik 1RK91 低碳不锈钢最初切变区的孪晶及内部高密度位错

5.4.3 实验装置

透射电镜的结构示意图如图 5-30 所示。透射电镜实物图如图 5-31 所示。透射电镜主要由电子光学系统、真空系统、供电系统及控制与显示系统组成。其中电子光学系统也可称为镜筒部分，从上至下主要包括电子枪、聚光镜、样品室、物镜、中间镜、投影镜等。透射电镜电子枪的分类与扫描电镜相似，主要可分为热发射和场致发射两种（详见表 5-1），用于提供高亮度、相干性好以及束流稳定的照明源。聚光镜作用为聚焦电子束，原理参见图 5-8，透射电镜的电磁透镜主要包括聚光镜、物镜、中间镜和投影镜。照明透镜系统的光路图如图 5-32 所示。其中，TEM 模式用于获得相干性好的电子显微像；EDS 模式用于进行微区成分分析；NBED 模式用于获得纳米束电子衍射像；CBED 模式用于汇聚束电子衍射。样品室主要作用为承载试样台，并可使试样进行平移，以获得感兴趣视域。目前，样品可以支持加热、冷却或拉伸等原位观察操作，以满足相变、形变等过程的动态观察。

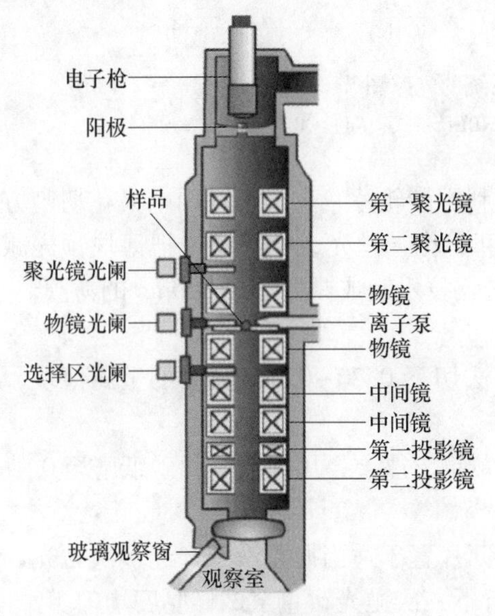

图 5-30 透射电子显微镜的结构示意图
（来源于网络）

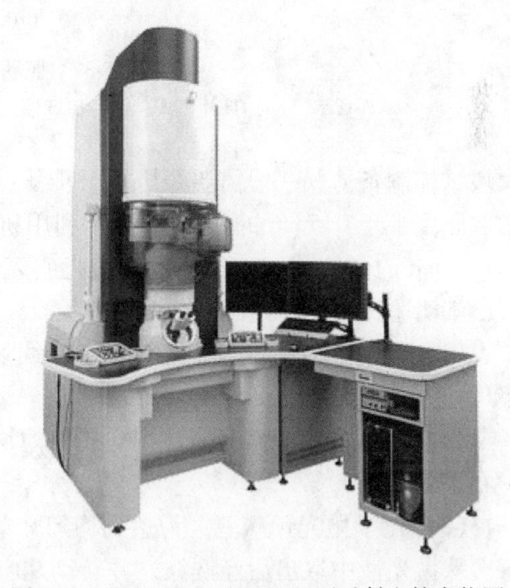

图 5-31 JEOLJEM-ARM200F 型透射电镜实物图
（来源于网络）

显示系统主要由物镜、中间镜和投影镜组成。物镜为第一级透镜，其分辨能力对最终成像分辨率具有决定作用，中间镜和投影镜作用为放大物镜给出的形貌像或衍射花样，通常透射电镜的放大倍数为 50 倍左右到上百万倍。

真空系统用于提供满足系统工作所需的各种真空条件。供电系统用于提供满足系统工作所需的各种电流、电压条件。

5.4.4 实验方法与步骤

5.4.4.1 样品制备

用于透射电镜观察试样厚度要求在 50~500nm，且上下底面大致平行，表面清洁。由

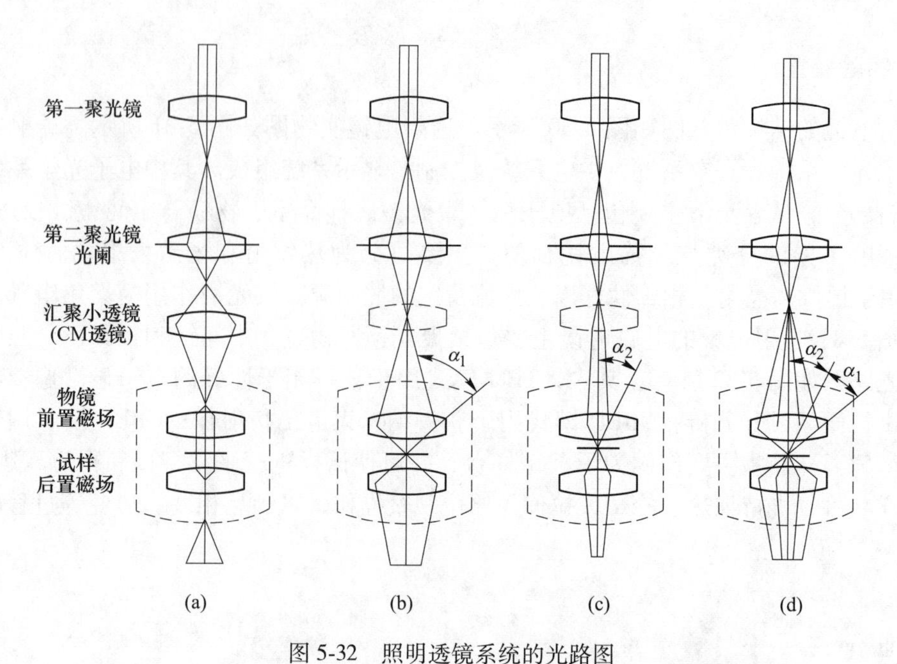

图 5-32 照明透镜系统的光路图

（a）TEM 模式；（b）EDS 模式；（c）NBED 模式；（d）CBED 模式

大块试样制备薄膜一般需要经历三个步骤：（1）利用砂轮片、金属丝或用电火花切割方法切取厚度小于 0.5mm 的薄块；（2）利用机械研磨、化学抛光或电解抛光把薄块预先减薄到 0.1mm 的薄片；（3）通过电解抛光或离子轰击等技术制成厚度小于 500nm 的薄膜。

本实验试样制备过程具体如下：

（1）线切割：从欲检测的试样上用线切割方法切下 0.20～0.30mm 厚的金属薄块，薄块尺寸为 25mm×15mm。

（2）机械研磨预减薄：用 502 胶将薄块粘在黄铜支座上，用水磨金相砂纸磨至 0.1mm 左右小薄片。

（3）化学抛光预减薄：为达到均匀减薄，将薄片置于适当抛光液中，经多次抛光，且每次从抛光液中取出后经洗涤，并转动 90°再进行下一次抛光，直至试样厚度均匀。

（4）双喷电解抛光最终减薄。

5.4.4.2 实验步骤

（1）进样：水平拿持样品杆末端，使样品杆上的定位销对准测角台上的狭缝，慢慢插入样品杆直到不能继续插入为止，按下测角台上 Pump 开关抽真空，黄灯亮；抽真空完成后测角台上绿灯亮，确认软件状态 ready 后便可以旋进样品杆；顺时针旋转样品杆至被吸入至停止；待真空度小于 2.0×10^{-5} Pa 后按下左操作台上 BEAM 按钮。

（2）插入聚光镜光阑并调节像散：在 MAG 模式下（×40K 倍），将光斑调至最小，利用操作台上 SHIFT-*X* 和 SHIFT-*Y* 按钮调至中心后散开；插入聚光镜光阑 CL1，检查是否同心收缩，如不同心收缩按照如下步骤反复调整至同心收缩：光斑调至最小，利用操作台上 SHIFT-*X* 和 SHIFT-*Y* 按钮调至中心；光斑散开，利用左操作台上 APERTURE CONTROLLER 调至中心；CL 相散：光斑不为圆形时按下左操作台上 COND STIG，调整操作台上 DEFLECTOR-*X* 和 DEFLECTOR-*Y* 使光斑变圆。

（3）Spot 合轴：在×40K 倍数下，Spot Size 设置为 1，将光斑调至最小，按下右操作台上 F4（Gun Shift）按钮，利用操作台上 SHIFT-*X* 和 SHIFT-*Y* 按钮将光斑调至中心；Spot Size 设置为 5，将光斑调至最小，按下左操作台上 BEAM ALIGN 按钮，利用操作台上 SHIFT-*X* 和 SHIFT-*Y* 按钮将光斑调至中心；反复重复上述两步，直至 Spot Size 1 和 5 下光斑都在中心结束。

（4）调整样品高度：移动样品，找到样品特征点至于屏幕中心，首先双击 STD FOCUS，之后调整 *Z* 高度使图像聚焦到衬度最小。

（5）调整电压中心：放大倍数至×100K，按下 WOBBLER 中的 HT 按钮，调整操作台上 DEFLECTOR-*X* 和 DEFLECTOR-*Y* 使光斑同方向收缩。

（6）消除物镜相散：放大倍数至少×100K 或更高倍数，找到样品上的一个非晶区或铜网的非晶碳膜区域；借助于 CCD 相机，收集动态图像，调焦距钮使图像聚焦清楚，然后做动态 FFT（Digital Micrograph→Process →Live →FFT）；按下 OBJ STIG 按钮，调整操作台上 DEFLECTOR-*X* 和 DEFLECTOR-*Y* 使 FFT 中的非晶环变成圆形。

（7）观察样品拍照：找到样品，选择合适的放大倍数，利用操作台上 OBJ FOCUS 按钮粗调至样品衬度最小；按下操作台上的 SCREEN 按钮，在电脑屏幕上观察样品，然后利用操作台上 OBJ FOCUS 按钮细调至最佳状态，点击软件上 Acquire 进行拍照。

（8）取样：调整放大倍数为×40K，双击操作台上归零按钮（F2），检查样品位置参数 *X*、*Y*、*Z* 都归零后退出聚光镜光阑 CL 1，按下 BEAM 按钮；样品杆拔出顺序与插入顺序相反：拔掉倾转电缆线；拔出样品杆至不能拔出为止，逆时针旋转样品杆至不能旋转；再拔出样品杆至不能拔出，逆时针旋转样品杆至不能旋转；关闭 Pump 开关，对测角台通气，待通气结束后从测角台取出样品杆。

5.4.5　实验分析与讨论

（1）简述透射电镜的基本原理。
（2）简述明场像与暗场像区别。
（3）简述透射电镜的样品制备方法有哪些。
（4）简述金属样品减薄方法及流程。

5.4.6　注意事项

（1）仪器使用需要负责教师授权后方可进行。
（2）样品制备符合测试要求。
（3）进、取样要稳，防止样品掉落。
（4）确认样品杆旋紧后方可进行抽真空操作。

5.5　电子探针显微分析实验

5.5.1　实验目的

（1）了解电子探针的结构和基本原理。

（2）了解波谱仪的结构和基本原理。

（3）学习用电子探针对材料的成分进行分析。

5.5.2 实验原理

5.5.2.1 电子探针原理

电子探针是电子探针 X 射线显微分析仪的简称，英文缩写为 EPMA（Electron Probe X-ray Microanalyser）。它是在电子光学和 X 射线光谱学原理的基础上发展起来的一种高效率分析仪器，其构造大体与扫描电子显微镜（SEM）相同。不同于 SEM 以微区观察为主要功能，EPMA 主要是以微区成分分析为主，通过检测 X 射线的波长或者能量，分析微区的化学成分，因此 EPMA 须配有波谱仪（WDS）或能谱仪（EDS）进行元素成分分析。

EPMA 是目前微区元素定量分析最准确的仪器，检测极限（能检测到的元素最低浓度）一般为 0.01%~0.05%，不同测量条件和不同元素有不同的检测极限，但由于所分析的体积小，检测的绝对感量极限值为 10~14g，主元素定量分析的相对误差为 1%~3%，对原子序数大于 11 的元素，含量在 10%以上时，其相对误差通常小于 2%。

EPMA 与 SEM 从原理到功能都比较类似，但历史上这两种仪器却是分别发展起来的，其中，EPMA 是由卡斯坦（R. Castaing）博士在 1949 年用 TEM 改装的，于 1960 年量产。20 世纪 70 年代我国曾试研制 EPMA，但未成功。目前，除专门的电子探针外，有相当一部分电子探针仪是作为附件安装在扫描电镜或透射电镜的镜筒上，以满足微区形貌、晶体结构及化学成分同步分析的需要。EPMA 的价格为 SEM 的 2~3 倍。多数 EPMA 都配备不止一道波谱仪，每道波谱仪装有几块晶体，每个晶体适用于不同的波长范围。

在本节 EPMA 分析实验中，主要侧重于波谱相关内容介绍，EPMA 原理部分内容参见 5.1 节，能谱部分内容详见 5.2 节。

5.5.2.2 波谱仪原理

在电子探针中 X 射线是由样品表面以下微米数量级的作用体积内激发出来的，如果这个体积中含有多种元素，则可以激发出多种波长的特征 X 射线。若在样品上方水平放置一块具有适当晶面间距的晶体（分光晶体），当入射 X 射线的波长 λ 、入射角 θ 和晶面间距 d 满足布拉格方程 $2d\sin\theta = n\lambda$ 时，这个特征波长的 X 射线就会发生衍射。虽然不同波长的特征 X 射线都是以点光源的形式向四周发射，但只有按照特定角度入射的特征 X 射线才会在晶体内得到较强的衍射束。若面向衍射束方向安装信号接收装置，便可以将不同波长的特征 X 射线记录下来。

分光晶体一般呈圆弧形（平面晶体接受效率低），且样品分析点、分光晶体和检测器窗口处于同一个圆周（聚焦圆/罗兰圆）上，这样就可以达到聚焦衍射束的目的，以保证成分定量分析的准确度。X 射线聚焦的方法有约翰（Johann）型聚焦法和约翰逊（Johansson）型聚焦法，如图 5-33 所示。

约翰型聚焦法：分光晶体的曲率半径等于聚焦圆半径 R 的两倍，当某一波长的 X 射线自点光源 S 处发出时，晶体内表面任意 A、B、C 各点接收到的 X 射线相对于点光源来说，入射角都相等，因此 A、B、C 各点的衍射线都能在 D 附近聚焦，但由于衍射线并不完全汇聚在一点，所以该方法是一种近似的聚焦方式，灵敏度、分辨率都不高。

约翰逊型聚焦法：这是一种改进的聚焦方式，通过把曲率半径为 $2R$ 的分光晶体表面

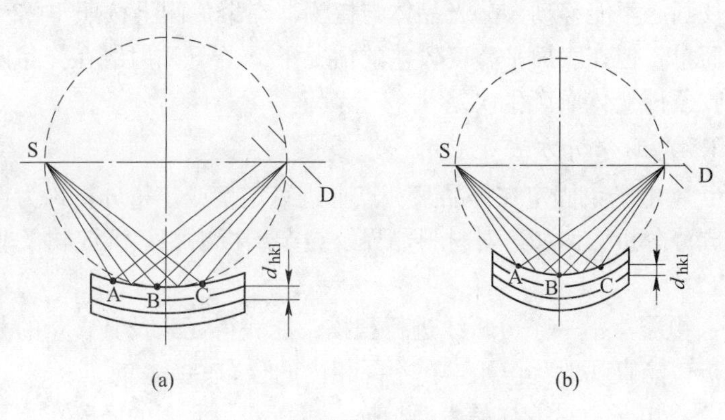

图 5-33 两种 X 射线聚焦的方法

（a）约翰型聚焦法；（b）约翰逊型聚焦法

磨制成与聚焦圆表面的曲率半径 R 相等，这样晶体内表面任意 A、B、C 各点接收到的入射 X 射线即可聚焦在 D 点，这种方法也叫做全聚焦法。

目前，常用的波谱仪主要有直进式和回转式两种，其布置形式如图 5-34 所示。

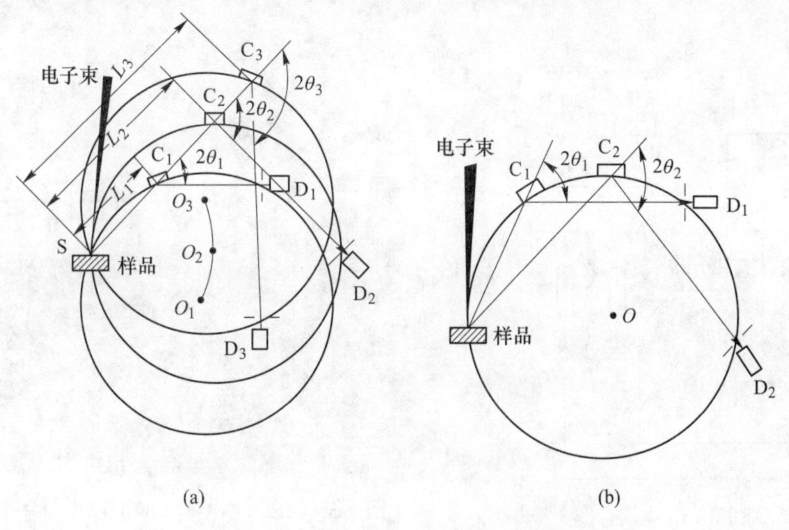

图 5-34 两种波谱仪的布置形式

（a）直进式波谱仪；（b）回转式波谱仪

直进式波谱仪固定 X 射线入射角，可以使 X 射线穿出样品表面过程中所经过的路线相同，即具有相同的吸收条件。由图中的几何关系分析可知，分光晶体位置沿直线运动时，晶体本身产生相应的转动，使不同波长 λ_1、λ_2 和 λ_3 的 X 射线以 θ_1、θ_2 和 θ_3 的角度入射，在满足布拉格方程条件下，位于聚焦圆协调移动的探测器接收到汇聚后的波长 λ_1、λ_2 和 λ_3 的衍射线。以图中 O_1 为圆心的聚焦圆为例，直线 SC_1 长度 $L_1 = 2R\sin\theta_1$，其中 L_1、R 已知，所以可求得 θ_1，根据布拉格方程 $2d\sin\theta_1 = \lambda_1$，$d$、$\theta_1$ 已知，即可求得对应 X 射线的波长 λ_1，同理，可求得 λ_2 和 λ_3。在直进式波谱仪中，因为结构上的限制，L 一般只能在 10~30cm 范围内变化。

回转式波谱仪圆心不能移动，分光晶体与探测器在聚焦圆上按照 1 ∶ 2 的角速度运动。这种波谱仪结构简单，但在表面平整度较差的情况下，由于 X 射线在样品内经过的路线不同，往往会因吸收条件变化而产生误差。

5.5.2.3　EPMA 的分析方法及应用

（1）点分析：将电子束固定在样品某一点上进行定性或定量分析称为点分析。该方法用于显微结构的成分分析，例如，对材料晶界、夹杂、析出相、沉淀物及非化学计量化合物组成等的研究。

（2）线分析：电子束沿一条分析线进行扫描，能获得元素及其含量的分布。如果和样品形貌图对照分析，能直观地获得元素在不同相内的分布。

（3）面分析：将电子束沿着样品表面扫描，可以获得元素的面分布。

5.5.3　实验装置

EPMA 主要由电子光学系统、WDS/EDS（或二者兼有）、记录系统、显示系统、数据处理系统和光学观察系统组成，EPMA 结构图如图 5-35 所示，实物图如图 5-36 所示。

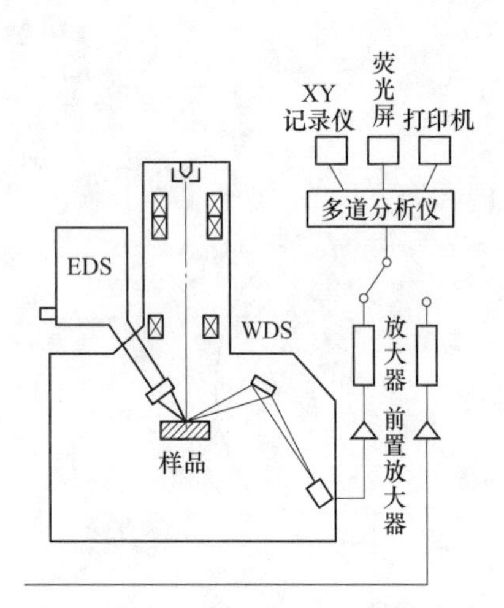

图 5-35　EPMA 结构示意图
（来源于网络）

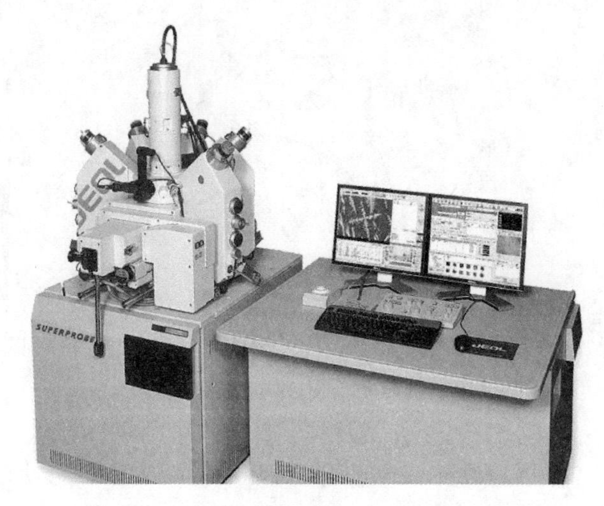

图 5-36　JEOLJXA-8530F 型场发射电子探针
（来源于网络）

电子光学系统由电子枪、电磁透镜、物镜组成。三级自偏压式的电子枪为电子探针分析提供 5~50kV 稳定的电子光源。电子进入具有恒定电位的电磁透镜中，被聚焦成直径 0.1~1μm、束流 10~1000nA 的电子束轰击到样品的分析点上，通过改变焦距，使透镜除进行聚焦外，还可控制试样电流及电子束斑直径。

WDS 和 EDS 用于对元素特征 X 射线进行分析。其中，EDS 主要利用特征 X 射线能量差异进行元素分析，其结构简单，数据稳定性和重现性较好；WDS 主要利用特征 X 射线波长差异进行元素分析，其分辨率比能谱仪高一个数量级，但由于只能逐个测定每一元素的特征波长，因此一次全分析时间较长，往往需要几个小时。波谱仪的突出特点是波长分辨率很高，缺点是 X 射线信号的利用率极低，难以在低束流和低激发强度下使用。WDS

可分析铍（Be）~铀（U）之间的所有元素，对于微量元素即含量小于0.5%元素分析明显比EDS准确。WDS分辨本领为0.5nm，相当于5~10eV，而EDS最佳分辨本领为149eV。

数据处理系统主要用于对采集信号进行处理；显示系统用于显示分析结果；光学观察系统主要用于光学显微、定位分析位置，这也是EPMA与SEM结构上比较大的区别之一。光学显微镜放大倍数为100~500，物镜特制，镜片中心开有圆孔，以使得电子束通过。通过目镜可以观察到电子束照射到样品上的位置，在进行分析时，必须使目的物与电子束重合，其位置正好位于光学显微镜目镜标尺的中心交叉点上，如图5-37所示。

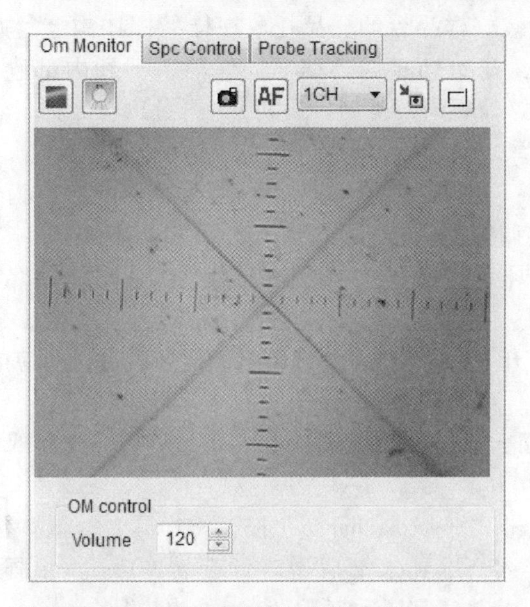

图5-37 EPMA光学显微镜目镜标尺的中心交叉点

5.5.4 实验方法与步骤

5.5.4.1 样品制备

（1）普通块状金属样品：高度不超过15mm，四孔样品台最大孔径30mm，九孔样品台最大孔径15mm。如果需要做超过30mm的大样品，样品高度不超过10mm。需要观察与分析的样品上表面需要机械抛光，达到能拍金相的标准。下表面尽量与上表面平行，用砂纸除去污渍、氧化层等，保证导电良好，使用导电胶粘在样品台上。四孔台与超大样品台直接粘上即可。九孔台需要将样品台上铜制小台取下，将样品粘好，调平后再放回九孔台中，最后将小台固定。

（2）粉末样品：先将导电胶粘在样品台上，然后取少量粉末样品在导电胶上压一压，最后使用气泵对准粉末样品用力直吹，直到不能吹落粉末为止。如果粉末不导电则需要喷碳处理。

（3）镶嵌样品：对于导电镶料，导电胶粘在镶料上表面即可，保证镶料上表面与样品台通过导电胶导通，电荷可以顺利导出。对于非导电镶料，导电胶必须粘在所有样品上，保证每一个需要分析的样品都与样品台通过导电胶相连，并且只能分析样品中部不接近镶料的位置，如需分析样品与镶料接近位置需要喷碳处理。

（4）小块不规则样品：使用铝箔纸包住样品后将铝箔纸下表面压平，保证分析面水平即可。

（5）不导电样品：所有不导电样品都需要喷碳处理，光片样品喷碳后使用光片专用样品台分析。

5.5.4.2　实验步骤

以 JEOL JXA-8530F 型场发射电子探针为例，该设备使用能谱仪操作软件为 Oxford Aztec，其实验步骤如下：

（1）放入样品：将装好样品台的样品托放在样品杆挂钩上，关闭仓门，锁紧。长按"EVAC"键 3s 后松开，开始抽真空，真空抽好后，听到内部仓门打开的声音，此时"EVAC"停止闪烁，推入样品杆后顺时针旋转 90°再拉出样品杆，然后拉动样品杆锁放下样品杆。

（2）拍摄形貌照片：根据实验要求设置仪器参数（通常束流为 1×10^{-8}A，加速电压为 15kV）后，使用导航器调整样品位置，对焦清晰后按"PHOTO"按钮拍照。

（3）建立实验数据存储文件夹（D：/学院/指导教师姓名/使用者姓名/实验日期/…）。

（4）能谱分析：打开 Aztec 软件，勾选碳蒸镀信息后进行对应的点分析、线扫描与面分布操作。

（5）波谱分析：波谱分析可分为定性分析、定量分析、线分析、面分析和离线分析等几个主要功能。

（6）取出样品：点击"Spec. Exchange"按钮将样品台复位，拉动样品杆锁抬起样品杆，握住样品杆末端推入，推到末端后逆时针旋转 90°，拉出样品杆与样品台，长按"VENT"键 3s 后松开，待放气完毕后打开门锁，取出样品台。

5.5.5　实验分析与讨论

（1）简述 EPMA 的原理与应用领域。

（2）简述 EPMA 与 SEM 的异同。

（3）简述能谱分析与波谱分析的异同。

（4）简述不同试样的制备方法及 EPMA 对试样的要求。

5.5.6　注意事项

（1）在能谱测试时，操作台左侧电脑屏幕右下方的光镜必须处于关闭状态。否则，受光镜信号干扰，能谱分析时显示的谱图会出现异常。

（2）在能谱测试时，扫入测试图像之前，需先手动读入当前图像的放大倍数，否则会导致输入图像显示的比例尺错误。

（3）如果在能谱测试的项目中既有点分析数据又有线分析或者面分析数据，最后保存数据时需要注意：保存点分析数据前需要先选择"Point & ID"模式，再点击"追加"保存数据；保存线分析数据前需要先选择线扫描模式，再点击"追加"保存数据；保存面分析数据前需要先选择面分布图模式，再点击"追加"保存数据；必须分项分类保存。

6 光学分析综合实验

光学分析是基于电磁辐射与物质相互作用后产生的辐射信号或发生的变化来测定物质的性质、含量和结构的一类分析方法，包括光谱法和非光谱法。

光谱法是基于辐射与物质相互作用时，测量物质内部发生量子化的能级跃迁而产生的电磁辐射（光谱）的波长和强度而建立的分析方法。光谱法是研究物质的化学组成、结构和状态的重要分析方法。非光谱法是基于辐射与物质相互作用时，测量辐射的某些性质（如折射、散射、衍射、干涉和偏振等）变化的分析方法。非光谱法不涉及物质内部能级的跃迁。

光谱是按照波长或频率顺序排列的电磁辐射，包括无线电波（或射频波）、微波、红外线、可见光、紫外线、X 射线、γ 射线和宇宙射线。光谱按外观形状可分为线状光谱、带状光谱和连续光谱。线状光谱是由气体状态的原子或离子经激发而得到的，通常呈现分立的线状，所以称为线状光谱，就其产生方式又可分为原子发射光谱和原子吸收光谱；带状光谱是原子结合成为分子发出的或两个以上原子的基团发出的，通常呈带状分布，是由分子光谱产生的。连续光谱是由白热化的固体发出的，是特定状态下的原子分子中发射出来的，所以连续光谱是无限数目的线光谱或带光谱的集合体。

根据光谱发生的本质特性，光谱分析方法可以分为原子光谱分析法和分子光谱分析法。原子光谱是由原子外层或内层电子能级的变化产生的，表现形式为线状光谱。原子光谱分析方法主要有原子发射光谱分析法、原子吸收光谱分析法、原子荧光光谱分析法和 X 射线荧光光谱法等，是物质元素成分分析的最重要方法之一。分子光谱是由分子中电子能级、振动和转动能级的变化产生的，表现形式为带状光谱。分子光谱分析方法主要有红外吸收光谱法、紫外-可见吸收光谱法、分子荧光、磷光光谱法和拉曼光谱等。

6.1 直读光谱仪定性定量分析实验

6.1.1 实验目的

（1）学习一种金属成分定性定量的分析方法。

（2）了解直读光谱仪的结构、原理和用途。

6.1.2 实验原理

光电直读光谱仪是一种通过检测各原子光谱强度来获得样品各元素含量的检测仪器。它具有操作简单、使用及维护成本低、分析速度快、重复性及稳定性好、激发光源稳定性好和测定结果准确度高等特点，现在广泛应用于冶金、铸造、机械和其他部门。

原子发射光谱（atomic emission spectrometry，AES）是最早应用的光谱分析技术，它为发现新元素发挥了重大的作用，是最为重要、最为常用的元素定性和定量分析技术。

原子发射光谱是被激发的原子或离子发射的线状光谱，是元素的固有特性。火花源直读光谱仪是原子发射光谱仪，国家标准 GB/T 14666—2003《分析化学术语》中，将火花源原子发射光谱法称为光电直读光谱法，其相对应的光谱仪为光电直读光谱仪。

发射光谱分析光源中，常用的电弧和电火花称得上是经典光源，其主要特点是使用灵活、性能可靠、稳定性好、操作简单，特别是对金属等易导电样品更是方便。仪器的检测限低，分析精密度高，结果准确。光谱仪的分析速度快，一般 20~30s 即可完成，运行成本较低。其维护方便，故障率低，抗环境干扰能力较强。因此，尽管从 20 世纪 60 年代以来原子光谱分析技术不断发展，出现了原子吸收光谱法和电感耦合等离子体发射光谱法，研究出各种新光源，推出了性能优越的原子光谱仪器，但是由于电弧、火花原子发射光谱法在直接分析固体样品方面的独特优势，至今仍是金属材料成分分析、冶金分析的主要手段。

原子发射光谱的产生是基态的气态原子或离子在外界能量的作用下（激发），吸收了一定的外界能量时，原子最外层的一个或几个电子就从一种能量状态（基态），跃迁到另一种能量状态（激发态）。处于激发态的原子或离子很不稳定，约 10^{-8}s 便跃迁返回基态，这时原子或离子就会释放出多余的能量，这个能量以电磁辐射的形式释放出来，就形成了具有特殊波长的光（见图 6-1）。

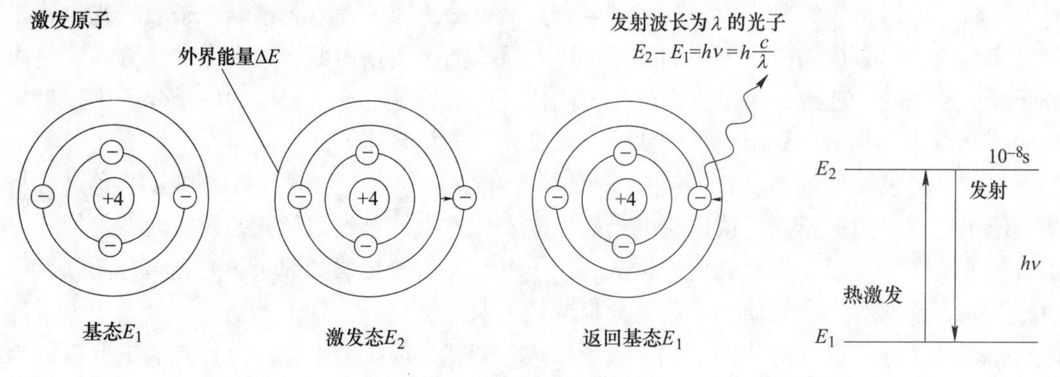

图 6-1 电子激发-跃迁

谱线波长与能量的关系为

$$\Delta E = E_1 - E_2 = \frac{hc}{\lambda} \tag{6-1}$$

式中 E_1——处于基态的原子能或离子能；

E_2——处于激发态的原子能或离子能；

h——普朗克常数，$h=6.626\times10^{-34}$J · s；

c——光速，$c=2.997925\times10^{10}$cm/s。

原子线是指原子的外层电子受到激发所产生的谱线，用Ⅰ表示；离子线是指离子的外层电子受到激发所产生的谱线。Ⅱ表示一级离子发射的谱线，Ⅲ表示二级离子发射的谱线。由于原子或离子的能级很多，并且不同元素的结构是不同的，每个元素被激发时就产生自己特有的光谱，即可根据发射谱线对应的波长来判断出待测物中有哪些元素，进行定性分析。元素谱线见图 6-2。

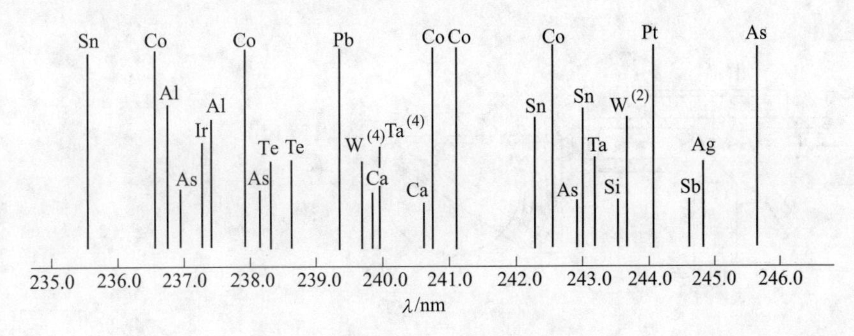

图 6-2　元素谱线

特征谱线的强度大小是由发射该谱线的光子数目来决定的，光子数目多则强度大，反之则弱，而光子的数目又由处于基态的原子数目所决定，基态原子数目又取决于某元素含量多少，而某元素含量多少与特征谱线的强度大小呈线性关系，这就是它的定量分析原理。光谱线的谱线强度 I 与分析元素含量 c 之间试验关系式，即罗马金-赛伯公式，它是光谱定量分析的基本公式。公式如下

$$I = ac^b \tag{6-2}$$

式中　I——光谱线的谱线强度；

c——分析元素含量；

a——与试样的蒸发、激发过程和试样组成等有关的一个参数；

b——自吸系数，它的谱线和自吸收有关。

$b=1$，无自吸；$b<1$，有自吸，b 越小，自吸越大。光谱无自吸或者自吸很小才是可以接受的。

直读光谱仪的工作原理是：对金属固体样品直接放电产生火花源，火花源的高温使金属固体样品被直接气化形成原子蒸气，蒸气中原子或离子被激发后产生特征光谱线（复合光）进入光谱仪分光室，经光栅分光后形成按波长大小顺序排列的光谱，各个元素的光谱通过出射狭缝射入检测系统，检测系统的检测元件（光电倍增管或固体检测器）将各自的光信号变成电信号进入测量系统，然后经仪器的控制测量系统将电信号积分并进行数模转换，通过检测元件的测量获得每个元素最佳谱线的强度值，该强度与样品中元素含量呈正比关系。最后由计算机系统通过内部预制或自制校正曲线就可以获得该元素的含量，直接以质量分数显示，得到定量分析结果。

6.1.3　实验装置

光电直读光谱仪，它和其他光谱仪一样，由光源系统、分光（色散）系统、检测系统和数字处理系统组成。配套系统有：氩气系统与光源系统配套，真空系统或惰性系统与分光系统配套。光谱仪结构如图 6-3 所示。

光源系统又称为“激发系统”，其基本功能是为样品中被测元素原子化和原子激发发光提供所需要的能量，也就是为试样蒸发、离解、原子化、激发等提供能量。常用的激发光源有：电弧、电火花、电感耦合等离子体。光源应尽量满足以下要求：灵敏度高、检出限低、稳定性好、信噪比大、分析速度快、自吸收效应小、校准曲线的线性范围宽等。其

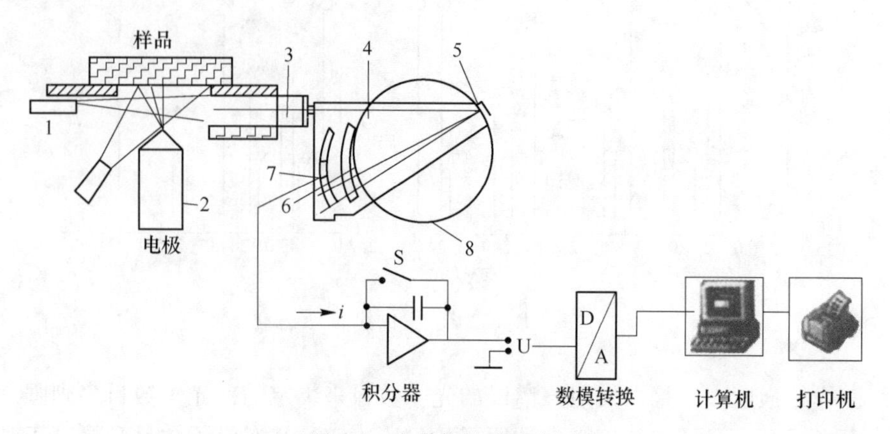

图 6-3 光谱仪构造示意图

1—反光镜；2—电极；3—透镜；4—入射狭缝；5—光栅；6—出射狭缝；7—光电倍增管；8—罗兰圆

仪器结构单元有激发光源、激发电极和激发台，见图 6-4，电火花直读光谱仪电极火花温度分布如图 6-5 所示。

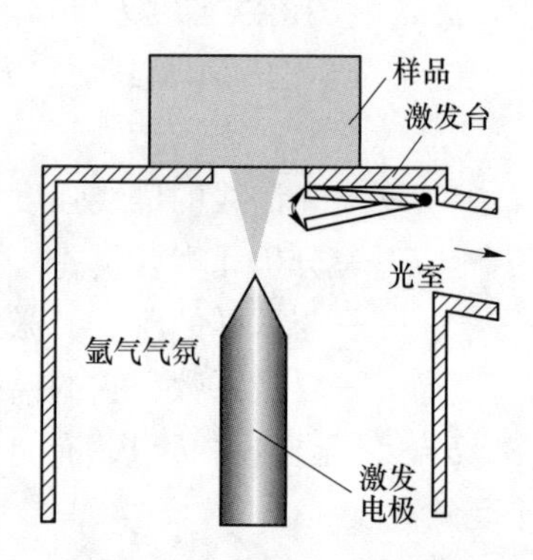

图 6-4 样品激发示意图

色散系统是光谱仪的核心，其作用是对光源系统产生的各元素的发射光谱进行处理（整理、分离、筛选、捕捉），复合光经过光栅分离后，将各元素的特征光谱按照波长大小进行排列。色散系统元件有：狭缝、透镜、光栅、罗兰圆，其中在光谱仪中起分光作用的是棱镜和光栅。光栅根据其所处的环境不同，光电直读光谱仪可分为真空型和非真空型直读光谱仪。其中，非真空型直读光谱仪又可分为空气型直读光谱仪和充惰性气体型直读光谱仪。充惰性气体型和真空型光电直读光谱仪（属于色散系统中的配套系统），工作波长扩展至远真空紫外 120. 0nm，可利用这个波段检测氮、磷、碳、硫等元素含量。直读光谱仪色散光学系统见图 6-6。

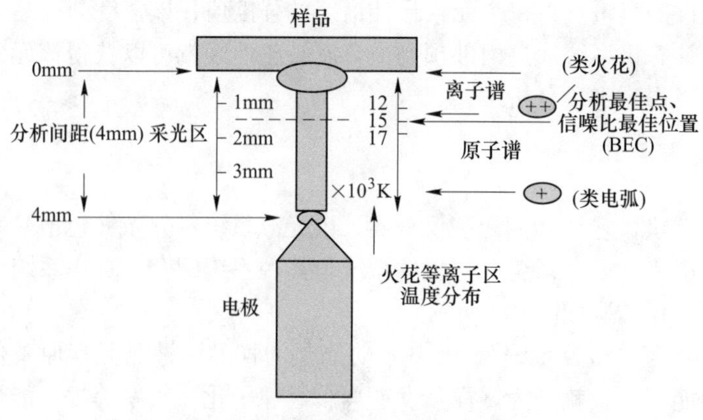

图 6-5 火花温度分布示意图

12000K—低光强；15000K—中等光强、信噪比最佳；17000K—高光强

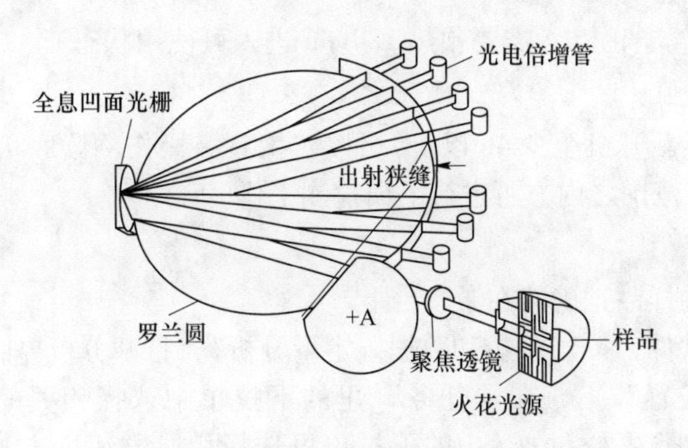

图 6-6 通道型光谱仪色散光学系统

检测系统是通过电子读出系统的积分板和数模转换板，将谱线的光强信号转化为电脑能够识别的数字信号，从而测量各元素的特征谱线强度值。它是光谱仪的大脑，控制整个仪器正常运作。根据检测器的不同，光电直读光谱仪又可分为采用光电倍增管（PMT）作为检测器的通道型直读光谱仪（光学系统结构稳定、笨重和体积大)、采用固态检测器（如 CCD）作为检测器的全谱型光电直读光谱仪、联合采用光电倍增管和固态检测器的通道+全谱型光电直读光谱仪。

数字处理系统由信号读出系统及数据处理系统（计算机）组成。其目的是，将采集到的数字信号转化成每个元素的含量。

光源系统的配套系统：氩气系统。氩气为工作气体有以下用途，电离电位较低，有利于获得较稳定的特征光谱强度；氩原子所产生的激发光谱（800nm）比空气（氮、氧）的激发光谱（分子光谱带）要简单，其连续背景要低很多；作为保护气，可防止分析样品和电极被空气氧化、氮化；可以传输真空紫外光谱（200nm 以下）；样品激发时氩气可带走热量和粉尘，并消除记忆效应，净化分析环境。

6.1.4 实验方法与步骤

6.1.4.1 样品制备

光电直读光谱法是通过激发固体样品产生发射光谱进行定量分析的，而样品激发的必要条件是具有导电性，所以直读光谱仪只能测量固体金属材料样品，液体样品需要浇铸成固样。面激发样品可以通过切割、浇铸、车削等方法制取样品，要求样品化学成分均匀（测元素分布趋势的除外)，且需表面干净光滑、无氧化物覆盖，平整、无气孔，样品尺寸要确保样品覆盖激发孔，无漏气（通常是直径或边长小于 110mm、大于 15mm，具体尺寸可根据具体设备的要求而定)，厚度保证样品在被激发时不会被击穿（5～70mm 之间)，还能放进样品仓内重量小于 500g（以防压坏磁盘片）；点激发的小样厚度在 0.5mm 以上，保持样品干净、干燥即可，可利用相应的棒状、丝状夹具。

6.1.4.2 使用操作

以奥默飞世尔科技有限公司生产的 ARL4460 型光电直读光谱仪为例，实验步骤如下。

A 开机

打开稳压电源，打开光谱仪，开计算机进入分析软件；通氩气，调节压力在 0.2～

0.3MPa之间，开氩气净化机（需要预热120min进入可使用状态）。

B　检查各参数值

待仪器稳定后（新开机至少4h以上），按“工具→操作→读取状态”，设备状态参数应在“最小~最大”范围之内方可进行下面检测工作。

C　检测样品

（1）将制备好的样品正确放在激发台上。

（2）打开分析软件，按“分析和数据→定量分析”，打开分析界面。

（3）在“当前位置”下，在“任务”里的下拉单中选择相关的任务，例如Conc_Fe，然后根据样品种类在“方法”中的下拉单里选择相应方法（方法标准曲线值与真实值越接近，准确率和灵敏度越高）。如果使用类标，同样根据样品种类在“类型标准”中选你所建立的类标。如果需要判定结果，可以选择等级功能，在等级功能中选好牌号和对应标准即可（类标和等级不能同时选择）。

（4）在Sample Id下输入样品信息，按“SID Ok+开始”，开始分析。

（5）分析完成后，数据显示在屏幕上；可按“继续”再次分析，或按“完成”完成本次分析，每次放置样品前要清理掉电极上的灰分。

（6）导出结果数据，按“分析和数据→查看结果”，按要求进行。

D　关机

（1）分析结束，退出分析软件，关电脑。

（2）关光谱仪的主机。

（3）关掉稳压电源，关掉氩气净化机，关掉氩气的分压调节阀门和气瓶（放掉气压表的压力）。

6.1.5　实验分析与讨论

（1）简述定性定量的分析方法有哪些及其适应范围。

（2）实验中可能出现的误差有哪些？应该怎么解决？

（3）结合自己的样品，分析谱线干扰有哪些？

（4）简述原子线、离子线、分析线和参比线。

6.1.6　注意事项

对于有标样的样品，要用标样校正结果；对于没有标样，但是自己有一系列样品，可自制类标，对于没有标样的样品，直接使用仪器内置的标准曲线，可多次、多种方法测试，对实验结果进行检验。

6.2　电感耦合等离子体原子发射光谱定性定量分析实验

6.2.1　实验目的

（1）学习一种定性定量的分析方法。

（2）了解电感耦合等离子体原子发射光谱仪的结构、原理和制样。

6.2.2 实验原理

电感耦合等离子体原子发射光谱（ICP-AES）分析技术，既具有原子发射光谱法（AES）的多元素同时测定优点，又具有宽线性范围，可对主、次、痕量元素成分同时测定，具有多元素、多谱线同时测定的特点，是实验室元素分析的理想方法。ICP-AES 是原子光谱分析技术中应用最为广泛的一种，不仅是冶金、机械、地质等部门不可或缺的分析手段，而且在有机物、生化样品的分析，以及当前备受关注的环境检测和食品安全监控等方面，日益展现其优越性，已成为当前最具优越分析性能和实用价值的实验室必备检测手段。

原子发射光谱分析过程一般包括光谱的发生和获得及光谱的检测和分析。通常根据光谱的发生机理，即原子或离子的外层电子获得激发能方式的不同，原子发射光谱分析法主要分为等离子体原子发射光谱法、火花电弧原子发射光谱法、激光光谱法、辉光光谱法等。

电感耦合等离子体原子发射光谱的本质依然是原子发射光谱，一个激发光源使样品中的元素被加热至气态产生自由原子，原子核外电子吸收能量并被激发至高能态（暂稳态），激发了的电子从高能态返回低能态时发射出各自的特征光谱，发射出的光谱被分光成不同波长的谱线，不同波长的谱线强度被定量测定并与标样谱线强度比较，给出样品中元素的含量。其中，根据各自的特征谱线判断出待测物中有哪些元素，这是定性分析；某元素含量多少与特征谱线的强度大小呈线性关系，光谱定量分析的基本公式——罗马金-赛伯公式 $I = ac^b$ ，这就是它的定量分析原理。

电感耦合等离子体原子发射光谱仪与其他发射光谱仪的区别主要是光源。等离子体目前泛指电离的气体，但光谱分析常说的等离子体是指电离度较高的气体，其电离度约在0.1%以上。电感耦合等离子体（ICP）是指用电感耦合的方式产生等离子体。ICP 的形成就是工作气体的电离过程。高频电流通过电感线圈时，其周围空气中产生交变磁场，这种交变磁场使空间电离，但它仍是非导体，炬管内虽有交变磁场却不能形成等离子体。如果在管口用探漏仪等方式打几个火花，使少量氩气电离，产生电子和离子的“种子”，使其在相反的方向上加速并在炬管内沿闭合回路流动，形成涡流。这时电子和离子被高频场加速后，在运动中遭受气流的阻挡就产生热，达到高温，同时发生电离，出现更多的电子和离子，从而形成等离子体炬。由于高频电流通过载体，具有趋肤效应，频率越高，等离子体的导电性越好，等离子体的加热集中在周边部位，通载气时中心部分的温度明显下降，形成等离子体中心通道。雾化后的气溶胶在中心通道中蒸发、原子化、激发。

ICP-AES 的工作原理是：ICP 光谱仪是一种以电感耦合高频等离子体为光源的原子发射光谱装置。等离子体炬管置于耦合线圈中心，内通冷却气、辅助器和载气，由高频发生器向耦合线圈提供高频能量，在炬管中产生高频电磁场，经微电火花引燃，让部分氩气电离产生电子和离子。电子在高频电磁场中获得高能量，通过碰撞把能量转移给氩原子，使之进一步电离，产生更多的电子和离子。导电气体受高频电磁场作用，形成一个与耦合线圈同心的涡流区。强大电流产生的高热把气体加热，从而形成火炬形状的可以自持的等离子体。

试样由载气带入雾化系统进行雾化，以气溶胶形式进入炬管轴向通道，在高温和惰性氩气气氛中，气溶胶微粒被充分蒸发、原子化、激发和电离。被激发的原子和离子发射出很强的原子谱线和离子谱线。分光检测系统和数据处理系统将各元素发射的特征谱线及其强度经过分析、光电转换、检测和数据处理，最后计算出各元素含量。

ICP-AES 的分析特点：（1）检出限低，一般元素检出限可达毫升亚微克级；（2）精密度好，在检出限 100 倍浓度，相对标准偏差（RSD）为 0.1%~1%；（3）基体效应低，受到分析物主成分（基体）比其他分析方法干扰少，使之较易建立分析方法；（4）动态线性范围宽，自吸收效应低，工作曲线具有较宽的线性动态范围 $10^5 \sim 10^6$；（5）多元素同时测定，测定周期表中多达 78 种元素。

原子光谱分析方法各有特点，各分析方法之间及与 ICP-MS 之间的分析性能见表 6-1。

表 6-1　ICP-MS、ICP-AES、GF-AAS、FAAS、AFS 与 XFS 分析性能的比较

方法类型		ICP-MS	ICP-AES	GF-AAS	FAAS	AFS	XFS
测试含量范围		微量、痕量、超痕量	微量、痕量	痕量、超痕量	痕量、超痕量	痕量、超痕量	主量、常量、微量
检出限		绝大部分元素非常好	绝大部分元素好	部分元素非常好	部分元素较好	部分元素非常好	不如其他光谱
可测元素种数		>75	>73	约 50	约 68	>11	约 88
分析能力		动态范围					
		10^8	10^6	10^3	10^2	10^3	10^6
精密度（RSD）/%		1~3	0.3~1	1~5	0.1~1	1~3	0.1~1
干扰情况	光（质）谱干扰	少	多	少	很少	很少	少
	化学（基体）干扰	中等	几乎没有	多	多	多	少
样品用量		少	较多	很少	多	少	较多
半定量分析		能	能	不能	不能	不能	能
是否可同时多元素测定		是	是	否	否	否	是
运行费用		高	中上	中等	低	中等	中等

6.2.3　实验装置

ICP-AES 光谱仪和其他光谱仪一样，有光源系统、分光（色散）系统、检测系统和数字处理系统，其中配套光源系统的还有供气系统和进样系统，其示意图如图 6-7 所示。

ICP 光源由高频发生器和感应线圈、炬管和供气系统、进样系统构成。

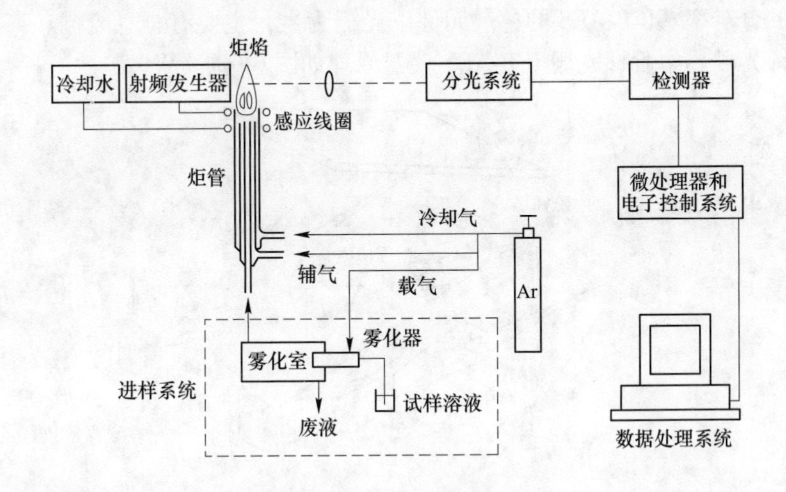

图 6-7 ICP-AES 仪器装置示意图

高频发生器是产生固有频率的高频电源。等离子炬的能量来源于高频发生器。ICP 系统中高频发生器的作用是向等离子矩管上感应线圈提供高频电源，其技术要求是：具有稳定的功率输出、长时间工作无功率漂移、对测量系统无电学干扰、功率转换效率高、频率应尽可能稳定（输送到 ICP 的功率有 0.1%的漂移，发射强度就能产生超过 1%的变化）。高频发生器的振荡频率一般为 26.12MHz 或 40.68MHz，一般认为，在 40.68MHz 下可使 ICP 容易“点火”，形成的等离子体温度较低而电子密度增加，背景连续光谱减小，信噪比高，检出限也可以得到改善；而采用 26.12MHz 则被认为可使炬焰温度较高，对难挥发、难激发元素的分析灵敏度有所提高。

炬管的结构和特性对分析性能有更大的影响，是 ICP 光谱装置的核心构件。炬管有不同的类型，其中 Fassel 型应用最广，不论何种 ICP 炬管，都是由三支同心石英管组成的，都有三个进气管，分别进三股气流：冷却气、辅助气及载气。冷却气又称为等离子体气；辅助气用以辅助等离子体的形成；载气又称为进样气或雾化气，它把试液雾化并把气溶胶送入 ICP 光源，三股气流工作气体均采用高纯氩气。一体化石英炬管如图 6-8 所示。

ICP-AES 光谱仪的进样装置按试样形状可分为液体、固体和气体三大类，每一类中都有许多不同的装置，常用的以溶液雾化进样为主。溶液进样以气溶胶形式进入 ICP 系统，要求样品先要转化成溶液，然后经雾化系统形成气溶胶，导入等离子体中进行蒸发、原子化、电离和激发。雾化系统由雾化器和雾化室组成，溶液在雾化器中形成气溶胶，在雾室中将较大的液滴从细微的液滴中分离出来，从而阻止大液滴进入等离子体中。

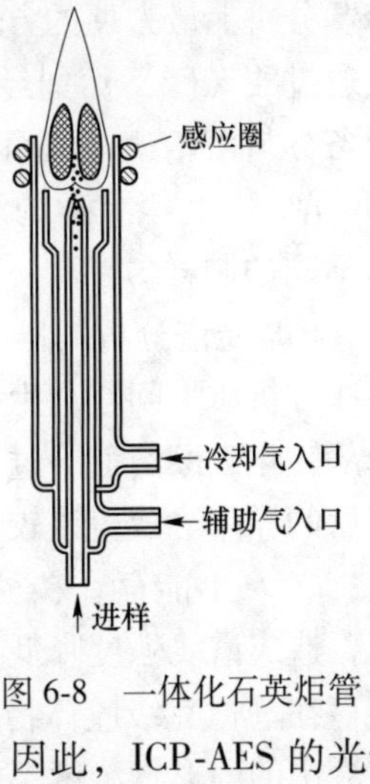

感应圈
冷却气入口
辅助气入口
进样

图 6-8 一体化石英炬管

光学系统的作用是对光源系统产生的各元素的发射光谱进行处理（整理、分离、筛选、捕捉），复合光经过光栅分离后，将各元素的特征光谱按照波长大小进行排列。ICP 光源是一种很强的激发光源，所发射的谱线有原子线和离子线，属于富线光谱。因此，ICP-AES 的光学系统要更高的分辨率。ICP-AES 的色散元件以光栅为主，主要有全息光栅、离子刻蚀全息光栅和中阶梯光栅。中阶梯光栅 ICP-AES 仪器原理如图 6-9 所示。

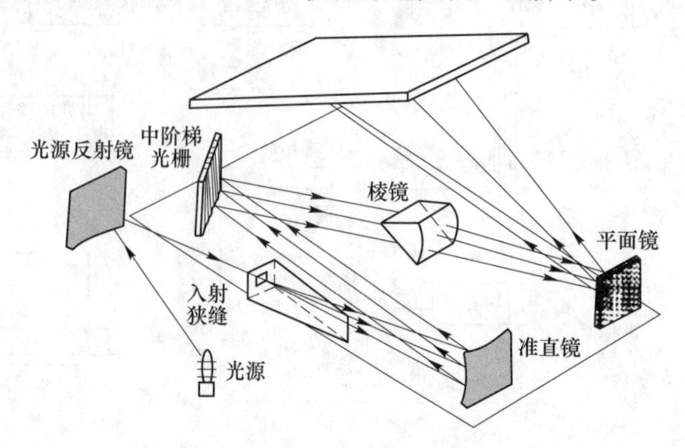

图 6-9　中阶梯光栅 ICP-AES 仪器原理示意图

检测系统是通过电子读出系统的积分板和数模转换板，将谱线的光强信号转化为电脑能够识别的数字信号，从而测量各元素的特征谱线强度值。ICP-AES 的检测元件与直读光谱仪的相同，常用的有光电倍增管（PMT）和固态检测器（如 CCD、CID 和 SCD）。

数字处理系统由信号读出系统及数据处理系统（计算机）组成。其目的是，将采集到的数字信号转化成每个元素的含量。ICP-AES 光谱仪不管是顺序型还是同时型都需要专用的计算机系统，实现自动化操作和对分析过程的自我监控，都能自动点火，自动扫描、寻峰、定位，自动扣背景、画谱图，自动进行数据处理、误差统计和质量控制等。

6.2.4　实验方法与步骤

6.2.4.1　*样品制备*

ICP-AES 分析范围广，可测量金属、非金属、有机物、矿物质等成分均匀和不均匀的样品，所以样品的处理也就复杂又重要。试样通过溶解制成溶液再进行分析，这是 ICP-AES 分析上最方便的方式。可以采用酸（碱）溶液进行直接溶解［即酸（碱）溶解法］，或通过酸（碱）熔剂经熔融分解后酸化制成溶液（即熔融法），或采用微波消解法直接制备分析溶液。分析不同的样品，如矿石原料、炉渣、合金、生物样品等，参考标准 GB/T ××××《××××的测定　电感耦合等离子体原子发射光谱法》，针对不同的试样，使用不同的制样方法。

ICP 光谱分析的样品处理是分析过程的一个重要环节，对分析测试质量有重要影响，某些分析质量问题产生在样品处理过程中。ICP 光谱分析对样品的要求有：（1）把待测物全部转化进入溶液，过程中不得损失待测物质，也不得带进待测物质引起样品的污染，消解后的样品溶液应该较长时间内是稳定的；（2）把样品转变成最佳分析状态，溶液清亮透明；（3）不能存在粒径不小于 50μm 的固形物（微米级的固形物将堵塞进样系统的雾化器，造成谱线强度降低及精密度下降，甚至无法进样）；（4）样品溶液不允许有胶体形态物存在（微克级胶体物质容易积累在雾化器口，降低进样量，影响谱线强度）；（5）样品溶液中的固形物浓度不大于 10mg/mL（较高的可溶性盐类会造成样品液黏度增加，影响进样）；（6）不能含有腐蚀进样系统的物质存在（除非光谱仪配用的是耐氟进样系统和耐氟炬管，多数进样系统是玻璃或石英制品，不能抗氢氟酸腐蚀，石英炬管中心管也易被氢氟酸腐蚀）；（7）消解后的样品水溶液不宜含显著量的有机物质，有机物在等离子体中要影响等离子体稳定性，影响温度，从而影响谱线强度及光谱背景。

6.2.4.2　使用操作

以美国利曼公司生产的 Prodigy XP 电感耦合等离子体发射光谱仪为例，简要介绍 ICP-AES 光谱仪的实验步骤。

A　预热开机及样品准备

（1）ICP-AES 开机前要充分充气，至少 4h 以上，通电预热至少 2h。确认风机、循环水机都可以正常运行。确认有足够的氩气用于连续工作，确认废液收集桶有足够的空间收集废液。

（2）样品和标准溶液都自己备好。

（3）进样系统的选择和安装：依据要分析的元素、基体和溶样酸的特性，选择相应的雾化器、雾室和蠕动泵，并安装好进样系统，夹好蠕动泵，检查炬管和气管的安装位置（样品中含氢氟酸的必须用耐氢氟酸雾化器、雾室和陶瓷中心管；盐分高于 10mg/mL 采用高盐雾化器，用于油品分析时采用专用进样器；炬管中心管也根据样品是水相、有机相、高盐溶液选择对应的尺寸；蠕动泵管有两种，测水溶性样品用聚乙烯管，测低极性溶剂用维托橡胶管）。

（4）打开氩气钢瓶，调整二次压力至 0.55~0.60MPa；打开稳压电源，打开排风设备和循环水泵。

B　样品测量

打开主机，进入软件。

（1）建立方法：1）方法命名；2）选择测量元素和波长；3）输入标准曲线浓度；4）设置分析参数。

（2）点燃并定位等离子体。在样品分析测量前，必须确认并校准等离子体的观测位置。选择使用 Mn256.610nm 线，用于等离子体观测位置的校准。观测位置的校准，目的是确定光源反射镜的最佳位置，使观测光进入狭缝，并达到最佳光通量。

（3）标准曲线测量。

（4）样品分析。

（5）保存实验数据。

C　关机

（1）测定完毕，先熄灭等离子体炬，然后用蒸馏水喷 5min，冲洗雾化系统后，再关雾化器。

（2）待高频发生器充分冷却后（5~15min）关掉预热电源。

（3）松开蠕动泵管，关掉风机、循环水系统电源，关掉气体总气阀。

（4）退出仪器软件运行系统，关计算机，关掉仪器及总电源。

6.2.5　实验分析与讨论

（1）充分了解自己的样品，确认分析方法适合标准曲线法，还是内标法或者标准加入法。

（2）ICP-AES 的干扰是极其复杂的，对于谱线复杂的光谱干扰，要在分析之前根据自己的样品选择合适的分析线、合适的 ICP 炬焰观测高度，稀释样品浓度，以及利用仪器内存的干扰系数校正等方法减少光谱干扰；对于非光谱干扰，一般采用严格控制样品酸度。结合实验结果分析自己的样品，分析自己样品可能存在的干扰，怎么减少干扰。

（3）在实际工作中，通常用标准物质或标准方法进行对照试验，在无标准物质或标准方法时，常用加入被测组分的纯物质进行回收试验来估计与评定准确度。

（4）比较直读光谱仪与电感耦合等离子体发射光谱仪之间的区别。

6.2.6　注意事项

开机测定前，必须做好安排，事先标好各项准备工作，切忌在同一段时间里开开停停，仪器频繁开启容易造成损坏，这是因为仪器在每次开启的时候，瞬时电流大大高于运行正常时的电流，瞬时的脉冲冲击，容易造成功率管灯丝断丝、碰极短路及过早老化等，因此使用中需要倍加注意，一旦开机就一气呵成，把要做的事做完，不要中途关停机。

6.3　原子吸收光谱定量分析实验

6.3.1　实验目的

（1）学习一种元素定量分析的方法。

（2）了解原子吸收光谱仪的结构和原理。

6.3.2　实验原理

原子吸收光谱分析是利用原子对光吸收（或辐射）特性进行分析测定的技术，它是最广泛应用于元素分析的技术之一，在工业生产控制、产品质量检测、食品安全和环境保护检测以及材料科学、生命科学研究等领域应用广泛。

原子吸收光谱法按所用的原子化方法不同分为：

（1）火焰原子吸收光谱法（FAAS），以化学火焰为原子化器。

（2）石墨炉原子吸收光谱法（GF-AAS），以电热石墨炉为原子化器。

（3）石英炉原子吸收光谱法，以石英炉为原子化器，在较低温度下原子化，因此又称低温原子吸收光谱法，包括汞蒸气原子化法、氢化物原子化法和挥发物原子化法。

原子吸收光谱仪可测定多种元素，火焰原子吸收光谱法可测到 10^{-9} g/mL 数量级，石墨炉原子吸收法可测到 10^{-13} g/mL 数量级。其氢化物发生器可对 8 种挥发性元素汞、砷、铅、硒、锡、碲、锑、锗等进行微痕量测定。

因原子吸收光谱仪的灵敏、准确、简便等特点，现已广泛用于冶金、地质、采矿、石油、轻工、农业、医药、卫生、食品及环境监测等方面的常量及微痕量元素分析。

6.3.2.1　原子吸收光谱分析原理

原子吸收光谱（atomic absorption spectrometry，AAS）又称原子吸收分光光度（法）（atomic absorption spectrophotometry，AAS），它是基于从光源辐射出待测元素的特征光谱在通过样品的蒸气时，被蒸气中待测元素的基态原子所吸收，由辐射光强度减弱的程度，可以求出样品中待测元素的含量，如图 6-10 所示。

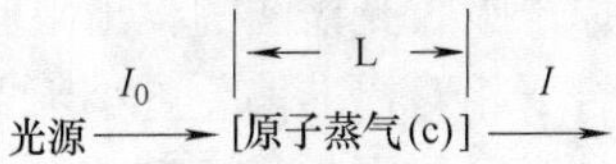

图 6-10 原子吸收基本原理示意图

当有辐射通过自由原子蒸气，且入射辐射的频率等于原子中的电子由基态跃迁到较高能态（一般情况下都是第一激发态）所需要的能量频率时，原子就要从辐射场中吸收能量，产生共振吸收，电子由基态跃迁到激发态，同时伴随着原子吸收光谱的产生。

由于原子能级是量子化的，因此在所有的情况下，原子对辐射的吸收都是有选择性的。由于各元素的原子结构和外层电子的排布不同，元素从基态跃迁至第一激发态时吸收的能量不同，因而各元素的共振吸收线具有不同的特征。

$$\Delta E = E_1 - E_0 = h\nu = h\frac{c}{\lambda} \tag{6-3}$$

原子吸收光谱位于光谱的紫外区和可见区。

原子吸收光谱是原子发射光谱的逆过程。基态原子只能吸收频率为 $\nu = (E_2 - E_1)/h$ 的光，跃迁到高能态 E_2，因此，原子吸收光线的谱线也取决于元素的原子结构，每一种元素有其特征的吸收光谱线。

从宏观上来说，原子吸收光谱分析和其他的吸收光谱仪器一样，在测量中服从朗伯-比尔定律（Lambert's law and Bee's law），用以下公式来表示

$$\lg(1/T) = \lg(I_0/I_T) = abc \tag{6-4}$$

$$\lg(1/T) = \lg(I_0/I_T) = A \tag{6-5}$$

式中 A——测得的吸光度；

T——光经过吸收池的透光率；

I_0——通过吸收池的初始强光度；

I_T——透过吸收池，未被吸收的强光度；

a——与吸收系数有关的常数；

b——吸收池长度；

c——被测元素的原子在吸收池中的浓度。

在原子吸收光谱分析中，吸收池（燃烧器缝或石墨管）的长度是一定的，被测元素的特定分析谱线的吸收系数也是一定的，因而仪器测得的吸光度就与吸收池（也就是原子化器）中的目标元素原子的密度成正比例关系。

当实验条件一定时，各有关参数为常数，式（6-4）和式（6-5）可简化为

$$A = kc \tag{6-6}$$

原子光谱中的原子发射光谱和原子吸收光谱，它们是原子的外层电子在原子内能级之间跃迁产生的线状光谱，反映了原子或离子的性质，与原子或离子的来源无关。因此，原子光谱只能用于确定物质的元素组成与含量，不能给出与物质分子有关的信息。

原子吸收光谱分析本质上是一种微量元素或者痕量元素的测定技术，它基本上不适用于样品中百分之几到百分之几十数量级的主量元素的精确测定，最适宜的测量范围在 0.001%~5%。

原子吸收光谱法的分析特点是：

（1）灵敏度高，检出限低，分析精度好。火焰原子吸收光谱法的检出限达 10^{-9}g，石

墨炉原子吸收光谱法的检出限已达到10^{-10}~10^{-14}元素物质。火焰原子吸收法测定，在大多数场合下相对标准偏差可小于1%，其准确度已接近经典化学方法。石墨炉原子吸收法的分析精度一般为3%~5%。

（2）选择性好，谱线干扰少。原子吸收信号检测是专一性的。采用特定的锐线光源（HCL或EDL）谱线宽度仅为0.03nm，个别仪器可达到0.002nm，光源辐射的光谱较纯，样品溶液中被测元素的共振线波长处不易产生背景发射干扰。由于原子吸收线比原子发射线少得多，因此AAS法的光谱干扰少。主要干扰来自化学干扰和基体干扰。

（3）应用范围广，仪器比较简单，操作方便。可测定周期表中大多数的金属与非金属元素近70种。

缺点是：使用锐线光源时，多数场合只能进行单元素的测定；测定高温元素不如等离子体发射光谱；测定基体复杂样品中的微量元素时易受主要成分干扰。

6.3.2.2　原子吸收光谱分析的主要测量方法及选择

（1）标准（工作）曲线法：标准曲线法是原子吸收光谱法最常用的方法，根据被测元素的灵敏度及其在样品中的含量来配制标准溶液系列，测出标准系列的吸光度，据此绘制出吸光度与浓度关系的校准曲线。测得样品溶液的吸光度后，在校准曲线上可查出样品溶液中被测元素的浓度。

（2）标准加入法：当样品中基体不明或基体浓度很高、变化大，很难配制相类似的标准溶液时，使用标准加入法较好。

（3）内标法：当试样有复杂的集体组成或有化学干扰，标样与试样在黏度、表面张力、密度等方面有较大差别时，标准曲线法存在较大误差，在标准溶液和被测样品中分别加入第三元素——内标元素，测定分析线和内标线的吸光度比，并以吸光度之比值对被测元素含量或浓度绘制校正曲线，提高精密度。但此法受测试仪器的限值，必须使用双道原子吸收分光光度计。

（4）内插法：内插法也称双标准比较法。此方法简便快速，还可以提高测定高含量待测元素的准确度。这种方法只需要两个标准点即可，但前提是标准曲线必须是直线。

（5）原子吸收光谱间接分析法：原子吸收光谱间接分析法是指被测元素或组分本身并不直接被测定或不能直接被测定，利用它与可方便测定的元素发生化学反应，然后测定反应产物中或未反应的过量的可方便测定的元素含量。

6.3.3　实验装置

原子吸收光谱仪可分为五个部分：光源系统、原子化系统、分光系统（单色器）、检测与控制系统和数据处理系统。随机附件有冷却系统装置、自动化进样系统装置、背景校正系统、稳压电源、氢化物发生装置及空气压缩机。

光源发射出待测元素特征谱线，被原子化器中待测元素原子核外层电子吸收后，经光学系统的单色器，将特征谱线与原子化器在原子化过程中产生的复合光谱色散分离后，检测系统将特征谱线强度信号转换成电信号，通过模/数转换器转换成数字信号；计算机光谱工作站对数字信号进行采集、处理与显示，并对分光光度计各系统进行自动控制。根据光学系统原子吸收光谱仪可分为单光束原子吸收光谱仪和双光束原子吸收光谱仪，如图6-11所示。

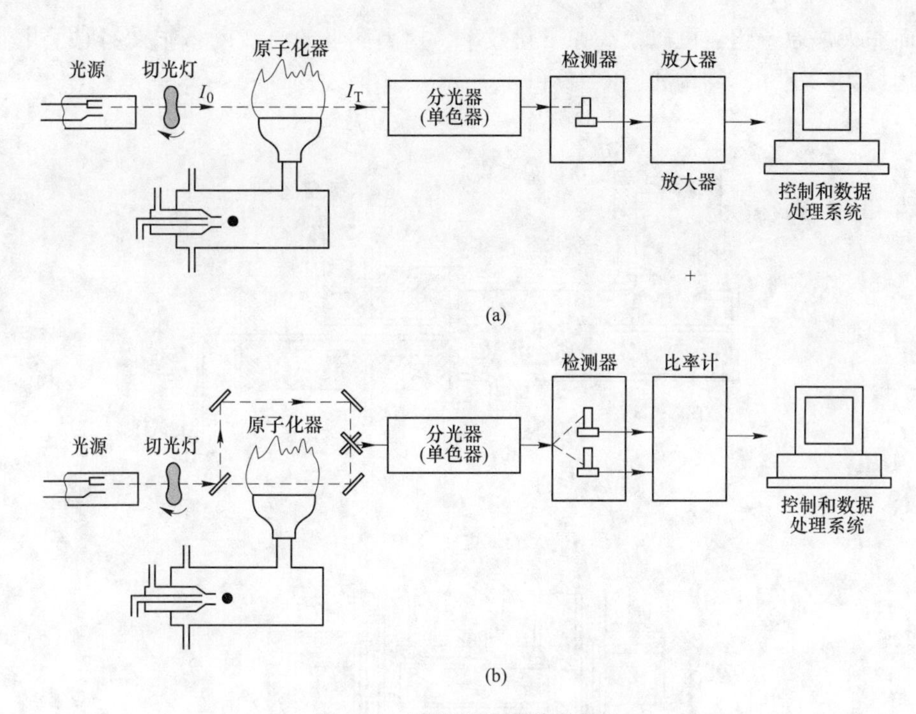

图 6-11　原子吸收光谱示意图

（a）单光束仪器；（b）双光束仪器

原子吸收光谱仪使用的光源有锐线光源和连续光源两种。

锐线光源的性能要求有：（1）足够的强度；（2）发射谱线宽度小；（3）光谱纯度高、背景低，共振线两侧背景应小于1%；（4）稳定性好，30min 内漂移小于1%；（5）寿命应在 5000mA · h，操作和维护方便；（6）结构牢固。锐线光源通常有空心阴极灯（HCL）和无极放电灯（EDL）两种。空心阴极灯是由玻璃管制成的封闭着低压气体的放电管，主要由一个阳极和一个空心阴极组成，其发射的光谱主要是阴极元素的光谱，若阴极物质只含一种元素，则制成的是单元素灯；若阴极物质含多种元素，则可制成多元素灯，多元素灯的发光强度一般较单元素灯弱。无极放电灯是一个装有数毫克待测元素或挥发性盐类的石英管，并抽真空充惰性气体，再置于高频发生器线圈中，常用于砷、锑等元素，其强度比空心阴极灯大几个数量级，没有自吸，谱线更纯。目前有 Perkin-Elmer 公司生产 As、Sb、Bi、Cd、Hg、Se、Te 和个别稀土元素灯。

连续光源可采用特制的高聚焦短弧氙灯。采用一个连续光源即可取代所有空心阴极灯，一只氙灯即可满足全波长（189~900nm）所有元素的原子吸收测定需求，并可以选择任何一条谱线进行分析。它能同时顺序快速分析 10~20 个元素，线性范围和动态范围宽，检出限优于锐线光源 AAS。氙灯作连续光源，对于测定波长大于 400nm 元素具有优势，小于 400nm 往往比 HCL 略差。

原子化器的功能是提供能量，使样品干燥、蒸发和原子化，产生被测元素基态原子。在原子吸收分析光谱中，试样中被测元素的原子化是整个分析过程的关键环节。实现原子化的设备有火焰原子化器、电热原子化器、氢化物发生-原子化器、冷蒸气发生原子化器、阴极溅射原子化器等，其中火焰原子化器是应用最广泛的原子化器，其结构如图 6-12（a）

所示；而非火焰原子化器可以提高原子化效率，提高测量的灵敏度，非火焰原子化器中石墨炉应用最为广泛，其结构如图 6-12（b）所示。

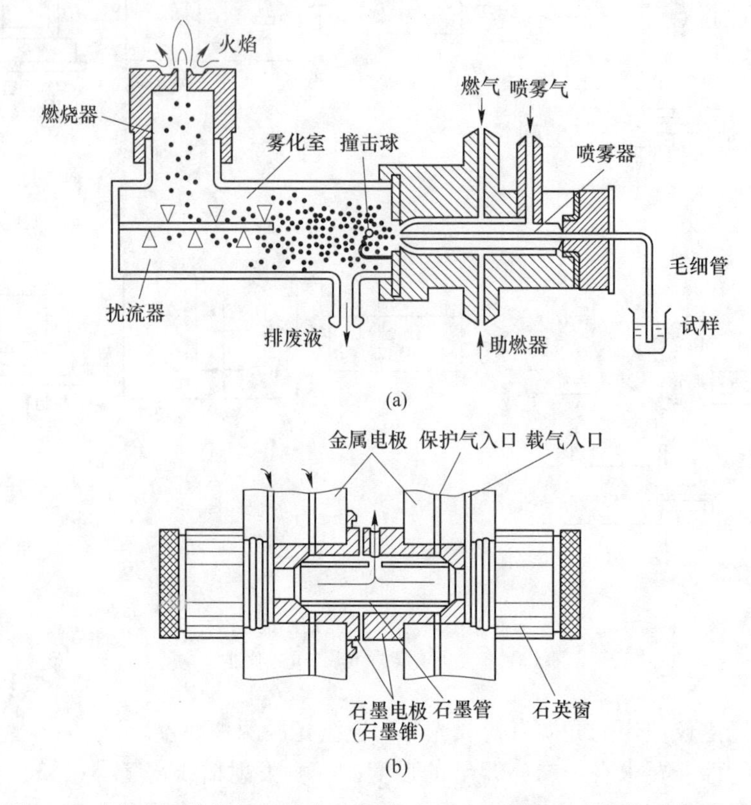

图 6-12 火焰原子化器组成结构示意图（a）和石墨炉组成结构示意图（b）

分光系统的作用是分出被测元素谱线。作为单色器的重要指标，光谱宽带是由入射狭缝、出射狭缝的宽度及分光元件的色散率确定的，更小的光谱宽带可更有效地滤除杂散辐射。原子吸收常用的光谱宽带有 0.1nm、0.2nm、0.4nm、1.0nm 等。中阶梯光栅单色器的应用越来越广泛，在高级次光谱区工作，分辨率可达 0.002nm，结构小巧。

检测系统的作用是完成光电信号的转换，即将光信号转换成电信号。常用的检测器有光电倍增管和固态检测器两种。光电倍增管（PMT）是一种多极的真空光电管，内部有电子倍增机构，内增益极高，可逐级放大来完成光电转换，是目前灵敏度最高、响应速度最快的一种光电检测器，广泛应用于各种光谱仪器上。常用的固态检测器有电荷耦合器件（CCD）、电荷注入器件（CID）、二极管阵列检测器（PDA）等几种。美国 Perkin-Elmer 公司在原子吸收光谱仪上使用了面阵 CCD，与中阶梯光栅单色器结合，实现了多元素同时测量。

数字处理系统由信号读出系统及数据处理系统（计算机）组成。其目的是将采集到的数字信号转化成元素含量。

6.3.4 实验方法与步骤

6.3.4.1 样品制备

原子吸收光谱分析可直接分析固体试样（石墨炉法），但目前仍较多地用于液体试样分析，尤其是火焰原子吸收光谱法更是如此。因此，试样的溶（融）解和稀释是必不可少的重要环节，而且要求样品处理中被测组分不损失、不被污染，全部转化为适宜测定的形式。待测分析样品的要求是：（1）粉末状样品，颗粒应在150~200目，一般需在105℃烘干后置于干燥器冷却后使用；（2）块状或切屑状大小应在2mm×3mm左右；（3）有机固体大小应在0.5~5mm^2；（4）液体应为非浑浊体系或黏度小、澄清液。

6.3.4.2 使用操作

不同的生产厂家和不同型号的设备操作步骤不尽相同，但是大体的操作步骤和流程是相类似的。空气-乙炔火焰是首选的原子吸收光谱分析技术，只有用这种技术不能满足测定要求时才进行其他可能的尝试，所以选火焰原子吸收光谱仪介绍操作步骤。下面以德国耶拿分析仪器股份公司生产的AAS novAA400原子吸收光谱仪为例，介绍空气-乙炔火焰型原子吸收光谱仪的实验步骤。

A 预热开机及样品准备

打开乙炔气瓶，调节出口压力为0.1~0.15MPa。打开空气压缩机，调节出口压力为0.5MPa左右。打开主机电源，打开计算机电源。

B 样品测量

（1）待仪器自检完毕后进入应用软件。在灯座相应位置安装元素空心阴极灯，在软件中选择空心阴极灯所对应的元素。

（2）选择待测元素，在参数界面内可以根据样品选择或改变元素分析线、灯的激活和预热状态、狭缝宽度、灯电流等信息，也可以使用默认参数。

（3）检测空气和燃气流量与压力，一切正常，点燃火焰。

（4）点燃火焰后，用空白液校零（AZ），用标准溶液调节燃烧头-雾化系统的最佳雾化效率，调节雾化器及撞击球的位置，使吸光度值达最大值。

（5）标样测量-制作标准曲线：选择标准校正模式（Standard calibration），依次设置相应参数有校正模式（Standard mode）、条件设定（Conditions）、数学统计（Statistics）、标样浓度输入（Conc. Input）、标样运行表格（Table）、曲线参数（Curve parameters），全都设置完毕后，开始标样的测量。

根据测量的提示信息，将吸样管放入清洗液中进行自动校零；将吸样管放入空白溶液中进行空白测量；空白测量完毕之后将吸样管放入标样1，进行标样1测量；根据提示测量完所有的标样。当所有的标样测量完毕时，查看标准曲线的相关系数：如果$R_2 \geqslant 0.995$，标准曲线良好，可以进入待测样品测量。否则，需删除某个点或另配标样，重新测量不准确的标样。

（6）样品测量：进入样品测量界面，在测量样品之前，用空白溶液校零，设定要测量的待测样品各个参数，样品浓度输出（Conc. output）、样品名称输入（ID sample）、数学统计（Statistics），然后依次测量。

（7）保存测试结果。

C 关机

熄灭火焰，退出AAS操作软件系统，关闭主机电源，关闭计算机电源，关闭乙炔气瓶总阀，断开空气压缩机电源（将空气压缩机中的空气放掉），关闭电源总开关。

6.3.5　实验分析与讨论

（1）确定有效数字和计算规则，做好可疑数据的取舍。

（2）分析结果准确度的检验，验证自己样品的测试结果。常用的检验方法有三种，但是这些方法只能指示误差的存在，不能证明没有误差。1）平行测定；2）用标样对照，在一批分析样中同时带一个标准样品，但分析试样的成分应与标样接近，否则不能说明问题；3）用不同的分析方法对照，这是比较可靠的检验方法。

（3）比较原子吸收光谱仪与原子发射光谱仪之间的区别。

（4）比较火焰原子吸收光谱法与石墨炉原子吸收光谱法的异同。

（5）结合实验结果分析自己的样品，确定最适合自己样品分析的方法。

6.3.6　注意事项

在使用仪器的过程中，最重要的是注意安全，避免发生人身、设备事故。同时，严格按照仪器操作规程操作。如在做火焰分析时，万一发生回火，应立即关闭燃气，以免引起爆炸，确保人身和财产的安全。然后再将仪器开关、调节装置恢复到启动前的状态，待查明回火原因并采取相应措施后再继续使用。在做石墨炉分析时，如遇到突然停水，应迅速切断主电源，以免烧坏石墨炉。仪器工作时，如果遇到突然停电，此时如正在做火焰分析，则应迅速关闭燃气；若正在做石墨炉分析，则迅速切断主机电源；然后将仪器各部分的控制机构恢复到停机状态，待通电后再按仪器的操作程序重新开启。

6.4　原子荧光光谱分析实验

6.4.1　实验目的

（1）学习一种痕量和超痕量元素的分析方法。

（2）了解原子荧光光谱法的基本原理和用途。

6.4.2　实验原理

原子荧光光谱法（atomic fluorescence spectrometry，AFS）是基于蒸气相中待测元素的基态原子吸收光源辐射之后，再激发出具有荧光的特征谱线，其吸收和再激发的辐射波长可以相同（共振荧光），也可以不同（非共振荧光），根据特征谱线辐射的强度来确定该元素含量的一种光谱分析方法。

蒸气发生-原子荧光光谱法（VG-AFS）是原子荧光光谱法中的一个重要分支，也是目前最具有实用价值的原子荧光光谱分析方法，蒸气发生-原子荧光光谱仪是唯一形成商品化的仪器。VG-AFS 可测定 As、Sb、Bi、Cd、Ge、Hg、Pb、Se、Sn、Te 和 Zn 11 种元素，具有灵敏度高、重现性好、物理和化学干扰少、线性范围宽和多元素同时测定等优点，是一种性能优良的痕量和超痕量元素的分析方法，已广泛应用于环境监测、食品卫生、药品检验、城市给排水、材料科学、地质、冶金、化工和农业等领域。

6.4.2.1　原子荧光光谱法的基本原理

原子荧光光谱法（AFS）是在原子发射光谱法（AES）和原子吸收光谱法（AAS）的

基础上发展起来的一种新的原子光谱分析方法。原子荧光是激发态的原子以光辐射的形式放出能量的过程。一般情况下气态自由原子处于基态，当吸收外部光源一定频率的辐射能量后，原子的外层电子由基态跃迁至高能态即为激发态，处于激发态的电子很不稳定，在很短的时间（约 10^{-8}s）内即自发地释放能量返回到基态，同时以辐射的形式释放出能量，所发射出的特征光谱即为原子荧光光谱。因此，原子荧光的产生既有原子的光吸收过程，又有原子的光发射过程，它是两种过程综合的结果。原子荧光是基于激发光源照射作用，基态原子受激发光，当激发光源停止照射后，再发射过程立即停止。它属于冷激发，因此也可称之为光致发光或二次发光。

原子荧光光谱是由光辐射激发的原子发射光谱，当基态原子吸收光源发射出的特征波长辐射后被激发，接着辐射去活化而发射出荧光。荧光线的波长和激发线的波长可以相同，也可以不同。有可能比激发线波长要长，但比激发线波长短的情况很少。原子荧光的类型有十几种之多，但是实际应用在分析上的主要有共振荧光和非共振荧光两种基本类型，如图 6-13 所示。

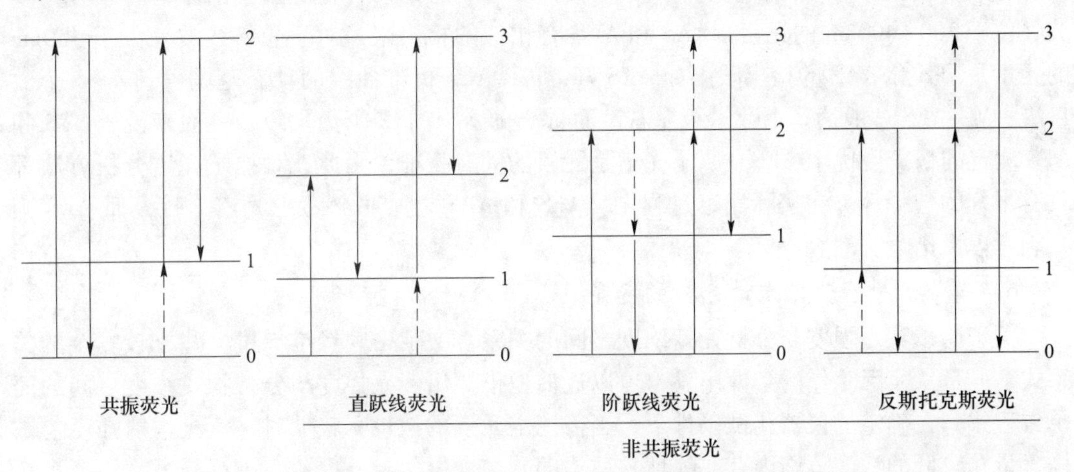

图 6-13　共振荧光与非共振荧光光谱的类型

在原子荧光光谱分析中，共振荧光是最灵敏的谱线，也是最重要的测量谱线，其应用最为普遍。但是当采用有色散光学系统和高强度的激发光源（如激光光源）时，所有的非共振荧光线，特别是直跃荧光线也是很有用的。在实际分析应用中，非共振荧光比共振荧光更具有优越性，因为此时激发光波长与荧光波长不同，可以通过色散系统分离激发谱线，从而达到消除严重的散射光干扰的目的。另外，通过测量那些低能级不是基态的非共振荧光光谱线，还可以克服自吸效应所带来的影响。

处于激发态的原子寿命是十分短暂的，当它以高能级跃迁到低能级时原子将发射出荧光。但是除上述过程外，处于激发态的原子也有可能在原子化器中与其他分子、原子或电子发生非弹性碰撞而丧失其能量，以无辐射跃迁返回至低能态，在这种情况下荧光将减弱或完全不产生。这种现象称为荧光猝灭。

为了衡量原子在吸收光能后究竟有多少转变为荧光，即荧光猝灭的程度，提出了荧光量子效率（φ）的概念，其定义为

$$\varphi = \varphi_F/\varphi_A \tag{6-7}$$

式中　φ_F——单位时间发射的荧光光子能量；

　　　φ_A——单位时间吸收激发光源的光子能量。

当荧光量子效率 φ 等于 1 时，原子荧光强度最大。但是，荧光量子效率一般总是小于 1。

荧光猝灭会使荧光量子效率降低，荧光强度减弱，将严重影响原子荧光光谱分析，所以，应减少原子蒸气中的未原子化的分子或其他微粒，以提高原子化效率。

原子荧光光谱法与通常所说的荧光分析法比较，其主要的区别是：荧光分析法是测量基态分子受激发而产生的分子荧光，可用于测定样品中的分子含量；而原子荧光光谱法是测量样品中基态原子受激发后产生的原子荧光，故用于测定样品中的原子含量。

原子发射光或吸收光是因为原子核外电子在不同能量状态运动，跃迁时释放或吸收能量（或波长），一般的波长范围在可见和紫外光波段（190~850nm），研究这一范围的原子特征光谱属于原子光谱，其实质均为核外电子跃迁。

一般来说，VG-AFS 对于分析线波长小于 300nm 的元素有更低的检出限；对于分析线波长位于 300~400nm 的元素，AAS 和 AES 有相似的检出限；对于分析线波长大于 400nm 的元素，AFS 和 AAS 的检出限不如 AES 好；ICP-AES 标准曲线的动态范围可达 4~5 个数量级，VG-AFS 一般达 3 个数量级左右，而 AAS 通常小于 2 个数量级；一般来说，AAS 和 AFS 测定的精密度优于 AES。原子光谱是元素的固有特征，因此三种原子光谱分析方法都具有很好的选择性。在实际测定过程中，AFS 和 AAS 通常不必考虑光谱干扰，而 AES 则必须考虑光谱干扰。

6.4.2.2　原子荧光光谱分析的定量关系

关于原子荧光强度与分析元素浓度之间的关系，文献中曾经推导过一些比较复杂的关系式，但是从实际工作的条件出发，可以近似地推导出荧光强度与分析物质浓度之间的简单方程式。在确定的仪器测试条件下，当待测定元素的浓度 c 较低时，荧光辐射强度与试样含量在较低的浓度范围内存在线性关系，即

$$I = ac \tag{6-8}$$

式中　a——常数。

因此，原子荧光光谱法是一种痕量元素分析方法。

6.4.2.3　蒸气发生-非色散原子荧光光谱分析法

蒸气发生-非色散原子荧光光谱法（VG-AFS）是将蒸气发生法与非色散原子荧光光谱仪相结合的联用分析技术。它是原子荧光光谱分析法中的一个重要分支，现已成为常规的原子光谱法中测定痕量或超痕量元素的分析方法之一。

蒸气发生-原子荧光光谱法的基本原理是：利用蒸气发生技术使还原剂（KBH_4 或 $NaBH_4$）与酸性样品溶液产生化学反应，将生成的共价氢化物元素 As、Sb、Bi、Se、Te、Pb、Sn、Ge、蒸气态 Hg 原子、挥发性化合物元素 Zn 和 Cd，以及产生的氢气由载气（Ar）导入原子荧光光谱仪的低温石英炉原子化器形成的氩氢火焰中原子化，由氩氢火焰离解成被测元素的原子，受到激发光源特征光谱照射后，受激发至高能态而后去激发回到基态时辐射出原子荧光。这些不同波长的原子荧光信号，通过光电倍增管被转换为电信号，检测出被测样品中元素的含量。

蒸气发生-原子荧光光谱法的可测元素的应用范围，由蒸气发生法和非色散原子荧光光谱仪中两个条件所限定：

(1) 蒸气发生法中的待测元素必须能够生成气态共价氢化物或挥发性化合物，且生成物的稳定性必须满足导入原子化器，且能在原子化器中原子化。

(2) 采用非色散原子荧光光谱仪进行检测的要求是，被测元素产生的荧光谱线必须落在日盲光电倍增管检测器的紫外波段（190~310nm）范围内。

根据氢化物的物理性质，ⅠA、ⅡA 族元素生成离子型氢化物，沸点高、无挥发性、生成热为负值、难以分解；而ⅦA 族元素虽能生成低沸点的挥发性共价氢化物，但其氢化物生成热为负值、较为稳定，难以被氩氢火焰原子化，所以不能用于蒸气发生-原子荧光光谱法的检测。

周期表中ⅣA、ⅤA、ⅥA 族较多元素 As、Sb、Bi、Se、Te、Pb、Sn、Ge 可以生成挥发性共价氢化物，这些氢化物的生成热为正值，非常适用由载气（Ar）将其导入低温石英炉原子化器氩氢火焰中原子化；ⅡB 族的 Hg 能生成气态汞原子，Zn、Cd 能生成气态挥发性化合物，这些元素产生的荧光谱线都落在非色散原子荧光光谱仪检测器的紫外波段内。因此，上述元素非常适合于蒸气发生-原子荧光光谱法的测量。Hg 和 Cd 也可采用低温蒸气（无火焰）原子荧光光谱法进行测定，可获得很高的分析灵敏度。

6.4.3 实验装置

鉴于蒸气发生-原子荧光光谱仪是目前唯一商品化的荧光光谱仪，设备就以此为例，进行介绍。

蒸气发生-原子荧光光谱仪的基本结构由激发光源、原子化器、蒸气发生系统、光学系统、检测系统及工作软件等部分组成，如果是全自动仪器则可增加一个自动进样器。由于当前国内外生产的蒸气发生-原子荧光光谱商品仪器，都是采用的非色散系统原子荧光光谱仪，因此，在本章节中重点简要介绍有关蒸气发生-非色散原子荧光光谱仪器中主要部件的结构及原理，如图 6-14 所示。

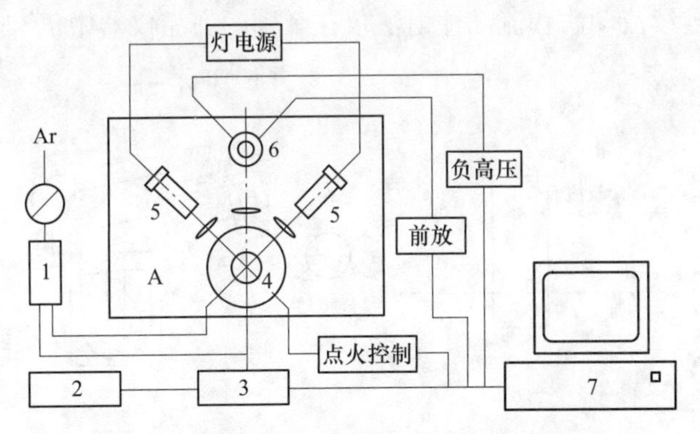

图 6-14 氢化物发生原子荧光光谱仪原理图

1—气路系统；2—自动进样器；3—氢化物发生系统；4—原子化器；
5—激发光源；6—光电倍增管；7—数据处理系统；A—光学系统

激发光源是原子荧光光谱仪的重要组成部分，在原子荧光光谱分析的发展过程中一直是一个重要的研究课题。原子荧光光谱分析本质上是一种光激发光谱技术。在一定条件下，原子荧光强度与激发光源的发射强度成正比。因此，一个比较理想的激发光源应当具备下列条件：(1) 发射谱线强度高，无自吸现象；(2) 具有良好的长时间的稳定性，噪声小；(3) 发射的谱线窄，且纯度高；(4) 预热时间短，使用寿命长；(5) 能适用于大多数元素分析同类型商品化的元素灯；(6) 操作简便，不需要复杂的电源；(7) 光源及电源的成本低。国外曾相继研制成功的有金属蒸气放电灯、无极放电灯、空心阴极灯、高强度空心阴极灯、ICP 和激光等多种激发光源。我国在蒸气发生-原子荧光光谱商品仪器的发展过程中主要用无极放电灯、空心阴极灯、高强度空心阴极灯。

原子化器的作用是将样品中被分析元素转化为基态原子，是原子荧光光谱仪器中的关键部件，它是直接影响仪器的分析灵敏度的重要因素。为此了解原子化器的结构和性能，对使用好仪器十分重要。原子荧光发展过程中曾使用过火焰和无火焰两类原子化器。火焰原子化器是原子吸收光谱仪中最通用的一种原子化器，在早期原子荧光光谱仪也是首选的原子化器。这类原子化器的优点是结构简单、操作方便。其缺点是用于原子荧光光谱分析中易产生荧光猝灭现象，必须采用大流量的氮气进行屏蔽；对于某些元素的原子化效率较低，且火焰发射背景很高；特别是因试样被大量的气体所稀释，难以获得较好的检出限。

蒸气发生反应系统由进样装置和气液分离器两部分组成。自从硼氢化钾（钠）-酸反应体系应用于氢化物发生以来，直接传输方法——蒸气发生反应的气态氢化物、挥发性化合物以及产生的氢气，由载气（Ar）直接导入原子化器，得到迅速的发展和广泛的应用。一个理想的用于原子荧光的蒸气发生反应系统应具有下列特点：(1) 蒸气发生反应效率高；(2) 记忆效应小，重现性好；(3) 气液分离效果好，消耗载气量少；(4) 自动化程度高；(5) 操作简便。

在我国蒸气发生-原子荧光光谱法商品仪器的发展过程中，早期曾使用过间歇式发生法，近年来则在商品仪器中广泛应用连续流动-间歇进样法（原理图见图 6-15）、顺序注射法和注射泵进样断续流动法，这些方法都是在断续流动法的基础上发展起来的，由于采用了不同类型的进样方式和气液分离器，因此各种方法的命名也不同，但是其基本原理都是属于断续流动法，连续流动法和流动注射法仅在个别的商品仪器中仍有使用。

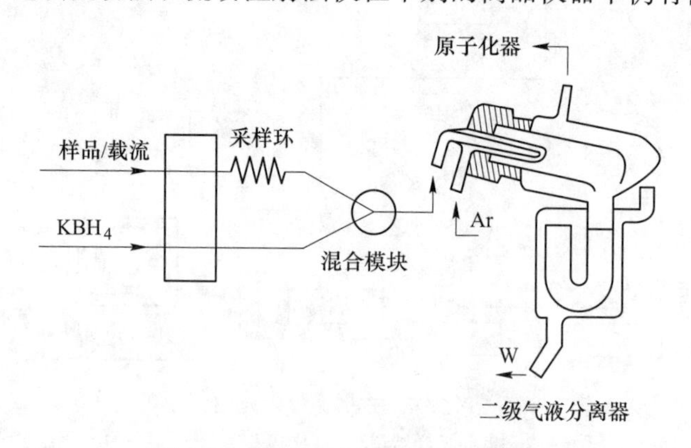

图 6-15 连续流动-间歇进样原理图

非色散原子荧光光谱仪的一个重要的特点就是可进行多元素测定。采用不同结构的光学、电路系统，可获得多道原子荧光光谱，实现多元素的测定。根据原子荧光的基本原理，非色散原子荧光光谱仪的光学系统基本要求是检测器必须从偏离入射光的方向进行检测，即在几乎无背景条件下检测荧光强度。因此，单道、双道或多道蒸气发生-原子荧光光谱仪器都必须遵循这一基本原则。

单道蒸气发生-原子荧光光谱仪光学系统的结构如下：由一个空心阴极灯发出的光束经聚光镜汇聚在石英炉原子化器的火焰中心，经激发产生的原子荧光，一般较多采用光源的入射光线以90°入射角射向光电倍增管聚光镜。以1∶1的成像关系汇聚成像在光电倍增管的阴极面上，两块透镜的焦距相同，物距=像距=60mm。

双道蒸气发生-原子荧光光谱仪光学系统的结构如图6-16所示。由两个空心阴极灯发出的光束分别经由各自的聚光镜汇聚在石英炉原子化器的火焰中心，经激发产生的原子荧光以与光源入射光线成45°射向光电倍增管聚光镜，同样以1∶1的成像关系汇聚在光电倍增管的光阴极面上，三块聚光镜的焦距相同，物距=像距=60mm，可实现两个元素同时测定。

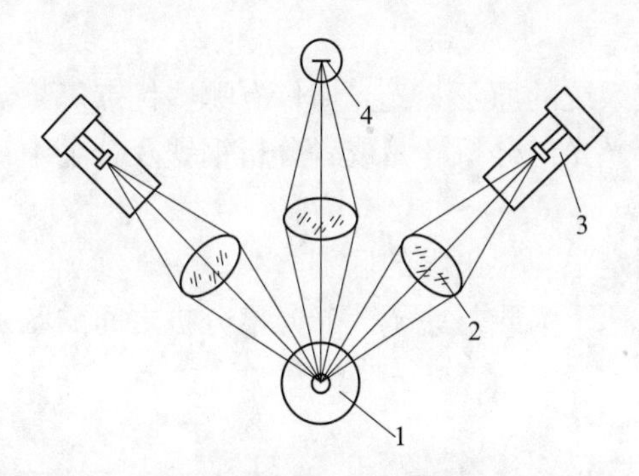

图6-16 双道蒸气发生-原子荧光光谱仪光路图

1—原子化器；2—透镜；3—空心阴极灯；4—光电倍增管

检测系统负责分析蒸气发生-原子荧光光谱仪产生的荧光信号，通过光电倍增管将光信号转变为电信号，是仪器接收系统的核心部分。该信号经过前置放大器、主放大、同步解调和积分器等系列信号接收和处理，由微机对数据进行处理和计算。荧光信号照射到光电倍增管上的光强度和光电流之间具有线性关系。

工作软件作为分析仪器中必不可少的组成部分，发挥着越来越重要的作用。如今软件已成为衡量仪器水平的重要因素之一。

6.4.4 实验方法与步骤

（1）选择测试元素，安装元素灯，开机并调整光路。

（2）打开氩气钢瓶的总开关，调节压力在0.25~0.3MPa之间。

（3）根据测定样品的含量确定标准曲线的测量范围，设定仪器各项参数，包括灯电流、负高压、载气流量、屏蔽气流量、延迟时间、积分时间等。

（4）断续流动原子荧光光谱分析的操作步骤一般可分为以下四步：

1）设置进样时间为10s，泵速为100r/min，进样时将吸样管置于样品溶液中吸入采样环中，并充满整个采样环，富余的样品量通过气液分离器作为废液排出；

2）采样结束，将吸样管转入载流液中；

3）调节泵速为100~120r/min，时间为14~18s，由载流将储存在采样环中的样品推入反应块中，与还原剂进行氢化反应生成被测元素的挥发性化合物，同时由载气（Ar）带入气液分离器中进行气液分离，再被导入石英炉原子化器中原子化，经特征光源照射后受激产生荧光，由光电倍增管转换成电信号；

4）停泵5s，在此期间将吸样管由载流中转移到下一个样品中，停泵结束自动回到1)。

如此反复进行所有样品的测定，每个样品的测定所需时间为30s左右。

（5）按照软件的操作对标准系列溶液和样品进行测定。

（6）保存相关数据。

（7）仪器使用完毕后应清洗蒸气发生反应系统管路。按顺序关闭氩气总开关、仪器主机、断续流动系统，退出操作软件，最后关闭稳压电源、通风设备和实验室电源。

6.4.5　实验分析与讨论

（1）简述采用非色散系统的原子荧光光谱仪有哪些优点。

（2）简述使用原子荧光光谱分析样品或者分析钢铁及合金中铋和砷的含量实验中可能产生的干扰和出现的误差。

（3）简述灵敏度、测定限与检出限的区别。

（4）比较原子发射、原子吸收与原子荧光光谱分析之间的区别。

6.4.6　注意事项

（1）样品处理不完全、操作过程有损失、容器污染、干扰因素未消除、样品不在工作曲线范围内，都会引起样品测试结果准确度差。

（2）尽管原子荧光光谱法具有分析灵敏度高、重现性好、干扰少等优点，但是在实际样品分析中一般会或多或少存在各种干扰，特别是测量某些较为复杂样品时。原子荧光光谱法的光谱干扰较少，非光谱干扰中的液相干扰（凝聚相干扰）相对较大。克服液相干扰的具体方法根据样品情况而定，不同样品的干扰原因不同，有干扰离子反应产生沉淀造成液相干扰，有可形成氢化物元素的相互干扰，有元素价态影响氢化物的发生速度和效率等原因，需分析样品产生干扰的原因，进行干扰消除。

6.5　X射线荧光光谱分析实验

6.5.1　实验目的

（1）熟悉X射线荧光光谱分析法的基本原理。

（2）了解X射线荧光光谱仪的构造。

（3）掌握X射线荧光光谱分析常用样品的制备方法。

（4）学习X射线荧光光谱对材料定性、定量分析的实验方法。

6.5.2　实验原理

X射线荧光光谱分析（XRF）可在数分钟内对30多种元素进行定量分析（多通道仪器），或者在数分钟内对样品进行从$^{4}Be\sim{}^{92}U$的所有元素定性定量分析。X射线荧光光谱法具有快速、原位、无损分析的特点，使其在科学研究和工业生产中得到广泛应用，在生态与环境样品分析、生物样品分析、冶金和材料分析、考古样品分析、刑侦分析、大气飘尘分析、活体分析等方面都有应用。随着电子计算机的发展，无标定量分析的基本参数法（FP法）在X射线荧光光谱分析中也得以实用化。

利用样品中原子或离子发射的特征光谱或原子吸收的特征光谱谱线的波长和强度，来检测样品中元素的存在及其含量的方法，一般称作原子光谱化学分析，简称光谱分析。按照上述原子光谱分析的定义，其内容除包括光学光谱区，即原子发射、原子吸收和原子荧光光谱区内的原子光谱分析外，还包括X射线光谱区内的原子光谱分析。原子光谱分为原子发射光谱和原子吸收光谱两大类，原子荧光光谱分析和X射线荧光光谱分析归属于原子发射光谱分析一类。

当一束能量足够高的入射X射线照射物质的组成原子后，原子的内层电子将被激发，外层电子会向内层电子跃迁，并发射二次X射线，称为X射线荧光。原子受激产生的X射线荧光具有特征性，与物质组成原子相关。利用特征X射线荧光能量大小可识别物质元素组成，进行物质成分定性分析；特征X射线荧光的强度与物质组成元素的含量成正比，可用来进行物质组成元素的定量分析。

6.5.2.1　X射线荧光光谱分析原理

X射线荧光光谱仪根据分光方式不同可分为波长色散和能量色散X射线荧光光谱仪两大类；根据激发方式又可细分为偏振光、同位素源、同步辐射和粒子激发X射线荧光光谱仪；根据X射线的出射、入射角度还可为有全反射、掠出入射X射线荧光光谱仪等。

波长色散XRF光谱仪利用分光晶体的衍射来分离样品中的多色辐射，能量色散光谱仪则利用探测器中产生的电压脉冲和脉高分析器来分辨样品中的特征射线。下面介绍常用的波长色散和能量色散X射线荧光光谱仪和工作原理。

波长色散X射线荧光光谱仪使用分析晶体分辨待测元素的分析谱线，见图6-17，根据Bragg定律，通过测定角度可获得待测元素的谱线波长

$$n\lambda = 2d\sin\theta \quad (n = 1,\ 2,\ 3,\ \cdots) \tag{6-9}$$

式中　λ——分析谱线波长；

d——晶体的晶格间距；

θ——衍射角；

n——衍射级次。

利用测角仪可以测得分析谱线的衍射角，利用式（6-9）可以计算相应被分析元素的波长，从而获得待测元素的特征信息。

能量色散X射线荧光光谱仪则采用能量探测器，通过测定由探测器收集到的电荷量，直接获得被测元素发出的特征X射线能量

$$Q = kE \tag{6-10}$$

式中　E——入射X射线的光子能量；

Q——探测器产生的相应电荷量；

k——不同类型能量探测器的响应参数。

电荷量与入射 X 射线能量成正比，故通过测定电荷量可以得到待测元素的特征信息。

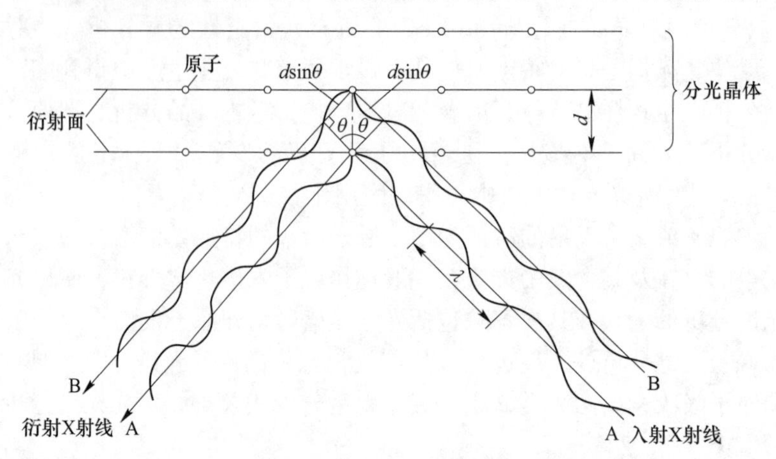

图 6-17 波长色散 X 射线荧光分光原理

6.5.2.2 定性定量分析方法

利用 X 射线荧光光谱仪分析物质组分时，除了正确使用和操作 X 射线荧光光谱仪外，还需要研究制定合理、准确的定性和定量分析方法。定性分析的目的是识别在未知样品中存在多少种元素，其存在形式是否适于用 XRF 方法分析。定量分析则是要利用一定的实验或数学方法，准确获得未知样品中各元素的定量浓度数据，其关键在于基体校正。

不同元素受 X 射线激发后，会发射出特征 X 射线。通过确定样品中特征 X 射线的波长或能量，就可以判定未知样品中存在何种元素。然而，如果样品并不是纯元素，而是含有其他元素，就会存在谱线重叠。同时，光谱仪、样品等有关因素也会带来干扰，因此，寻找证实特征谱线的存在，判断、识别干扰就是定性分析中的主要工作。

通常，在接收到一个未知样品后，需要根据分析要求，选择必要的样品制备方法，并进行定性分析。在对一个未知样品进行定性分析时，应采取如下策略：

（1）从所有谱线中寻找最强线。1）多数情况下，当原子序数 Z 小于 40 时，应寻找 K 系线，大于 40 时，可寻找 L 系线。这主要取决于可用或所用的激发电压。2）尽管 M 系线也可应用于此目的，但 M 系线的分布和强度变化较大，且可能来源于那些只是部分充填的轨道，甚至是分子轨道，故相对而言，M 系线较少应用于定性分析的目的。M 线多用于 Z 大于 71 的情况。3）如果一个谱线系被干扰，应选择其他谱系，并寻找最强线。

（2）多条特征光谱线同时存在，且相互间的强度比正确。1）在 XRF 光谱中，应证实同系列多个特征光谱线同时存在，必要时还需证实不同谱系特征线的存在。2）在同一谱线系中，不同特征谱线的强度比例一定。当相互间的强度比例正确时，才可确定某一元素真实存在。3）X 射线谱线绝对测量强度尽管受多种因素影响，但主要由荧光产额 ω 和溢余临界电压值决定。

（3）干扰识别。在 XRF 实际分析应用中，最困难的工作之一就是识别样品中可能存在的干扰。

定量分析的前提是要保证样品的代表性和均匀性。过度强调分析准确度，而忽视样品采集方法和采样理论的研究应用，是不科学、不合理的。只有获得或采集具有代表性的特征样品，才具有科学价值和实际意义。

要进行定量分析，需要完成三个步骤。首先要根据待测样品和元素及分析准确度要求，采用一定的制样方法，保证样品均匀和合适的粒度；其次通过实验，选择合适的测量条件，对样品中的元素进行有效激发和实验测量；最后运用一定的方法，获得净谱峰强度，并在此基础上，借助一定的数学方法，定量计算分析物浓度。其中实验方法有：标准校准法、内标法、标准添加法、散射线内标法等；数字校正法有：经验系数法、理论影响系数法、基本参数法等。

6.5.2.3 X射线荧光光谱分析的特点

与其他分析方法相比，X射线荧光光谱分析法有如下优点：

(1) 样品前处理简单，可直接对块状、液体和粉末样品进行测量，也可对小区域或微区样品进行分析。这对于某些难溶样品，如陶瓷、矿物、煤粉、煤渣等分析特别方便。

(2) 可分析元素范围广，从^{4}Be~^{92}U的所有元素都可直接测量，且是非破坏性分析，已广泛应用于古陶瓷、金属屑和首饰的组成分析，为文物的断源和断代提供了可靠的信息。

(3) 工作曲线的线性范围宽，同一实验条件下，从0.0001%~100%都能分析。

(4) X射线荧光光谱比原子发射光谱谱线简单，易于解析，由于X射线的特征谱线来自原子内层的跃迁，致使谱线数目大为减少，干扰少，可以对化学性质属于同一族的元素进行分析。

(5) X射线荧光光谱分析也可对多层镀膜的各层镀膜进行成分分析和膜厚测定，如用基本参数法薄膜软件可分析多达10层膜的组成和厚度。

缺点如下：

(1) 仪器构造复杂，对实验室要求高，一次性投入大，方法投产前准备工作较多等。

(2) 检出限不如其他光谱分析低，一般适合主量的分析。

(3) 分析原子序数低的轻元素较困难。

6.5.3 实验装置

X射线光谱仪通常可分为两大类，波长色散X射线荧光光谱仪（WDXRF）和能量色散X射线荧光光谱仪（EDXRF），波长色散光谱仪主要部件包括激发源、分光晶体和测角仪、探测器等，而能量色散光谱仪则只需激发源和探测器及相关电子与控制部件，相对简单。

6.5.3.1 波长色散X射线荧光光谱仪

波长色散X射线荧光光谱仪由X射线光管、滤光片、样品室、准直器、分光晶体、探测器、计数电路及计算机等部分组成，如图6-18所示。

X射线光管是X射线光谱仪常用的激发源，利用高速电子直接轰击靶材，产生波长或能量连续变化的韧致辐射及靶元素的特征辐射。光管初级辐射的连续光谱及靶线共同参与样品激发，以高能靶线及连续谱短波部分的辐射激发重元素，以低能靶线及相应的连续谱

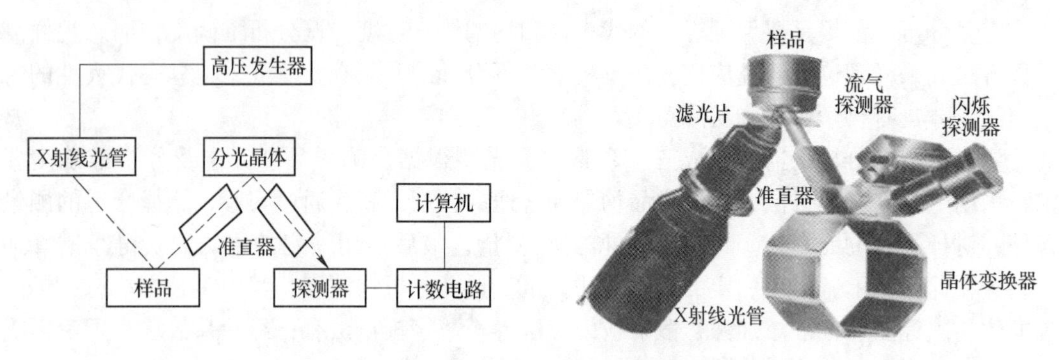

图 6-18 仲聚焦波长色散光谱仪简单结构示意图

低能辐射激发轻元素。X 射线光管有功率高低之分，高功率光管通常用于波长色散光谱仪，低功率光管适用于能量色散光谱仪。其结构类似于真空二极管，由发射电子的灯丝（阴极）、接受高速电子的阳极（靶）、玻璃或陶瓷真空管、水冷系统及铍窗等部分构成。根据光谱仪光路设计的需要，X 射线光管可分为端窗与侧窗两种管型。

准直器则是色散分光的辅助器件。准直器通常由一组相互平行的布拉格狭缝组成，起提高光束准直度及分光效果的作用，用于截取来自样品或晶体的发散光，汇聚成一束基本平行的光，然后投射到晶体表面或探测器窗口。在波长色散光路中准直器可有两种设置方式：(1) 固定设置在样品与晶体之间的称为初级准直器或光源准直器，主要用于提高光束的准直度和分辨率，消除样品的不均匀性影响；(2) 设置在晶体与探测器间的准直器称为次级准直器、接收准直器或探测器准直器，其作用是排除晶体的二次发射，降低背景，改善检测灵敏度。这两种配置，对于样品发射的特征 X 射线具有相同的准直效果。

分光晶体是波长色散 X 射线光谱仪的核心部件，由一组具有特定晶面的单晶薄片构成，可制成平面、柱面及对数螺线曲面等形式，其作用与光学发射光谱仪的刻痕光栅类似，能使样品发射的特征 X 射线（荧光）按波长顺序色散成一组空间波谱，使各种波长的辐射散布在空间不同位置。每种晶体的特定晶面具有特定的晶面指数（密勒指数 hkl）及晶面间距（d），分别适用于不同的波长范围。利用晶体衍射原理实现波长色散的装置称为晶体色散装置。按光路设计和晶体加工方式不同，波长色散装置可分为平晶（仲聚焦）和弯晶（聚焦）两种类型。

测角仪是顺序式波长色散 X 射线光谱仪中根据布拉格衍射原理实现晶体与探测器（$\theta/2\theta$）联动定位的光谱扫描装置。

探测器的主要作用是实现光电转换，将样品发射的 X 射线光信号转变成可直接测量的电信号，并根据其正比特性分辨各种不同能量的脉冲信号。探测器的输出脉冲经幅度放大和甄别后，输入计数电路加以测量。探测器不仅起光电转换的作用，而且通过脉冲高度选择器，在晶体色散的基础上起二次分光作用，消除高次线干扰，降低散射背景等的影响。波长色散光谱仪常用的探测器有闪烁计数器、流气式正比计数器及封闭型探测器三种类型。

计数率计、定标器、定时器及微处理机是测量系统的重要组成部分。其中计数率计的作用是指示一定时间内累积的脉冲计数的平均数，与探测器探测的 X 射线光子瞬时强度成正比。定标器的作用是记录特定时间内脉冲高度分析器累计的脉冲数。其计数速率取决于到达探测器的 X 射线光子强度，定标器直接指示 X 射线的累积强度。定时器通过计测高频石英振荡器输出的正弦波正向脉冲数确定计数时间。测量系统配备微处理机的目的在于：（1）控制仪器操作；（2）控制与实施仪器测量的各种功能。

6.5.3.2　能量色散 X 射线荧光光谱仪

能量色散 X 射线荧光光谱仪由 X 射线光管、样品室、准直器、探测器及计数电路和计算机组成，如图 6-19 所示。此外，亦可在样品前加一单色器，达到降低背景的目的，以改善能量色散 X 射线荧光光谱仪的检出限。它与波长色散 X 射线荧光谱仪的显著不同是没有分光晶体，而是直接用能量探测器来分辨特征谱线，达到定性和定量分析的目的。

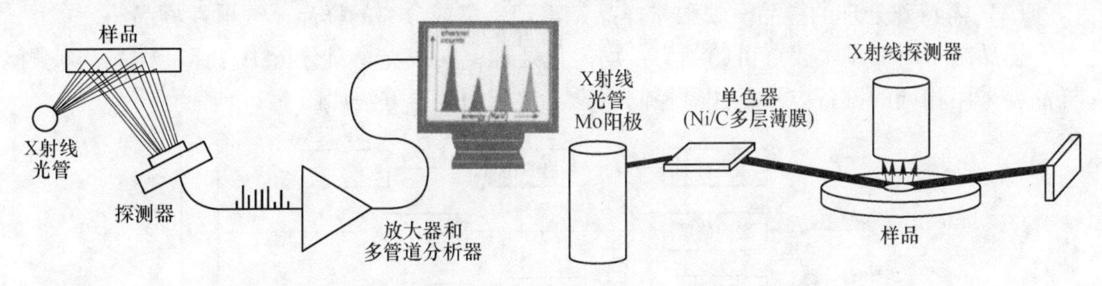

图 6-19　能量色散 X 射线荧光光谱仪原理示意图

能量色散 X 射线荧光光谱仪的激发源通常也是 X 射线光管，它与波长色散光谱仪激发源的区别仅是功率的高低，原理一样。

能量色散光谱仪的光路中，初级光束滤光片设置在光管与样品间，其作用是调节样品表面初级辐射的辐照强度，消除光管的靶线及杂质谱线，降低散射背景。在选定的激发条件下，通过初级滤光片调整样品表面初级辐射的强度，使探测器处于最佳线性工作范围。

探测器及多道分析器是能量色散分光的核心部件。探测器是样品元素特征谱线的色散分光器件，依据探测器的能量正比特性，精确分辨不同能量的特征 X 射线光子。探测器与多道分析器组合构成能量色散光谱仪的色散分光系统。与波长色散不同，能量色散光谱仪常用锂漂移硅［Si(Li)］、锂漂移锗［Ge(Li)］、高纯 Ge 探测器及基于珀尔贴（Peltier）效应的 Si-PIN 和硅漂移探测器（SDD）等高分辨探测器进行色散分光。波长色散光谱仪主要使用气体型正比计数器、闪烁计数器及封闭计数器等探测器，其能量分辨率比较低。能量色散光谱仪使用的探测器通常是一种宽范围探测器件，适用的能量范围宽，计数效率高。

探测器输出的脉冲经前置放大及线性放大后进入多道分析器（MCA）进行模拟/数字转换，并按脉冲幅度大小分别储存在不同的能道内，由计算机处理后按脉冲计数率（cps）随幅度（能量）变动的高斯分布形式显示光谱信息。

6.5.4　实验方法与步骤

6.5.4.1　样品制备

试样制备是 X 射线测定最终准确度的最重要的影响因素。由于 X 射线荧光激发具有近表面分析的特性，多数样品的分析深度只有几到几十微米，所以制备方法的优劣是决定分析精度好坏的重要因素。实际工作中，应根据所接收样品的状态及分析要求（分析元素、精密度、准确度等）确定制样方法。制备方法的重现性、准确度、简易性及制备成本是考核样品制备方法的指导原则。

适于 XRF 分析的样品形态有多种，某些材料可直接进行分析，但多数情况下要对样品进行某种前处理，使之转化为试样。这一步骤称为样品制备。样品一般可分为三类：

（1）经简单前处理，如粉碎、抛光，即可直接分析的样品。均匀的粉末样品、金属块、液体即属于此类样品。

（2）需复杂前处理的样品。如不均匀的样品、需基体稀释克服元素间效应的样品、存在粒度效应的样品。

（3）需特殊处理的样品。如限量样品、需预富集或分离的样品、放射性样品。

样品制备时的基本要点可归纳为：均匀化处理；同一类物料分析中，标准样品与被测样品要采用相同的制备方法；注意控制污染。常用的制样方法如图 6-20 所示。

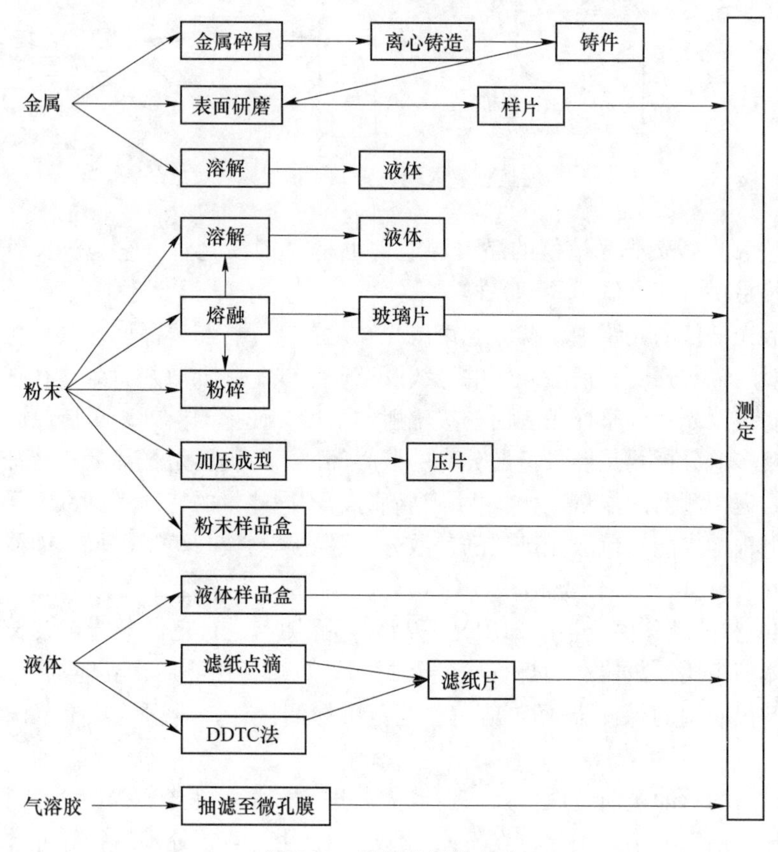

图 6-20 常用的制样方法

6.5.4.2 实验步骤

（1）选择分析方法与制样方法。分析方法一般有基本参数法、半基本参数法、经验系数法等，制样方法一般有抛光法、压片法、滤纸片法和熔片法，常用粉末压片法制样，采用基本参数法测试。

（2）将制备好的样片装进样品杯，放入样品交换器中，自动进样至样品室，X 射线管发出原级 X 射线照射样品，激发出待测元素的荧光 X 射线。

（3）样品辐射出的荧光 X 射线通过分光晶体，将 X 射线荧光光谱色散成孤立的单色分析线，由探测器测量各谱线的强度，根据选用的分析方法换算成元素浓度，得到样品中待测元素含量。

6.5.5 实验分析与讨论

（1）简述 X 射线荧光产生原理。

（2）分别使用波长色散 X 射线荧光光谱仪和能量色散 X 射线荧光光谱仪定性定量分析一组样品，并分析实验中可能产生的干扰和出现的误差。

（3）简述基体效应。

（4）简述准确度与精密度的区别。

（5）比较原子荧光与 X 射线荧光光谱分析之间的区别。

（6）讨论冶金流程中哪个流程可能用到 X 射线荧光光谱分析法。

6.5.6 注意事项

样品的制备 X 射线荧光分析中，多数样品的分析深度只有几到几十微米。因此，样品表面的状态是造成分析误差的主要原因之一。样品室和样品需保持良好的平面精度，因为分析样品表面高度变化 500μm 可能引起 0.5%的测量误差。对于压片法尤其要引起注意，通常我们用肉眼可以观察到样品压片的表面凹凸不平，这也可能是压片法误差较大的原因之一。

6.6 激光拉曼光谱分析实验

6.6.1 实验目的

（1）掌握 Raman 散射的原理。

（2）学习 Raman 光谱仪校正的方法。

（3）学习 Raman 光谱仪测定固体样品的方法。

（4）掌握简单的得到 Raman 光谱相关参数的方法。

6.6.2 实验原理

6.6.2.1 拉曼散射的原理

拉曼散射是 1928 年由印度物理学家 Raman 发现的，分子对入射光所产生的频率发生较大变化的一种散射现象。

从力学的观点来看，光由光子组成，这是光的粒子性。当光照射样品时，光子与样品分子间的相互作用可以用光子与样品分子之间的碰撞来解释。如果这种碰撞是弹性碰撞，即只导致运动方向改变而未引起能量交换，则光子的能量不变，其频率也不改变。这就是瑞利（Rayleigh）散射产生的原因。如果光子和样品分子间发生非弹性碰撞，即光子除改变运动方向外还有能量的改变，一部分能量碰撞时在光子和样品之间发生交换，光子的能量有所增减，则光的频率就会发生改变。整个过程中，系统保持能量守恒。在散射谱图上，这种散射线分布在瑞利线的两侧，被称为斯托克斯（Stokes）线和反斯托克斯（anti-Stokes）线，这种散射被称为拉曼（Raman）散射。

光子和样品分子之间的作用也可以从能级之间的跃迁来分析，如图 6-21 所示。

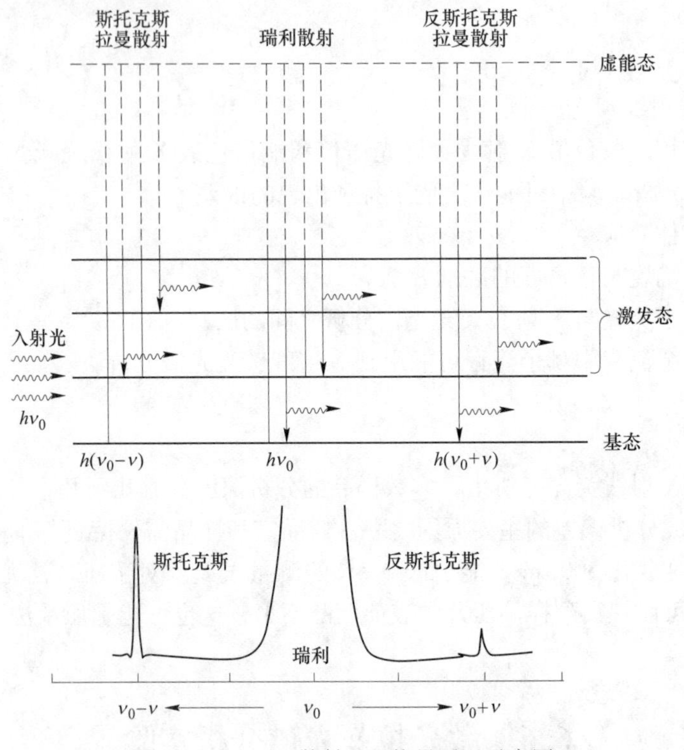

图 6-21　Raman 散射过程能量跃迁示意图

通常，被测分子处于电子能级基态和振动能级基态。入射光子的能量远大于振动能级跃迁所需要的能量，但又不足以将分子激发到电子能级激发态。这样，被测分子吸收光子后到达一种准激发状态，又称为虚能态。样品分子在准激发态时是不稳定的，它将会迅速向基态回跳。若分子回到振动能级基态，则光子的能量未发生改变，发生瑞利（Rayleigh）散射。如果被测分子回到某一较接近基态的振动激发态，则散射光子的能量小于入射光子的能量，其波长大于入射光。这时散射光谱中在瑞利线低频侧将出现一根拉曼散射光的谱线，称为斯托克斯（Stokes）线。如果被测分子在与入射光子作用前的瞬间不是处于最低振动能级，而是处于某个振动能级激发态，在入射光光子使其跃迁到虚能态后，该分子退回到振动能级基态，这样散射光能量大于入射光子能量，其谱线位于瑞利线的高频侧，称为反斯托克斯（anti-Stokes）线。斯托克斯线和反斯托克斯线位于瑞利线两侧，间距相等。

由于虚能态极不稳定，因此跃迁的时间常数非常短，一般为 $10^{-9}\sim10^{-12}$s。而荧光过程由于经历了电子激发态，并在激发态区间有一弛豫过程，时间常数则相对大得多，一般为 $10^{-3}\sim10^{-8}$s。

在常温下处于振动基态的分子要比处于振动激发态的分子数目大得多，因此斯托克斯散射谱要比反斯托克斯谱强度大，拉曼光谱仪分析多采用斯托克斯线。

6.6.2.2　拉曼活性

双原子分子振动只能发生在连接两个原子的直线上，只有一种振动形式，即伸缩振动。

多原子分子就变得复杂，多原子分子的振动是由许多简单的、独立的振动组合而成的。在每个独立的振动中，所有原子都是以相同相位运动，可以近似地看作谐振子振动。这种振动称为简正振动。每个简正振动具有一定的能量，故应在特有的波数位置产生吸收。由 n 个原子组成的非线性分子存在有 $3n-6$ 个简正振动，而线性分子则为 $3n-5$ 个简正振动。但多原子分子振动基本上可分为两种振动形式，即伸缩振动和弯曲振动（见图 6-22）。

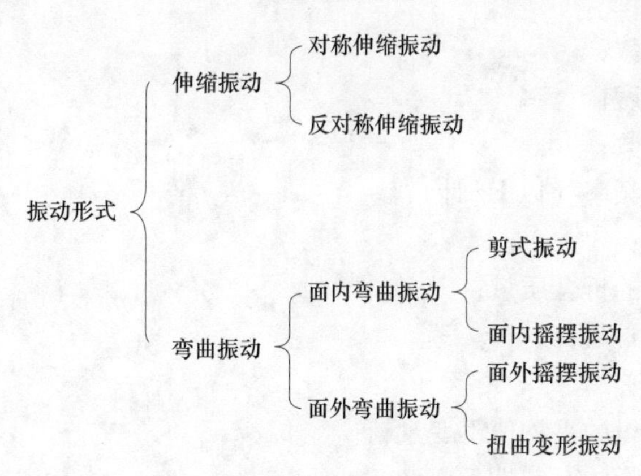

图 6-22　原子分子振动形式分类

在拉曼光谱中，只有伴随分子极化率 α 发生变化（包括大小和方向）的分子振动模式才具有拉曼活性，产生拉曼散射。所谓极化率，就是在电场作用下分子中电子云变形的难易程度，因此只有分子极化率发生变化的振动才能与入射光的电场 E 相互作用，产生诱导偶极矩 μ

$$\mu = \alpha E \tag{6-11}$$

拉曼散射与入射光电场 E 所引起的分子极化的诱导偶极矩有关，拉曼谱线的强度正比于诱导偶极矩的变化。通常非极性分子及基团的振动导致分子变形，引起极化率变化。极化率的变化可以定性用振动所通过的平衡位置两边电子云形态差异的程度来估计，差异程度越大，表明电子云相对骨架的移动越大，极化率越大。

6.6.2.3　拉曼光谱的参数

A　拉曼频移

通常将拉曼散射强度相对波长的函数图称为拉曼光谱图。拉曼光谱 x 轴的单位是相对激发光波长偏移的波数，简称为拉曼频移。若波长以厘米计，波数就是波长的倒数，即每厘米波的数目。入射激光波数 σ_0 减去 Raman 散射光所对应的波数 σ，即为该分子的特征拉曼频移 $\Delta\sigma$。以激光波长 633nm 为例进行计算

$$\Delta\sigma = \sigma_0 - \sigma = \frac{1}{633 \times 10^{-7}} - \frac{1}{x \times 10^{-7}} \tag{6-12}$$

式中　x——拉曼散射光的波长，nm。

拉曼谱图的横坐标与物质分子的振动/转动能级有关，不同物质分子有不同的振动/转动能级，因而有不同的拉曼频移。对于同一物质，使用不同频率的入射光，则会产生不同频率的拉曼散射光，但是拉曼频移值一定，这就是通过对物质的拉曼光谱测定能够鉴定和

研究物质分子基团结构的基本原理。

B　拉曼峰强度

拉曼峰的强度 I_R 可用下式表示

$$I_R = \frac{2^4\pi^3}{45 \times 3^2 c^4} \times \frac{hI_L N(\nu_0 - \nu)^4}{\mu\nu[1 - e^{-h\nu/(KT)}]}[45(\alpha'_a)^2 + 7(\gamma'_a)^2] \tag{6-13}$$

式中　c——光速；

h——普朗克常数；

I_L——激发光强度；

N——散射分子数；

ν——分子振动频率（以 Hz 计）；

ν_0——激光频率；

μ——振动原子的折合质量；

K——玻耳兹曼常数；

T——绝对温度；

α'_a——极化率张量的平均值不变量；

γ'_a——极化率张量的有向性不变量。

由式（6-13）可以看出拉曼散射强度正比于被激发光照明的分子数，这是拉曼光谱进行定量分析的基础。拉曼散射强度也正比于入射光强度和 $(\nu_0 - \nu)^4$。所以增强入射光强度或使用较高频率的入射光能增强拉曼散射强度。

拉曼光谱的信号强度与吸收介质的浓度呈线性关系，但到目前为止，应用拉曼光谱进行定量分析的实例还不多，主要是因为在采用单光束发射的条件下，所测量的拉曼信号强度明显受到样品性质和仪器因素的影响。拉曼光谱的谱峰强度问题比较复杂，拉曼光谱的谱峰强度有绝对强度和相对强度之分。在实际应用中，除非检测的是绝对均匀的样品，并保持所有检测条件一致，否则去比较样品拉曼谱峰的绝对强度不会有很大意义。在分析拉曼光谱时，一般只关注各谱峰的相对强度。

C　拉曼峰半高宽

拉曼峰半高宽是拉曼峰强度的一半所对应的两个横坐标数值之差，可以表征样品的结晶程度，也可以说明样品的品质，结晶度越高，半高宽越小。

6.6.3　实验装置

激光拉曼光谱仪结构如图 6-23 所示，由激光光源、样品光路、分光光路、光探测器、计算机信号处理与显示系统组成。

6.6.3.1　激光光源

激光光源的功能是提供单色性好、功率大并且能多波长工作的入射光。激光器种类繁多，根据所用材料不同大致分为气体激光器、固体激光器、半导体激光器和染料激光器等。

对常规的拉曼实验来讲，气体激光器基本上可以满足实验的需要，最常用的是氦-氖气体激光器，由于工艺成熟、光源稳定、连续工作寿命长和价格低对拉曼光谱术很有吸引

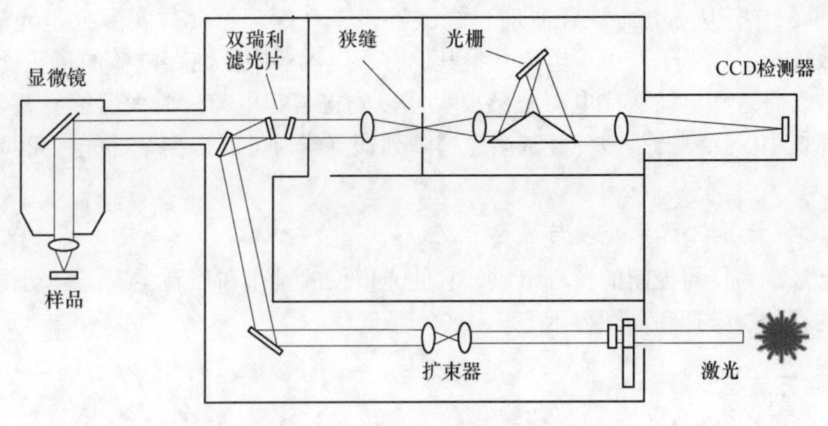

图 6-23 激光拉曼光谱仪结构示意图

力，其输出激光波长为 632. 8nm，功率在 100mW 以下。氩离子激光器是拉曼光谱仪中另一个常用的光源。表 6-2 为常用拉曼光谱仪激光器。

表 6-2 常用拉曼光谱仪激光器

激 光	波长/nm	功率/mW	评 论
氦-镉	325	1~75	工艺成熟
氦-镉	442	5~200	工艺成熟
空气冷却氩离子	488	5~75	波长固定并与激光器温度无关
空气冷却氩离子	514	5~75	波长固定并与激光器温度无关
加倍频率的钕-钇铝石榴石	532	10~400	比离子激光小得多的热发散
氦-氖	633	5~25	2~4. 5 年的连续使用寿命
二极管	785	50~500	可得到的波长为 660~680nm 和 780~1000nm

6. 6. 3. 2 样品光路

样品光路的主要功能是入射光聚光和散射光收集。激发光应以尽可能高的功率密度照射到样品上，但又不能过强导致样品退化或灼烧；来自样品的散射光应在最大程度上被收集并输入到分光光路中；同时尽可能通过光学滤波器来抑制进入分光光路的杂散光。

6. 6. 3. 3 分光光路

分光光路是拉曼光谱仪的核心部分，它的主要功能是将散射光按能量（即波长或频率）在空间中进行分解。光栅色散型分光光路主要包括狭缝、准直器、光栅及会聚透镜等。分光光路部分的入射和出射面上，有窗口来允许入射光入射以及光谱线的出射，入射平面上开的狭窄的带状窗口为狭缝，狭缝的几何宽度对应光谱的宽度；准直器的功能是将来自入射狭缝的散射光转化为平行光束，使其可以有效、均匀地照在光栅上；会聚透镜的作用是使分散在不同角度的散射光会聚在出射狭缝上，准直器和聚光透镜可以使用透镜或反射镜；光栅用来进行光谱分光处理，混合在一起入射的各种不同波长的复合光，经光栅衍射后彼此被分开。

6. 6. 3. 4 光探测器

光探测器在拉曼光谱仪中用于探测仪器收集到的拉曼散射光或经过变换的信号，目前广泛应用的是硅 CCD（电荷耦合器件）探测器，CCD 探测器元件实际上是光敏电容器，基于光电效应，吸收光子产生了电荷并将其储存于电容器中，储存电荷的量正比于击中像元的光子数。将这些电荷送往电荷敏感放大器以测得累积电荷。放大器输出是数字化的，储存于计算机中。探测器是一种硅基多通道阵列探测器，可以探测紫外光、可见光和近红外光。

6.6.3.5　计算机信号处理与显示系统

电脑已经成为仪器控制的核心组成，它使光谱仪的操作和控制实现了自动化，并用于拉曼信号的存储、处理和谱图显示等。

6.6.4　实验方法与步骤

6.6.4.1　样品的制备

激光拉曼光谱的优点在于快速、准确，测量时不破坏样品，可用于固体、液体和气体样品的测试。

（1）固体样品：块状固体试样制备十分简便，不管其体积大小或形状如何，只要能安置在拉曼光谱仪的载物台上或试样池中即可。由于散射效率会随着散射体数量的增加而增加，所以粉末样品要压成块状进行测试。

（2）液体样品：液体试样只要置于合适的玻璃容器内，就可以进行拉曼光谱测试，比如装在毛细玻璃管中，在相对于激发辐射的 90°方向进行观察。

（3）气体样品：气体样品一般置于密封的玻璃管或细毛细管中，通常气体试样的拉曼散射光强度很弱，为增强拉曼信号，玻璃管内的气体应有较大的压力，或者使用一简单的光学系统使激光束多次通过试样。

6.6.4.2　实验步骤

以 Jobin Yvon HR800 型拉曼光谱仪为例，实验步骤如下：

（1）依次打开电脑、拉曼光谱仪主机控制器、激光器、光谱仪软件。

（2）光谱仪的标定。将 LabSpec 软件操作界面上的 Laser、Filter、Hole、Grating、Lens 等参数设定后，使用标准 Si 样品进行校正。

（3）待测样品制备后放在载物台上。

（4）测定样品的拉曼光谱，设定 Laser、Filter、Hole、Grating、Lens 以及 Extended range 和 Acquisition 等参数后，将焦点聚到样品上进行拉曼光谱的测定。

（5）做出样品的拉曼光谱，对所得到拉曼光谱进行去基线处理后，对其进行峰位拟合，得到各峰的拉曼位移、半高宽等数据。

（6）移走样品，清理载物台及载玻片。

（7）依次关闭光谱仪软件、激光器、主机控制器、电脑、切断电源。

6.6.5　实验分析与讨论

（1）简述拉曼散射的原理。

（2）写明操作步骤，记明实验条件。

（3）做出样品的拉曼光谱谱图，通过分析拟合得到各拉曼峰的位移和半高宽。

（4）我们所得到的拉曼光谱的横坐标是什么？其物理含义是什么？改变入射激光的频率是否会对其数值产生影响？

（5）查阅相关资料，列举几种研究物质结构的光谱方法。

6.6.6 注意事项

（1）拉曼光谱仪为精密仪器，不得随意打开机盖，不得触摸反光镜、透镜及光栅表面，仪器及平台上的螺丝不得任意旋动，光谱仪主机和外接激光器上不得依靠及放置重物。

（2）如果在测样过程中需要更换激光器和光栅，则需要使用 Si 一阶峰进行检测校正。

（3）仪器不宜被阳光直射，防止房间门窗气流过大影响仪器，空调的气流应避开仪器主机。

6.7 红外光谱分析实验

6.7.1 实验目的

（1）了解傅里叶红外光谱仪的基本构造和工作原理。

（2）掌握 KBr 压片法制备固体样品。

（3）初步掌握红外光谱的测试和分析方法。

6.7.2 实验原理

6.7.2.1 红外光谱的原理

红外光谱又称为分子振动-转动光谱，是分子吸收光谱的一种。当用一束具有连续波长的红外光照射某物质时，物质的分子就要吸收一部分红外光能，并将其变成另一种能量，即分子的振动能量和转动能量。若将透过的光用单色器进行色散，就可以得到谱带，再以波长或者波数为横坐标，以百分吸收率为纵坐标记录此谱带，就得到该物质的红外吸收光谱。

红外光谱发生的条件可以概括为以下两个：

（1）辐射刚好满足物质跃迁时所需的能量，辐射频率与分子的自然振动频率相匹配。当一定频率的红外光照射分子时，如果分子中某个基团的振动频率和它一样，二者就会产生共振，此时光的能量通过分子偶极矩的变化传递给分子，这个基团就吸收一定频率的红外光，产生振动跃迁；如果红外光的振动频率和分子中各基团的振动频率不符，该部分的红外光就不会被吸收。因此若用连续改变频率的红外光照射样品时，由于该样品对不同频率的红外光吸收效果不同，通过样品后的红外光在一些波长范围内被吸收，在另一些范围内则不被吸收，将分子吸收红外光的情况用仪器记录，就得到该样品的红外吸收光谱。

（2）辐射与物质之间有相互作用，且偶极矩的改变必然不为零。为满足第二个条件还需要分子偶极矩的改变不等于零，只有偶极矩有变化的振动过程，才能吸收红外辐射从而发生能级跃迁，这是因为红外光具有交变电场与磁场的电磁波，它不能与非金属分子或基团发生共振，不能将这类分子激发。

偶极矩（μ）定义为分子中电荷中心（正电荷中心或负电荷中心）上的电荷量（q）与正、负电荷中心间距离（d）的乘积，d 又称为偶极长度，(图 6-24)，即有

$$\mu = qd$$

如果在振动时分子振动没有偶极矩的变化，则不会产生红外吸收光谱，这就是红外光谱的选择性定则。

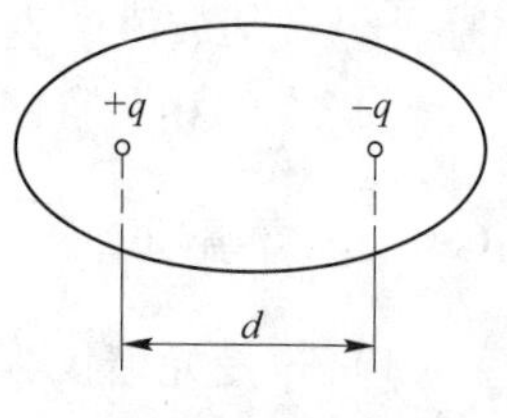

图 6-24　分子的偶极矩

对于一般红外和拉曼光谱，有以下几个经验规则：

（1）互相排斥规则：凡有对称中心的分子，若有拉曼活性，则红外是非活性的；若有红外活性，则拉曼是非活性的。

（2）互相允许规则：凡无对称中心的分子，除属于点群 D2h、D5h、O 的分子外，可以既有红外活性又有拉曼活性。

由这些规则可知，红外光谱和拉曼光谱是分子结构表征中互补的两种手段，两者结合可以比较完整地获得分子振动能级跃迁的信息。

6.7.2.2　红外光谱的分区

红外光谱的波长范围是 0.8~1000μm，相应的频率（波数）是 12500~10cm^{-1}。μm 和 cm^{-1}是红外光谱的波长和波数单位，它们之间的关系是

$$\sigma(cm^{-1}) = \frac{1}{\lambda(\mu m)} \times 10^4 \tag{6-14}$$

红外光谱的波长范围又可分为三个光区，见表 6-3。

表 6-3　红外光区的分类

区　域	波长/μm	波数/cm^{-1}
近红外区	0.8~2.5	12500~4000
中红外区	2.5~50	4000~200
远红外区	50~1000	200~10

（1）近红外区：波长在 0.8~2.5μm 的波段为近红外区，分子化学键的倍频及组频，如 OH、CH、NH 等的倍频及组频吸收多出现在此区域。

（2）中红外区：波长在 2.5~50μm 的波段为中红外区，绝大多数有机化合物及无机化合物化学键的基频吸收均出现在此区域，也是目前研究最多的区域。中红外区的光谱是来自物质吸收能量之后，引起分子振动能级之间的跃迁，因此也称为分子的振动光谱。随着红外光谱仪制造技术的发展，中红外区的频率下限有所变化，近几年来，带有微处理机的红外光谱仪，采用两块以上的光栅分光，可以把中红外区扩展到 50μm，即 200cm^{-1}。也有一些型号的仪器工作范围是 2.5~25μm，即 4000~400cm^{-1}。

（3）远红外区：波长在 50~1000μm 的波段为远红外区，金属有机化合物的金属-有机键的振动、无机化合物的键振动、晶架振动及分子振动均在此区域。因此，远红外区的光谱，有来自分子转动能级跃迁的转动光谱和重原子团或化学键的振动光谱以及晶格振动光谱，分子振动模式所导致的较低能量的振动光谱也出现在这一频率区。

6.7.2.3 红外光谱的参数

A 红外光谱的测量范围

红外光谱是物质定性分析的重要方法之一，它的解析能够提供许多关于官能团的信息，可以帮助确定部分乃至全部分子类型及结构。红外光谱具有特征性，这种特征性与各种类型化学键振动的特征相联系，在研究了大量化合物的红外光谱后发现，不同分子中同一类型基团的振动频率是非常相近的，都在一较窄的频率区间出现吸收谱带，这种谱带的频率称为基团频率。通常红外光谱的测量范围为 $4000 \sim 650cm^{-1}$（$2.5 \sim 16\mu m$），将测试范围粗略地划分为 5 个光谱区域：

（1）$4000 \sim 2400cm^{-1}$区，在这一区域出现的基频吸收，都是由于带有氢原子的基团振动所致，因此，水、醇、酚的羟基以及胺、酰胺的氨基都在这个区域内有吸收，这一区域称为含氨基团的特征频率区。

（2）$2400 \sim 2000cm^{-1}$区，这一区域主要为三键区，即 C≡C、C≡N 键的伸展振动区。累积双键如二烯键 C＝C＝C、异硫腈基 N＝C＝S 也出现在这个区域，不过振动频率比三键要低些，出现在较低波数一侧。

（3）$2000 \sim 1500cm^{-1}$区，这一区为双键区，一些双键的伸展振动出现在这一区域内，例如 C＝O、C＝C、C＝N、芳环等，另外还有氨基的变形振动等。

（4）$1500 \sim 1350cm^{-1}$区，这一区为甲基、次甲基的变形振动区，NO_2也可包含在这一区域。

（5）$1350 \sim 650cm^{-1}$区，这一区为指纹区，所有的有机化合物在这一波段范围都有吸收带出现，分子结构的细微变化在这一波段内表现十分灵敏，指纹区较少有特征性，或者没有特征性，一般很少可以做出归属的明确指定，但是对于指认结构类似的化合物很有帮助，而且可以作为化合物存在的某种基团的旁证。当然指纹区也会有特征性很强的基团频率，如 P＝O、P＝S、C＝X 等的特征吸收就包括在这区域内。

B 红外光谱的强度

红外光谱的强度一般用很强、强、中、弱和很弱来表示，基态分子中很小一部分吸收某种频率的红外光，产生振动的能级跃迁而处于激发态，激发态分子通过与周围基态分子的碰撞等原因，损失能量而回到基态，它们之间形成动态平衡。跃迁过程中激发态分子占总的分子百分比称为跃迁几率，谱带的强度即为跃迁几率的量度。跃迁几率与振动过程中偶极矩的变化有关，偶极矩的变化越大，跃迁几率越大，谱带强度越强。

红外光谱的吸收强度可用于定量分析，也是化合物定性分析的重要依据。如果有标准样品且标准样品的吸收峰与其他成分的吸收峰重叠少时，可以采用标准曲线法以及解联立方程的方法进行单组分、多组分定量分析。但是由于具体谱图复杂、相邻峰重叠多、峰型窄等缺点，红外光谱法一般不用作定量分析。

6.7.3 实验装置

目前主要有两类红外光谱仪：色散型红外光谱仪和傅里叶变换红外光谱仪。但是由于色散型光谱仪扫描速度慢、灵敏度低、分辨率低，已逐渐被傅里叶变换红外光谱仪所取代。

傅里叶变换红外光谱仪主要由光源（硅碳棒、高压汞灯）、迈克尔逊干涉仪、检测器、记录仪和计算机等组成，其基本结构如图 6-25 所示。

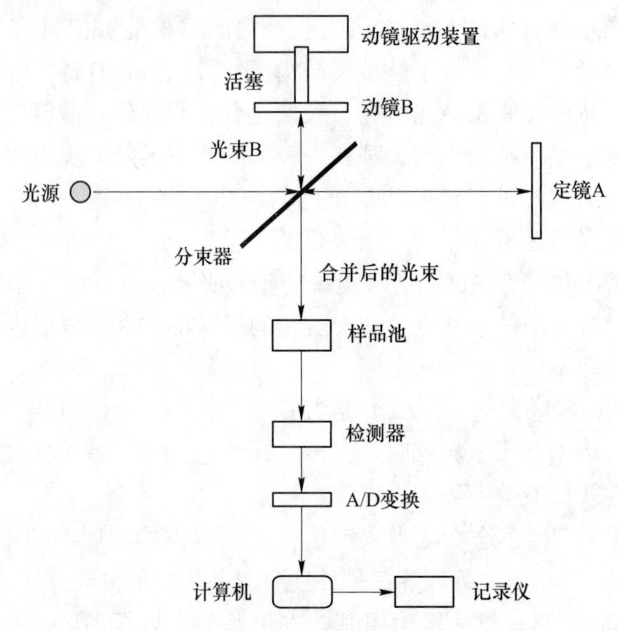

图 6-25　傅里叶变换红外光谱仪结构示意图

光源发出的光被分成两束，一束经反射到达动镜，另一束经透镜到达定镜，两束光分别经定镜和动镜反射再回到分束器。动镜以一恒定速度 v_m 作直线运动，经分束器分束后的两束光形成光程差 δ，产生干涉，干涉光在分束器会合后通过样品池，由于样品对某些谱带红外光的吸收，在检测器得到样品的干涉图谱，这些干涉图谱是动镜移动距离 x 的函数，即傅里叶变换函数

$$B(\nu) = \int_{-\infty}^{\infty} I(\nu)\cos(2\pi\nu x)\,\mathrm{d}x \tag{6-15}$$

式中　$B(\nu)$ ——入射光强度；

$I(\nu)$ ——干涉光强度；

ν——光源频率。

通过计算机对检测器收集的信号进行函数数据处理，最终得到随频率变化的红外吸收光谱图。

用傅里叶变换红外光谱仪测量样品的红外光谱包括三个步骤（图 6-26）：

（1）分别收集背景的干涉图和样品的干涉图。

（2）分别通过傅里叶变换将上述干涉图转化成单光束红外光谱。

（3）将样品的单光束光谱去除背景的单光束光谱，即得到样品的红外光谱。

6.7.4　实验方法与步骤

6.7.4.1　样品的制备

红外光谱的应用范围广泛，可用于固体、液体和气体样品的测试，从无机化合物到有

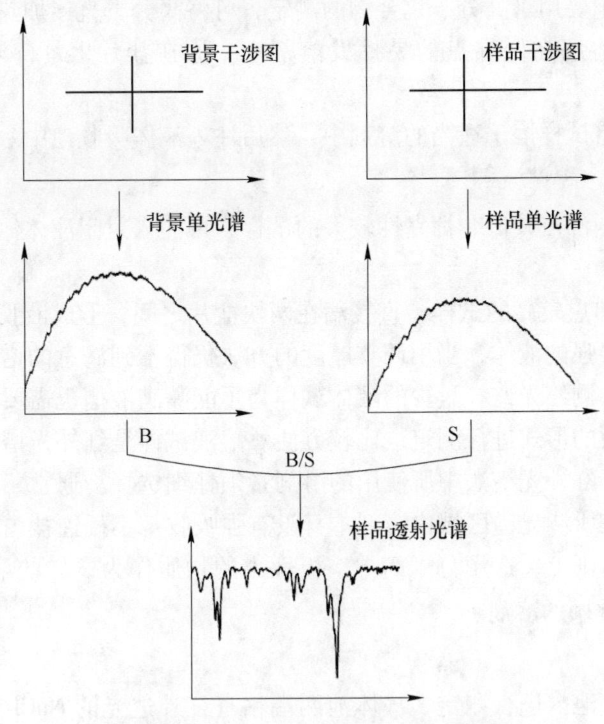

图 6-26 傅里叶变换红外光谱获得的过程

机化合物、从高分子到低分子都可以用红外光谱进行分析，样品用量少且不破坏样品。但高聚物红外光谱图的质量很大程度上取决于样品的制备，如果样品制备不当，如样品厚度不适当、分布不均匀、产生干涉条纹、含有杂质或是留有残余溶剂等，都会造成许多有用的光谱信息丢失、误解或混淆。

红外光谱对样品厚度的要求，定性分析是 10~30μm，定量分析对样品厚度有更严苛的要求，可以从几个微米到毫米以上。在测试过程中，要保证透光度在 15%~70%的范围内。样品过厚，许多主要的谱带都吸收到顶、连成一片，看不出准确的波数位置和精细结构。样品过薄，许多中等强度和弱的谱带由于吸收太弱，在谱图上只有一个模糊的轮廓，失去谱图的特征。

A 固体样品

（1）压片法：将 1~2mg 试样与 200mg 纯 KBr 或 KCl 粉末研细混匀（试样和 KBr/KCl 均干燥处理并研磨到粒度小于 2μm），置于模具中，用 50~100MPa 压力在油压机上压成透明的晶片，即可用于测试，通常 KBr 晶片的直径为 10~12mm，晶片厚度为 0.3~0.5mm。

（2）石蜡糊法：在 KBr/KCl 压片的红外光谱中，常在 $3450cm^{-1}$ 和 $1635cm^{-1}$ 处出现强而宽的水吸收，很难完全去除，为了避免这种干扰，采用石蜡糊法。将干燥处理后的试样研细，与液状石蜡或全氟代烃混合，调成糊状，夹在盐片中测定。当测定厚度不大时，会在四个光谱区出现较强的石蜡油的吸收峰，即 $3000 \sim 2850cm^{-1}$ 区的饱和 C—H 伸缩振动吸收，$1468cm^{-1}$ 和 $1379cm^{-1}$ 的 C—H 变形振动吸收，以及在 $720cm^{-1}$ 处的—CH_2—面内摇摆振动引起的宽而弱的吸收。可见，当使用石蜡油作糊剂时，不能用来研究饱和 C—H 键的吸收情况，此时可用六氯丁二烯来代替石蜡油。

（3）薄膜法：主要用于高分子化合物的测定，可将高分子直接加热熔融后涂制或压制成膜，也可将试样溶解在低沸点的易挥发溶剂中，涂在盐片上，待溶剂挥发后成膜来测定。

（4）溶液法：将试样溶于适当的溶剂中，然后注入液体吸收池中。

B 液体样品

（1）液体池法：沸点较低、挥发性较大的试样，可注入封闭液体池中，液层厚度一般为0.01~1mm。

（2）液膜法：沸点较高的试样，直接滴在两块盐片之间，形成液膜。

对于一些吸收很强的液体，当用调整厚度的方法仍得不到满意的谱图时，往往可配制成溶液以降低浓度来测绘光谱。量少的液体试样为了能灌满液槽也需要补充加入溶剂。一些固体或气体以溶液的形式进行测定也比较方便。溶液试样是红外光谱实验中最常见到的一种试样形式，但是红外光谱法中所使用的溶剂必须仔细选择。通常，除了试样应有足够的溶解度外，还应在所测光谱区域内溶剂本身没有强吸收、不侵蚀盐窗、对试样没有强烈的溶剂化效应等。原则上，选用分子简单、极性小的物质作为试样的溶剂。例如，CS_2是1350~600cm^{-1}区域常用的溶剂。

C 气体样品

气体试样在气体池内进行测定，气体池两端粘有红外透光的NaCl或KBr窗片，先将气体池抽真空，再注入试样气体。

6.7.4.2 实验步骤

（1）开通仪器电源，稳定30min，使得仪器能量达到最佳状态。

（2）开启电脑，打开测试软件，检查电脑与仪器主机通讯是否正常。

（3）将KBr和样品以100：1的比例加入研钵中研磨，直至混合物成粉末状，把混合好的粉末取适量放在专用磨具上，在油压机上压片，压力为50~100MPa，时间1min。

（4）将制好的样品置于样品架内，在软件设置好的模式和参数下测试红外光谱图，先扫描空光路背景信号，再扫描样品信号，经傅里叶变换得到样品红外光谱图，并保存谱图。

（5）对谱图进行分析，并与标准谱图比较。

（6）移走样品，确保样品仓清洁。

（7）用水冲洗模具，用去离子水冲洗三遍，用无水乙醇擦洗模具各个部分，最后用电吹风吹干，以防止KBr对钢制模具的腐蚀。

（8）关闭软件、电脑，切断电源。

6.7.5 实验分析与讨论

（1）简述红外光谱的原理。

（2）做出样品的红外光谱谱图并进行分析。

（3）红外光谱分析中如何进行试样的处理和制备？

（4）影响基团振动频率的因素有哪些？

（5）查阅相关资料，比较红外光谱与拉曼光谱。

6.7.6 注意事项

（1）测定用样品应干燥，否则应在研细后置红外灯下烘几分钟使其干燥。

（2）压片时，应先取样品研细后再加入 KBr 再次研细研匀，这样比较容易混匀。研磨所用研钵的应为玛瑙研钵，因玻璃研钵内表面比较粗糙，易粘附样品。

（3）压片用的模具用后应立即处理干净，置干燥器中保存，以免锈蚀。

6.8 紫外-可见吸收光谱分析实验

6.8.1 实验目的

（1）掌握紫外-可见吸收光谱法基本原理。

（2）了解紫外-可见分光光度计的基本操作方法。

（3）掌握紫外-可见分光光度计的定量分析方法。

6.8.2 实验原理

紫外-可见吸收光谱法是基于 200~800nm 光谱区域内测定物质的吸收光谱或在某指定波长处的吸光度值，这种分子吸收光谱产生于价电子和分子轨道上的电子在电子能级间的跃迁，广泛用于有机物和无机物的定性、定量或结构分析，此法也称为紫外-可见分光光度法。具体地讲，紫外吸收光谱的波长范围在 200~400nm，可见吸收光谱的波长在 400~800nm，两者都属于电子能谱，两者都可以用郎伯-比尔定律（Lamber-Beer′Law）来描述，被测物质的紫外吸收峰强与其浓度成正比，即

$$A = \lg \frac{I_0}{I} = \lg \frac{1}{T} = \varepsilon bc \tag{6-16}$$

式中 A——吸光度；

I，I_0——分别为透过样品后光的强度和测试光的强度；

ε——摩尔吸光系数；

b——样品厚度；

c——浓度。

有机化合物的紫外-可见吸收光谱是其分子中外层价电子跃迁的结果，其中包括形成单键的 σ 电子、形成双键的 π 电子、未成键的孤对 n 电子。当它们吸收一定能量 ΔE 后，将跃迁到较高的能级，占据反键轨道。分子内部结构与这种特定的跃迁是有着密切关系的，使得分子轨道分为成键 σ 轨道、反键 σ^* 轨道、成键 π 轨道、反键 π^* 轨道和 n 轨道。分子中这三种电子的能级高低顺序为 $\sigma<\pi<n<\pi^*<\sigma^*$。由于各个分子轨道之间的能量差不同，因此要实现各种不同的跃迁所需要吸收的外来辐射的能量也各不相同，有机化合物分子常见的 4 种跃迁类型是 $\sigma\rightarrow\sigma^*$、$\pi\rightarrow\pi^*$、$n\rightarrow\sigma^*$、$n\rightarrow\pi^*$，在电子跃迁时吸收能量大小顺序为 $\sigma\rightarrow\sigma^*>n\rightarrow\sigma^*>\pi\rightarrow\pi^*>n\rightarrow\pi^*$。分子的电子能级跃迁如图 6-27 所示。

无机化合物的紫外-可见光谱可分为电荷转移光谱和配位体场吸收光谱。电荷转移光谱是某些分子同时具有电子给予体部分和电子接受体部分，在外来辐射的激发下会强烈地

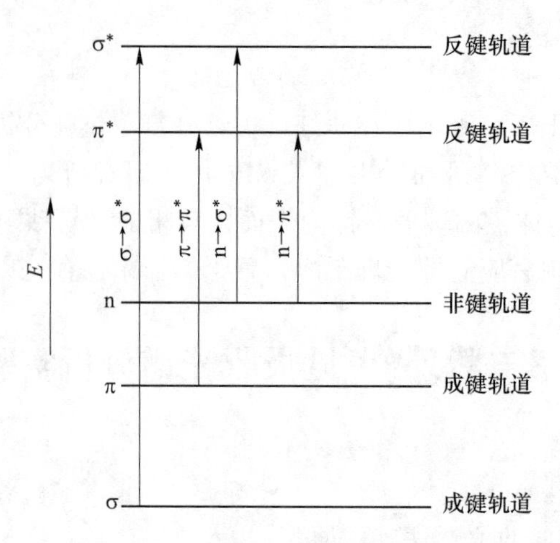

图 6-27 分子的电子能级跃迁示意图

吸收紫外线或可见光，使电子从给予体外层轨道向接受体跃迁，很多无机配合物能产生电荷转移光谱。配位体场吸收光谱是指过渡金属离子与配位体所形成的配合物在外来辐射作用下，吸收紫外或可见光而得到的吸收光谱。

6.8.3 实验装置

紫外-可见分光光度计主要由光源、单色器、吸收池、检测器和信号显示器五个部分构成。主要类型包括：单光束分光光度计、双光束分光光度计、双波长分光光度计和多通道分光光度计，前三种分光光度计基本结构如图 6-28 所示。

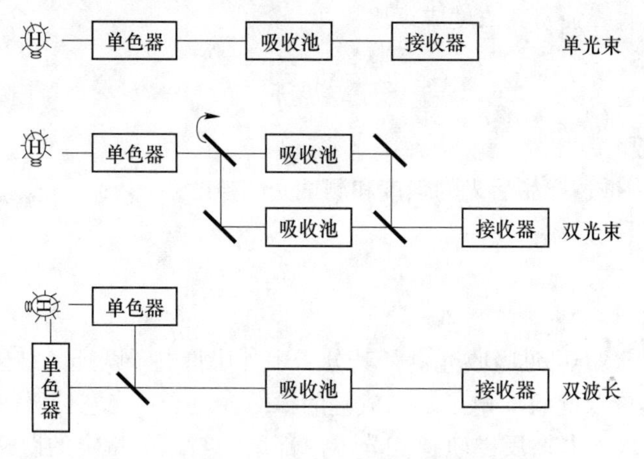

图 6-28 紫外-可见分光光度计结构示意图

（1）光源：光源的作用是提供激发能，使待测分子产生吸收。紫外-可见分光光度计同时具有可见和紫外两种光源。常见的可见光源是钨灯和卤钨灯，它们的波长范围是 320～2500nm；常用的紫外光源有氢灯和氘灯，它们的波长范围是 180～375nm。

（2）单色器：单色器是从连续光谱中分离出所需的足够窄波段光束的装置，是紫外-可见分光光度计的核心部分。单色器由入射狭缝、准直镜、色散原件（棱镜或光栅）、物镜和出射狭缝组成，由于光栅在整个光学光区具有良好的色散能力，因此紫外-可见分光光度计多采用光栅作为色散原件。

(3) 吸收池：吸收池是用于盛放溶液并提供一定吸光厚度的器皿，分为光学玻璃吸收池和石英吸收池两种。光学玻璃吸收池用于可见光区，石英吸收池在可见光区和紫外光区均可使用，常见的吸收池厚度为 1cm。

(4) 检测器。检测器是将光信号转变为电信号的光电转换装置，常用的检测器有光电池、光电管、光电倍增管和光电二极管阵列检测器等。

(5) 信号显示器：常用的信号显示器有电位计、微安表、检流计、数字电压表、记录仪、示波器和数据微处理器，前三种显示器主要用于简易型分光光度计，后四种显示器多用于中高档分光光度计。

6.8.4 实验方法与步骤

(1) 打开电源，开启紫外-可见分光光度计上的开关，打开电脑上的测试软件，让其自检，然后对仪器相关参数设置，包括波长范围、检测速度模式、时间间隔等。

(2) 空白对比实验。取一定量的溶剂试样装进 1cm 石英比色皿至 2/3，在测试软件主显示窗口下，单击所选图标“基线”以扫描空白溶液的测定吸收曲线。

(3) 取一定已知浓度的待测溶液，装进石英比色皿中放到紫外-可见分光光度计里，获得波长-吸收曲线，读取最大吸收的波长数据和吸光度。

(4) 同样的方法测定一系列已知浓度的待测液体，获得波长-吸收曲线，读取最大吸收的波长数据和吸光度，得到其标准曲线。

(5) 取一定未知浓度的待测溶液，装进石英比色皿中放到紫外-可见分光光度计里，获得波长-吸收曲线，读取最大吸收的波长数据和吸光度，得到其图谱。

(6) 测量结束后将比色皿用去离子水冲洗干净倒置晾干，关闭电源开关。

6.8.5 实验分析与讨论

6.8.5.1 紫外-可见吸收光谱的定性分析

吸收光谱的形状、吸收峰的数目和位置及相应的摩尔吸光系数，是定性分析的光谱依据，而最大吸收波长 λ_{max} 及相应的 ε_{max} 是定性分析的最主要参数。比较法有标准物质比较法和标准谱图比较法两种。利用标准物质比较，在相同的测量条件下，测定和比较未知物与已知标准物的吸收光谱曲线，如果两者的光谱完全一致，则可以初步认为它们是同一类化合物；利用标准谱图或光谱数据比较，对于没有标准物质或标准物质难于得到的情况，此方法适用。紫外-可见分光光度法可以进行化合物某些基团的判别，共轭体系及构型、构象的判断。

A 某些特征基团的判别

有机物的不少基团（生色团），如羰基、苯环、硝基、共轭体系等，都有其特征的紫外或可见光吸收带，紫外-可见分光光度法在判别这些基团时，有时是十分有效的。如在 270~300nm 处有弱的吸收带，且随溶剂极性增大而发生蓝移，就是羰基产生吸收带的有力证据；在 184nm 附近有强吸收带、204nm 附近有中强吸收带、260nm 附近有弱吸收带且有精细结构，则是苯环的特征吸收，等等。

B　共轭体系的判断

共轭体系会产生很强的K吸收带，通过绘制吸收光谱，可以判断化合物是否存在共轭体系或共轭的程度。

C　异构体的判断

异构体的判断包括顺反异构及互变异构两种情况的判断。

（1）顺反异构体的判断：生色团和助色团处于同一平面时，会产生最大的共轭效应。由于反式异构体的空间位阻效应小、分子的平面性较好、共轭效应强，因此其 λ_{max} 及 ε_{max} 都大于顺式异构体。

（2）互变异构体的判断：某些有机化合物在溶液中可能有两种以上的互变异构体处于动态平衡中，这种异构体的互变过程常伴随有双键的移动及共轭体系的变化，因此会产生吸收光谱的变化。最常见的是某些含氧化合物的酮式与烯醇式异构体之间的互变。

6.8.5.2　紫外-可见吸收光谱的定量分析

紫外-可见分光光度法定量分析的常见方法有以下几种。

A　单组分的定量分析

如果在一个试样中只要测定一种组分，且在选定的测量波长下，试样中其他组分对该组分不干扰，那么进行单组分的定量分析较为简单。一般有标准对照法和标准曲线法两种。

标准对照法：在相同条件下，平行测定试样溶液和某一浓度 c_s（应与试液浓度接近）的标准溶液的吸光度 A_x 和 A_s，则由式（6-17）可计算出试样溶液中被测物质的浓度 c_x

$$c_x = c_s A_x / A_s \tag{6-17}$$

标准曲线法：是实际分析工作中最常用的一种方法。配制一系列不同浓度的标准溶液，以不含被测组分的空白溶液作为参比，测定标准系列溶液的吸光度，绘制吸光度-浓度标准曲线。在相同条件下测定试样溶液的吸光度，从标准曲线上找出与之对应的未知组分的浓度。

B　多组分的定量分析

根据吸光度具有加和性的特点，在同一试样中可以同时测定两种或两种以上的组分。假设要测定试样中的两种组分为A、B，如果分别绘制A、B两纯物质的吸收光谱，可能有三种情况，如图6-29所示。图6-29（a）表明两组分互不干扰，可以用测定单组分的方法分别在 λ_1、λ_2 测定A、B两种组分；图6-29（b）表明A组分对B组分的测定有干扰，而B组分对A组分的测定无干扰，则可以在 λ_1 处单独测量A组分，求得A组分的浓度 c_A，然后在 λ_2 处测量溶液的吸光度及A、B纯物质的和，根据吸光度的加和性则可以求出 c_B；图6-29（c）表明两组分彼此互相干扰，此时在 λ_1、λ_2 处分别测定溶液的吸光度及加和值，而且同时测定A、B纯物质吸光度的加和值，然后列出联立方程，解得 c_A、c_B。

显然，如果有 n 个组分的光谱互相干扰，就必须在 n 个波长处分别测定吸光度的加和值，然后解 n 元一次方程以求出各组分的浓度。应该指出，这是一个烦琐的数学处理过程，且 n 越多，结果的准确性越差，如果使用计算机进行测定结果的处理将使运算大大简便。

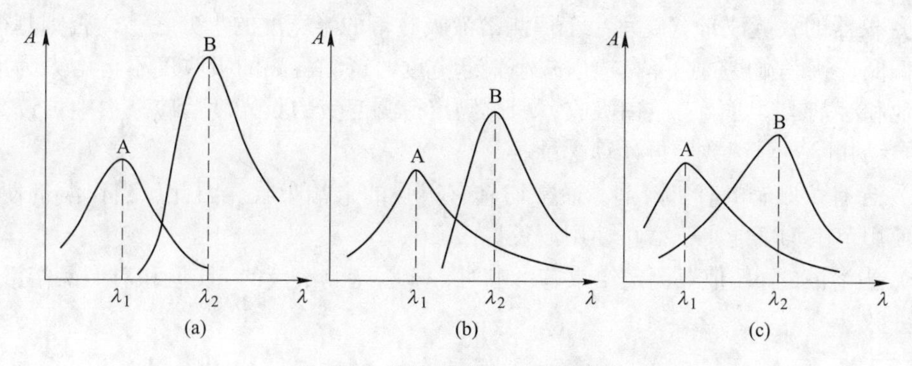

图 6-29 混合物的紫外吸收光谱

(a) 不重叠；(b) 部分重叠；(c) 相互重叠

C 双波长分光光度法

当试样中两组分的吸收光谱重叠较为严重时，用解联立方程的方法测定两组分的含量可能误差较大，这时可以用双波长分光光度法测定。它可以在有其他组分干扰的情况下测定某一组分的含量，也可以同时测定两组分的含量。双波长分光光度法定量测定两混合物组分的主要方法有等吸收波长法和系数倍率法两种。

D 导数分光光度法

采用不同的实验方法可以获得各种导数光谱曲线，包括双波长法、电子微分法和数值微分法。导数分光光度法对吸收强度随波长的变化非常敏感，灵敏度高；对重叠谱带及平坦谱带的分辨率高，噪声低；可适用于痕量分析以及稀土元素、药物、氨基酸、蛋白质的测定，同时对废气或空气中污染气体的测定也非常有效。

E 示差分光光度法

用普通分光光度法测定很稀或很浓溶液的吸光度时，测量误差都很大。若用一已知合适浓度的标准溶液作为参比溶液，调节仪器的100%透光率点（即0吸光度点），测量试样溶液对该已知标准溶液的透光率，则可以改善测量吸光度的精确度。

F 分光光度滴定法

分光光度滴定法是利用被测组分或滴定剂或反应产物在滴定过程中吸光度的变化来确定滴定的终点，并由此计算试液中被测组分含量的方法。

6.8.5.3 问题讨论

（1）简述紫外-可见吸收光谱的原理。

（2）简述郎伯-比尔定律中各参数的物理含义。

（3）紫外-可见分光光度计主要由哪几部分组成？

（4）简单列举紫外-可见吸收光谱定量和定性分析的分类。

（4）查阅相关资料，列举几种测定未知液体浓度的方法，比较它们各自的特点。

6.8.6 注意事项

（1）由于环境因素对机械部分的影响，仪器的波长经常会略有变动，因此除应定期对所用的仪器进行全面校正检定外，还应于测定前校正测定波长。

（2）仪器的狭缝波带宽度宜小于待测溶液吸收带的半宽度的十分之一，否则测得的吸光度会偏低；狭缝宽度的选择，应以减小狭缝宽度时待测溶液的吸收度不再增大为准，由于吸收池和溶剂本身可能有空白吸收，因此测定待测溶液的吸光度后应减去空白读数，或由仪器自动扣除空白读数后再计算含量。

（3）含有杂原子的有机溶剂，通常均具有很强的末端吸收。因此，当作溶剂使用时，它们的使用范围均不能小于截止使用波长。

（4）当溶液的 pH 值对测定结果有影响时，应将待测溶液的 pH 值和对照品溶液的 pH 值调成一致。

7 其他分析表征实验

本章主要介绍气相色谱分析、液相色谱、金相显微分析、超声显微镜分析及多晶 X 射线衍射分析五部分实验内容。

7.1 气相色谱分析实验

7.1.1 实验目的

（1）掌握气相色谱法的基本原理。
（2）了解气相色谱仪的基本结构及操作步骤。
（3）掌握气相色谱谱图的定性与定量分析方法。

7.1.2 实验原理

色谱法又称为色层法或层析法，是利用物质在两个相对运动着的相间的多次平衡分配原理以及各物质在两相间分配系数的差别对物质进行分离的方法，以其高分离效能、高检测性能、分析快速而成为现代仪器分析中应用最广泛的一种方法。

气相色谱法的应用更为普遍，对于未知组分的混合物样品，首先将其分离然后才能对组分进行进一步分析，混合物的分离是基于组分的物理化学性质，利用物质的沸点、极性及吸附性质的差异来实现的。它的分离原理是混合物中各组分在两相间进行分配，其中一相是不动的固定相，另一项是携带混合物流过此固定相的流动相气体（载气）。当流动相中所含化合物经过固定相时，就会与固定相发生作用，由于各组分在性质和结构上的差别，与固定相发生作用的大小、强弱也会有所差异，因此在同一推动力作用下，不同组分在固定相中的滞留时间有长有短，从而按照先后不同的顺序从固定相中流出。当组分流出色谱柱后，立即进入检测器，检测器能够将样品组分的存在与否转变为电信号，而电信号的大小与被测组分的含量或浓度成比例，当将这些信号放大并记录下来时，即得到色谱图。气相色谱法适用于沸点低、热稳定性好、相对分子质量中小的化合物。

7.1.3 实验装置

气相色谱仪包括实验室通用型、简易型、携带型、专用型以及工业用气相色谱仪，图 7-1 是典型的基于热导检测器的气相色谱仪。

无论气相色谱仪如何发展，各种型号的气相色谱仪都包括气路系统、进样系统、分离系统、检测系统、数据采集及处理系统、温度控制系统这 6 个基本单元，差异只是水平和配置。气相色谱仪流程如图 7-2 所示。

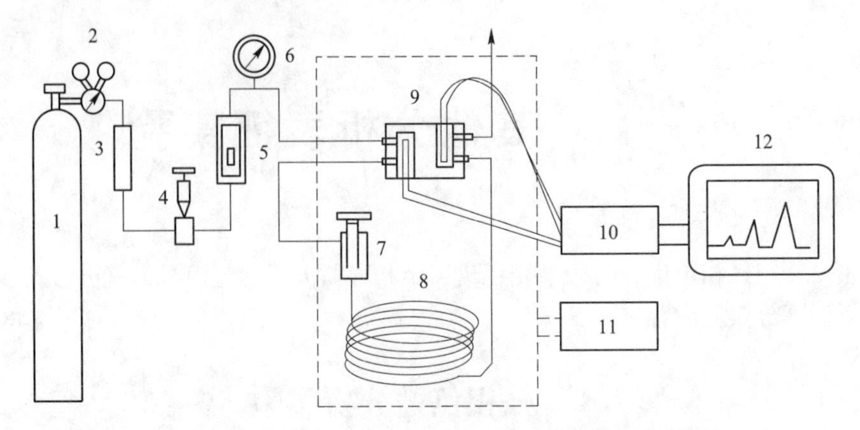

图 7-1　基于热导检测器的气相色谱仪结构示意图

1—气体钢瓶；2—减压阀；3—净化干燥管；4—针型阀；5—流量计；6—压力表；7—进样口；8—色谱柱；9—热导检测器；10—放大器；11—温度控制器；12—记录仪

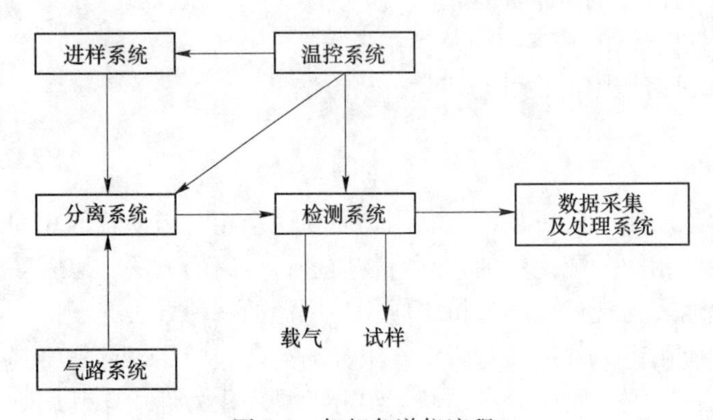

图 7-2　气相色谱仪流程

7.1.3.1　气路系统

气路系统包括气源和气路控制系统，它是一个气源连续运动、管路密闭的系统，供给色谱仪分析所需的载气、燃气、助燃气。气路系统要求载气纯净、系统密闭性好、载气流量稳定和流量的测量准确。

气源分为载气和辅助气两种。载气是携带分析试样通过色谱柱，提供试样在柱内运行的动力。它从气源流出后依次经减压阀、净化干燥管、针型阀、流量计、进样口、色谱柱、检测器，最后放空。载气应具有惰性、纯度高、廉价的特点，并适合所有的检测器。常用的载气有 N_2、H_2、Ar、He、CO_2等，最常用的载气是 N_2和 H_2。辅助气是提供检测器燃烧或吹扫用。常用的辅助气有空气、氧气等，由于辅助气的用量较大，所以最常用的辅助气是空气。

7.1.3.2　进样系统

进样系统的作用是引入试样，并保证试样气化，通过进样系统将试样快速、定量地加到柱头，然后进行色谱分离。进样的大小、进样时间的长短、试样的气化速度等都会影响色谱的分离效果和分析结果的准确性和重现性。进样系统包括进样器和将试样瞬间气化的气化室两部分。

（1）进样器：进样器包括气体进样和液体进样两种装置。气体进样常用色谱仪本身配置的推拉式六通阀或旋转式六通阀定量进样，六通阀使用温度高、寿命长、耐腐蚀、气密性好；液体样品一般采用微量注射器进样，微量注射器具有 0.5μL、1μL、5μL、10μL、50μL 等不同的规格，需要严格控制进样量。

（2）气化室：为了让样品在气化室中瞬间气化而不分解，要求气化室热容量大，无催化效应。为了尽量减少柱前谱峰变宽，气化室的死体积应尽量小。

7.1.3.3 分离系统

试样在柱内运行的同时得到所需要的分离。分离系统涉及色谱柱及柱内的固定相，其中色谱柱本身的性能是分离成败的关键。色谱柱主要有填充柱和毛细管柱两类，色谱柱的分离效果除与柱长、柱径和柱形有关外，还与所选用的固定相和柱填料的制备技术以及操作条件等很多因素有关。

（1）填充柱由不锈钢或玻璃材料制成，形状有 U 形和螺旋形两种，内装固定相，一般内径为 2~4mm，长度为 1~3m。

（2）毛细管柱又叫空心柱，分为涂壁、多空层和涂载体空心柱。空心毛细管柱材质为玻璃或石英，呈螺旋形，内径一般为 0.2~0.5mm，长度为 30~300m。

7.1.3.4 检测系统

对柱后已被分离的组分进行检测，检测器能及时、准确地把从色谱柱流出的组分检测出来，不但可以证明其存在，还可以以一定量的信号大小，如峰高或峰面积表示其存在量的多少。根据检测原理的差别，气相色谱检测器可分为浓度型和质量型两种。

（1）浓度型检测器测量的是载气中组分浓度的瞬间变化，即检测器的响应值正比于组分的浓度。主要有热导检测器、电子捕获检测器。

（2）质量型检测器测量的是载气中所携带样品进入检测器的速度变化，即检测器的响应信号正比于单位时间内组分进入检测器的质量。主要有火焰光度检测器、火焰离子化检测器。

7.1.3.5 数据采集及处理系统

数据采集及处理系统对气相色谱原始数据进行处理，并获得相应的定性、定量数据。虽然对分离和检测没有直接的贡献，但分离效果的好坏、检测器性能如何，都要通过数据反映出来。

7.1.3.6 温度控制系统

温度直接影响色谱柱的选择分离、检测器的灵敏度和稳定性，温控控制系统主要是对色谱柱炉、气化室、检测室的温度进行控制。色谱柱的温度控制方式有恒温和程序升温两种，程序升温法是指在一个分析周期内柱温随时间由低温向高温作线性或非线性的变化，以达到用最短时间获得最佳分离的目的，对于沸点范围很宽的混合物，一般采用程序升温法。

气化室和检测室要有各自独立的温控装置。

7.1.4 实验方法与步骤

（1）连通气路，开启主机。旋动载气净化器旋钮，使其处于“ON”位置，接通载气气路。打开载气瓶，通入载气净化气路，约20min后打开主机并开启电脑软件端。

（2）设置检测条件，包括进样口温度、填充柱温度和检测器温度。达到检测条件后开始施加检测电流，每次施加50mA。并通过调整检测电流大小使电脑软件端显示的基线平稳。

（3）制作标定样品色谱图。将配制好的已知浓度的样品（气相或液相）注入气相色谱仪进行色谱分析，把分析结果入库，作为标定样品色谱图。

（4）进样。气相样品从左侧进样口注入，液相样品从顶端进样口注入。

（5）检测样品。进样完毕后立即用鼠标点击软件面板“开始”按钮进行样品分析。

（6）分析并保存结果。调用标定样品色谱图对样品分析结果进行标定。存储分析结果。

（7）关机。将检测电流设置为0，然后将进样口温度、柱温和检测器温度设置到常温，继续通载气，直到各温度降到常温。关闭载气，断开气路，关闭主机。

7.1.5 实验分析与讨论

7.1.5.1 气相色谱法的定性分析

定性分析的任务是确定色谱图上每一个峰所代表的物质，在色谱条件一定时，任何一种物质都有确定的保留值、保留时间、保留体积、保留指数及相对保留值等保留参数。因此在相同的色谱操作条件下，通过比较已知纯样品和未知物的保留参数或在固定相上的位置来确定未知物为何种物质。

将保留值作为一种定性指标是最常用的色谱定性方法，当有待测组分的纯样品时，作与已知物的对照进行定性分析较为简单，可采用单柱、双柱及峰高增加法。

（1）单柱：单柱比较法是在相同的色谱条件下，分别对已知的纯样品及待测试样进行色谱分析，得到两张色谱图，比较其保留参数，当两者数值相同时，即可认为待测试样中有纯样组分存在。

（2）双柱：双柱比较法是在两个极性完全不同的色谱柱上，在各自确定的操作条件下测定纯样品和待测试样的保留参数，如果都相同，即可准确地判断待测试样中有与此纯样品相同的物质存在。双柱比较法比单柱比较法得到的结果更加准确。

（3）峰高增加法：如果流出曲线复杂，流出曲线中色谱峰多而密，可在待测试样中加入一定量的纯物质，然后在同样条件下得到的谱图与原样品的谱图进行对照，如果发现某组分的峰高增加，表示待测试样中可能含有这种物质，如果出现新峰说明待测试样中无此物质。

7.1.5.2 气相色谱法的定量分析

色谱定量的依据是在一定条件下，流入检测器的待测组分 i 的含量 m_i（质量或浓度）与检测器的响应信号（峰面积或峰高）成正比，即

$$m_i = f_i A_i \quad 或 \quad m_i = f_i h_i \tag{7-1}$$

式中 m_i——i 组分的质量或浓度；

f_i——i 组分的定量校正因子；

A_i——i 组分的峰面积；

h_i——i 组分的峰高。

因此，在进行色谱定量分析前需要解决三个问题：准确测量待测组分的峰面积或峰高；求出待测组分的定量校正因子；选择合适的定量方法。

A 色谱峰面积的测量方法

(1) 峰高承半峰宽法。适用于色谱峰为对称峰形的情况，将色谱峰视为等腰三角形，得到的面积为实际面积的 0.94 倍，实际的峰面积为

$$A = 1.065hY_{1/2} \tag{7-2}$$

在绝对测量时应乘系数 1.065，在相对计算时可省去。

(2) 峰高乘平均峰宽法。适用于不对称峰面积的测量，在峰高的 0.15 倍和 0.85 倍处分别测出峰宽，取平均值即为平均峰宽，则峰面积为

$$A = h(Y_{0.15} + Y_{0.85})/2 \tag{7-3}$$

(3) 自动积分仪法。自动积分仪能自动测出色谱峰的面积，是最方便的面积测量工具，小峰或不对称峰也能得出准确结果。

(4) 用峰高代替峰面积定量。在固定的操作条件下，在一定的进样量的范围内，很窄的对称峰的半峰宽可以认为是不变的，因此可以用峰高代替峰面积进行定量。

B 定量校正因子

相同质量的不同物质在同一检测器中往往会产生不同的信号，因此不能直接用信号来计算样品中各组分的含量，只能将测得的信号经校正因子校正后再用于定量。为使峰面积能够准确地反映待测组分的含量，需要用已知量的待测组分测定在所用色谱条件下的峰面积，来计算定量校正因子

$$f_i = m_i/A_i \tag{7-4}$$

式中 f_i——绝对校正因子，即单位信号峰面积所相当的组分的量。

绝对校正因子与检测器性能、组分和流动相性质及操作条件有关，不易准确测量。因此，在定量分析中常用相对校正因子 f_{is}，相对校正因子为待测组分与标准物质的绝对校正因子之比，即

$$f_{is} = \frac{A_s m_i}{A_i m_s} \tag{7-5}$$

$$m_i = A_i f_{is} \frac{m_s}{A_s} \tag{7-6}$$

式中 A_s，A_i——分别为标准物质和待测组分的峰面积；

m_s，m_i——分别为标准物质和待测组分的量。

常用的标准物质，对于热导池检测器是苯，对于火焰离子化检测器是正庚烷。分别准确称取一定量的标准物质和待测组分，将两者混合均匀，进样后得到相应色谱峰面积为 A_i 和 A_s，代入式 (7-5) 中，即可计算出待测组分的 f_{is}，校正因子一般都由实验者自己测定。

C 定量计算方法

a 外标法

外标法是在一定条件下，将待测组分的纯物质配成不同浓度的标准溶液，取固定量的标准溶液进行分析，从所得的色谱图上测出峰高和峰面积，绘出峰面积 A 对质量分数 c 的

标准曲线。如图 7-3 所示。

可由标准曲线得到曲线的回归方程和相关系数

$$A = a + bc \tag{7-7}$$

分析样品时，取与制作标准曲线相同量的试样（定量进样），在严格相同的操作条件下测定试样中待测组分的峰面积，用测得的峰面积在标准曲线上查出被测组分的质量分数。

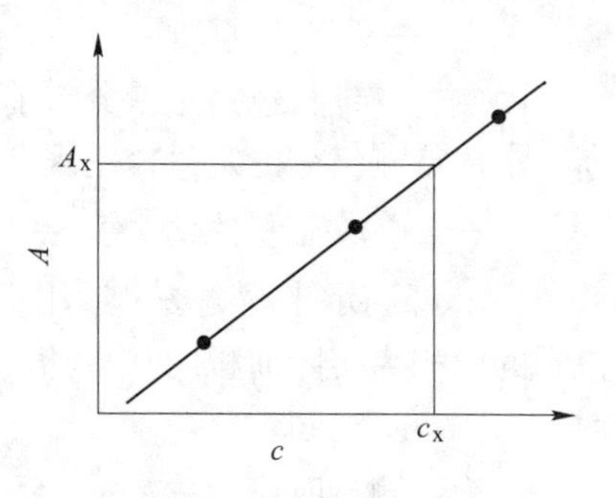

图 7-3　外标法曲线图

外标法操作简单、计算方便，不需要使用校正因子，准确性较高，操作条件变化对结果准确性影响较大，对进样量的准确性控制要求较高，适用于大批量试样的快速分析。

b　内标法

当只需要测定试样中的某几个组分，且试样中所有组分不能全部出峰时，可采用内标法。内标法是将一定量的纯物质作为内标物加入准确称取的待测试样中，根据待测物和内标物的质量及其在色谱图上相应的峰面积比，求出待测组分的含量。例如样品质量为 m，要测定样品中组分 i 的百分含量时，可于样品中加入质量为 m_r 的内标物 r，则

$$\omega_i = \frac{m_i}{m} \times 100\% = \frac{A_i f_{is} m_r}{A_r f_{rs} m} \times 100\% \tag{7-8}$$

内标物要满足以下要求：待测试样中不含有该物质；与被测组分性质比较接近；不与试样发生化学反应；出峰位置应位于被测组分附近且无组分峰影响。

内标法的准确性较高，操作条件和进样量的稍许变动对定量结果的影响不大，但每次分析都要称取待测样品和内标物的质量，不适合大批量试样的快速分析。

c　归一化法

当试样中各组分都能流出色谱柱并在色谱图上都出现色谱峰时，可以用归一化法进行定量计算。若试样中含有 n 个组分，每个组分质量分别为 m_1、m_2、m_3、…、m_n，各组分质量分数的总和 ω 为 100%，则其中某个组分 i 的质量分数 ω_i 可按下式计算

$$\omega_i = \frac{m_i}{m} \times 100\% = \frac{A_i f_{is} \dfrac{m_s}{A_s}}{(A_1 f_{1s} + A_2 f_{2s} + \cdots + A_i f_{is} + \cdots + A_n f_{ns}) \dfrac{m_s}{A_s}} \times 100\% \tag{7-9}$$

式中　f_{is}——相对校正因子；

A_i——峰面积。

若各组分 f_{is} 相近或相同，则式（7-9）可简化为

$$\omega_i = \frac{A_i}{A_1 + A_2 + \cdots + A_i + \cdots + A_n} \times 100\% \tag{7-10}$$

对于狭窄的色谱峰，当各种操作条件保持严格不变时，在一定的进样量范围内，半峰宽不变，即可用峰高来代替峰面积进行定量分析，即有

$$\omega_i = \frac{h_i f_{is}}{h_1 f_{1s} + h_2 f_{2s} + \cdots + h_i f_{is} + \cdots + h_n f_{ns}} \times 100\% \tag{7-11}$$

归一化法简便、准确，进样量的准确性和操作条件的变动对测定结果影响不大，只需

要一次进样就可以得到各组分的定量结果。但是某些不需要定量的组分也要测出其校正因子和各峰面积，因此该法在使用中受到限制。

7.1.5.3　问题讨论

（1）简述气相色谱分析法的原理。

（2）气相色谱仪包括哪几个部分？

（3）选择合适的定量方法对测定的样品进行定量分析。

（4）为什么可以利用色谱峰的保留值进行定性分析？

（5）外标法是否需要应用校正因子，为什么？

7.1.6　注意事项

（1）开机时通入载气 20min 后再升温，关机时等温度降至常温再关闭载气，避免检测器被氧化。

（2）严格按照“通载气→开机→升温→加电流→关电流→降温→断载气→关机”的顺序操作。

7.2　高效液相色谱分析实验

7.2.1　实验目的

（1）了解高效液相色谱法的基本原理。

（2）熟悉高效液相色谱仪的操作规程和注意事项。

（3）掌握液相色谱谱图的分析方法。

7.2.2　实验原理

高效液相色谱法是色谱法的一个重要分支，它是在经典液相色谱法的基础上，引入气相色谱理论，并在技术上采用了高压泵、高效固定相和高灵敏度检测器而实现分离测定的一种分析方法，该方法具有高压、高速、高效、高灵敏度、分析速度快、自动化程度高等特点，因此被称为高效液相色谱法（HPLC），又称为“高压液相色谱法”“高速液相色谱法”“高分离度液相色谱法”等。

高效液相色谱法是以液体为流动相，采用高压输液系统，将具有不同极性的单一溶剂或不同比例的混合溶剂、缓冲液等流动相泵入装有固定相的色谱柱，当两相做相对运动时，被测物质在两相之间进行反复多次的质量交换，使溶质间微小的性质差异产生放大的效果，即利用物质在两相中的吸附或分配系数的微小差异达到分离分析和测定的目的。而高效液相色谱仪的检测器都是利用被测样品的某一物理或化学性质与流动相有差异的原理，当被测样品从色谱柱流出时，会导致流动相背景值发生变化，并在色谱图上以色谱峰的形式记录下来。

液相色谱与气相色谱相比，成功地克服了气相色谱法对高沸点有机物分析的局限性，可以广泛应用于分析高沸点、非挥发性、热不稳定、离子型物质以及相对分子质量大的高聚物，还可以分析合成的或天然的高分子化合物，以及生物性活物质和天然产物。据统计，气相色谱法仅能分析 20%的有机物样品，高效液相色谱法弥补了气相色谱法的不足，可以对其余80%的有机物进行有效的分离和分析，应用范围广泛，已成为化学、医学、工业、农学、商检和法检等学科领域中重要的分离分析应用技术。

7.2.3　实验装置

高效液相色谱仪主要由高压输液系统、进样系统、分离系统、检测系统和计算机控制与数据处理系统组成，其结构示意图如图7-4所示。

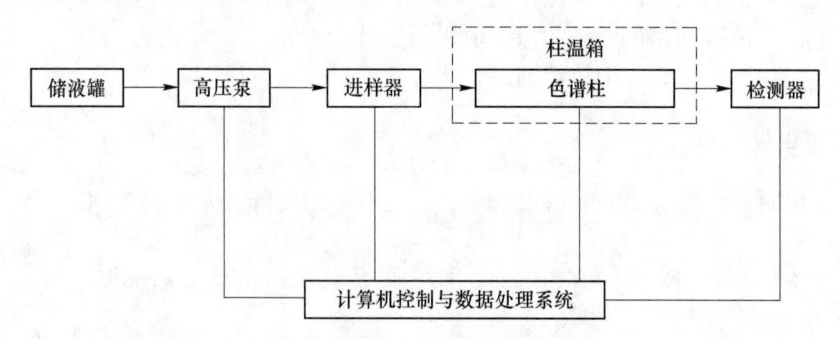

图7-4　高效液相色谱仪结构示意图

7.2.3.1　高压输液系统

高压输液系统由储液罐、脱气系统、高压泵、过滤器、压力脉动阻尼器、梯度洗脱装置等几部分构成，其核心部件是高压泵。

流动相每天使用前要通过脱气系统进行脱气处理，除去其中溶解的气体，以防流动相由色谱柱流到检测器时产生气泡。高压泵的作用是将流动相输入到色谱柱，使样品中各组分在色谱柱内得到分离。梯度洗脱装置的作用是按一定的程度改变流动相的组成，使各组分在各自适宜的情况下分别流出色谱柱，可以提高分离效率并加快分析速度。

7.2.3.2　进样系统

高效液相色谱法使用专用进样器将样品送入色谱柱中，目前常用进样器主要分为手动进样阀和自动进样器两种，其中手动进样阀进样是高效液相色谱法普遍采用的一种进样方式。手动进样阀常用六通阀，如图7-5所示，将手柄置于取样位置后，用特制的平头注射

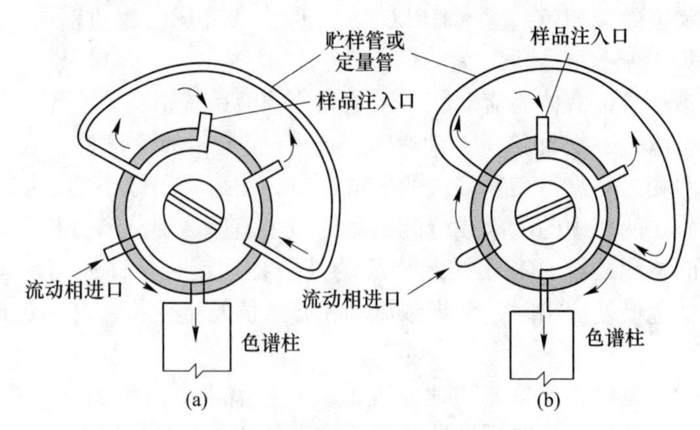

图7-5　六通阀进样示意图
（a）取样位置；（b）进样位置

器吸取比定量管体积稍多的样品从注入口进入定量管，多余的样品从出口排出，再将进样阀手柄置于进样位置，流动相将样品携带进入色谱柱。六通阀进样适合高压、大体积进样。

自动进样器由计算机自动控制，按照预先设定的程序自动完成进样。自动进样器适合大量样品的分析，可实现自动化操作。

7.2.3.3 分离系统

分离系统包括色谱柱、柱温箱和连接管等部件，其中色谱柱是色谱仪分离系统的重要部件，由柱管和固定相组成。作为高效液相色谱法的固定相要满足粒径小且分布均匀、机械强度高、传质速度快、化学性质稳定不与流动相发生反应等特点。而因为分离机制的不同，高效液相色谱法可分为液固吸附色谱、液液分配色谱、化学键合相色谱、离子交换色谱、分子排阻色谱等类型。下面列举几种常用的色谱法：

（1）液固吸附色谱法。液固吸附色谱法的固定相是固体吸附剂，其分离原理是根据固定相对组分吸附力大小不同而分离，分离过程是吸附—解吸附的平衡过程，常用的吸附剂为硅胶或氧化铝，粒度 5~10μm，适合分离不同类型的化合物和异构体。

（2）化学键合相色谱法。化学键合相色谱法由液液分配色谱法发展而来，并逐渐取代液液分配色谱法（流动相和固定相均为液体的色谱法为液液分配色谱法），在高效液相色谱法中占有极其重要的位置。化学键合相色谱是将不同的有机官能团通过化学反应键合到载体表面的游离羟基上，而生成化学键合固定相，进而发展成为化学键合相色谱法。化学键合固定相可分为载体和表面化学键合固定相两部分，常用硅胶作为载体。化学键合相色谱的优点是使用过程中不流失、化学性能稳定、热稳定性好、载样量大，适宜做梯度洗脱，适用范围宽。

根据键合固定相与流动相相对极性的强弱，可将化学键合相色谱法分为正相键合相色谱法和反相键合相色谱法。正相键合相色谱法，键合固定相的极性大于流动相的极性，适用于分离脂溶性或水溶性的极性和强极性化合物。反相键合相色谱法，键合固定相的极性小于流动相的极性，适用于分离非极性、极性或离子型化合物，它的应用范围比正相键合相色谱法更广泛。

（3）离子交换色谱法。离子交换色谱法是以能交换离子的材料作固定相，常用离子交换树脂，利用离子交换原理和液相色谱技术，对离子型化合物进行分离的色谱方法。被分离组分在色谱柱上分离原理是树脂上可电离离子与流动相中具有相同电荷的离子及被测组分的离子进行可逆交换，根据各离子与离子交换基团具有不同的电荷吸引力而分离。离子交换色谱法主要用于分析有机酸、氨基酸、多肽、核酸。

（4）分子排阻色谱法。分子排阻色谱法的固定相是有一定孔径的多孔性填料，流动相是可以溶解样品的溶剂，分子排阻色谱法常用的固定相是凝胶，凝胶为表面惰性材料，有很多不同尺寸的孔穴或立体网状物质，凝胶的孔穴大小与被分离样品的分子大小相近，按照分子空间尺寸大小或形状差异进行分离。小分子量的化合物可以进入孔穴中，滞留时间长，大分子量的化合物因不能进入孔穴中而直接随流动相流出。分子排阻色谱常用于分离高分子化合物，如蛋白质、多肽、核糖核酸等。

高效液相色谱法中的几种分离方法都有各自的适用范围，具体选择要取决于样品的性质，高效液相色谱法中 70%以上的分离工作是用反相键合相色谱法完成的。分离方式选择的一般原则如图 7-6 所示。

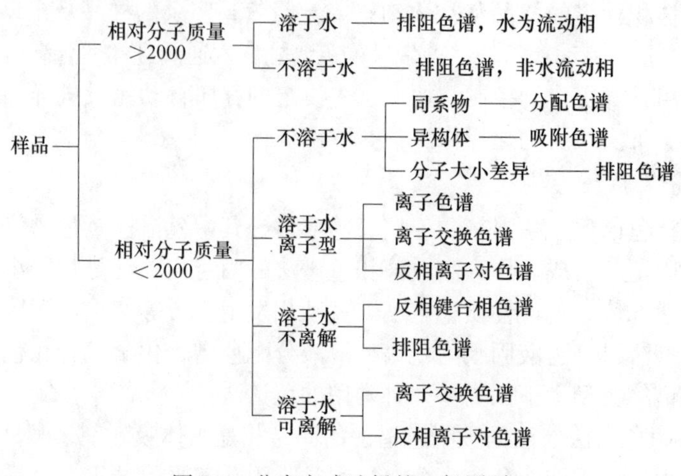

图 7-6 分离方式选择的一般原则

7.2.3.4 检测系统

检测器是高效液相色谱仪的关键部件之一，它的作用是把色谱洗脱液中被测组分的量转变为实际可测的电信号，并由记录系统绘出谱图来进行定性和定量分析。高效液相色谱仪的检测器应具备灵敏度高、噪声低（指对温度、流量等外界变化不敏感）、响应速度快、线性范围宽、重复性好、适用范围广等特点。但目前还没有检测器能完全满足上述要求。已有的检测器按照适用范围可分为通用型检测器和专用型检测器两种。

通用型检测器是指对一般物质均具有检测能力，可以连续测量色谱柱流出物的全部特性变化。主要有示差折光检测器、电导检测器、质谱检测器、蒸发光散射检测器。专用型检测器对不同的物质响应差别较大，因此只能选择性地检测某些物质。主要有紫外-可见光检测器、荧光检测器、化学发光检测器等。

7.2.3.5 计算机控制与数据处理系统

色谱工作站一般由计算机、打印机和专用软件构成，计算机与设备相连接，构成一个完整的色谱分析系统，可以实现全部操作参数控制功能。各种重要测试参数，如流动相流速、柱温、检测器的指标等均由计算机完成控制，仪器的精密度、准确度得到了保障；同时具有智能化数据处理和谱图处理功能，自动完成色谱数据的处理并给出重要信息，如各组分的峰高、峰宽、峰面积、峰形、对称因子、容量因子、选择性因子、分离度等色谱参数。

7.2.4 实验方法与步骤

以岛津 LC-10Atvp 高效液相色谱仪为例，实验方法与步骤如下：

（1）过滤流动相，根据需要选择不同的滤膜，并对抽滤后的流动相进行超声脱气 10~20min。

（2）打开色谱工作站的脱气装置、泵、检测器、柱温箱等需要使用的各单元电源，待各单元自检通过，让仪器预热一段时间，此时可准备待测样品。

（3）对泵进行排空处理，直至泵流动相入口管路没有气泡为止。

(4) 编辑分析方法并开始运行，设置各单元参数与方法设定一致，等待系统平衡。也可通过预览基线观察，待基线平稳，准备进样测试。

(5) 开始分析，点击 start 后出现一个记录对话框等待记录。

(6) 手动进样，取微量进样器对待分析样品润洗 5 次后，准确吸取要进入的样品的量，在六通阀处于 load 状态时由进样口将针体推到底，将样品注入到进样环中，快速旋转手柄将六通阀状态转到 inject 状态。

(7) 记录开始，当六通阀由 load 状态变为 inject 状态后，记录对话框开始记录，会出现样品的色谱峰。

(8) 当时间到达所设定的时间后，记录自动结束，同时对色谱峰数据进行自动积分处理，并把数据储存在指定的文件中。

(9) 分析结束后，关闭柱温箱电源，并打开柱箱门等待柱箱温度降至室温。不使用缓冲盐时可直接用 100%甲醇冲洗系统 30min 以上，使用缓冲盐时先用清水冲洗系统 60min 以上，再用甲醇冲洗系统 30min 以上。

(10) 退出工作站，关闭色谱仪各模块电源，关闭电脑。

7.2.5 实验分析与讨论

7.2.5.1 高效液相色谱法的定性分析

高效液相色谱法的定性分析主要是直接利用标准物质与样品中未知物的保留值对照，如果同一物质在相同色谱条件下保留值相同，尤其是改变色谱柱或流动相组成的情况下保留值依然相同，则基本上可以认为未知物与标准物质是同一物质。

7.2.5.2 高效液相色谱法的定量分析

高效液相色谱的定量分析方法常用外标法和内标法。

A 外标法

外标法可分为外标标准曲线法和外标一点法，不需要校正因子。

外标标准曲线法是用标准物质配制一系列浓度不同的标准溶液，准确进样，测量峰面积 A，绘出峰面积 A 对质量分数 c 的标准曲线，根据标准曲线，用测得的峰面积在标准曲线上查出被测组分的质量分数。

外标一点法是用一种浓度的标准溶液进行对比，求未知样品中某组分含量的方法，实际分析中，此种方法比较常用。计算公式如下

$$c_i = c_s \frac{A_i}{A_s} \tag{7-12}$$

式中 c_i，A_i——分别为待测组分的浓度和峰面积；

c_s，A_s——分别为标准溶液中被测物的浓度和峰面积。

B 内标法

内标法可分为内标标准曲线法和内标校正因子法。

内标标准曲线法与外标标准曲线法相似，向各种浓度的标准溶液中加入相同量的内标物，以待测物与内标物的峰面积之比对待测物浓度绘图得到标准曲线。

内标校正因子法是通过配制含有一定量内标物的标准溶液，在一定色谱条件下连续进样 5~10 次，测量待测物和内标物的峰面积，利用待测物平均峰面积 A_i 与内标物平均峰面积 A_r，分别计算内标物绝对校正因子 f_r、被测物绝对校正因子 f_i 和相对校正因子 f_{ir}，然后在相同条件下分析未知样品，测得待测物的平均峰面积 A_i 与内标物平均峰面积 A_r，则待测组分的质量 m_i 计算公式为

$$m_i = \frac{f_{ir} A_i}{A_r} m_r \tag{7-13}$$

若 m 为样品总质量、m_r 为样品中加入内标物的质量，则待测组分的含量 ω_i 计算公式为

$$\omega_i = \frac{f_{ir} A_i m_r}{A_r m} \times 100\% \tag{7-14}$$

7.2.5.3　问题讨论

（1）简述高效液相色谱分析法的原理。

（2）高效液相色谱仪由哪几部分组成?

（3）列举因为分离机制的不同，高效液相色谱法的分类。

（4）什么是化学键合色谱法，有何优点?

（5）简述高效液相色谱法和气相色谱法的主要区别。

7.2.6　注意事项

（1）流动相必须用高效液相色谱级（HPLC 级）的试剂，水用电阻值为 20MΩ 的去离子水。流动相应该先脱气，以免在泵内产生气泡影响流量的稳定性，如果有大量气泡，泵就无法正常工作。

（2）脱气后的流动相要小心振动，尽量不引起气泡。

7.3　金相显微分析实验

7.3.1　实验目的

（1）了解金相显微镜的基本原理和构造。

（2）掌握金相试样的制备方法。

（3）掌握金相显微镜的正确使用方法。

7.3.2　实验原理

光学显微分析是材料研究的重要方法之一，利用可见光观察物体的表面形貌和内部结构。透明晶体的观察可利用投射显微镜，如偏光显微镜。不透明物品只能使用反射式显微镜，即金相显微镜来进行观察。金相显微分析是研究金属材料显微组织及缺陷的主要方法之一，它可以发现金属组织的很多问题，如金属与合金的组织形貌、晶粒的大小和形状、非金属夹杂、偏析、裂纹等，广泛应用在工厂或实验室进行铸件质量的鉴定、原材料的检验、材料处理后金相组织的研究分析等工作。XJ-16 型金相显微镜是金相检验时使用的最广泛的一种台式倒置金相显微镜，其结构如图 7-7 所示。

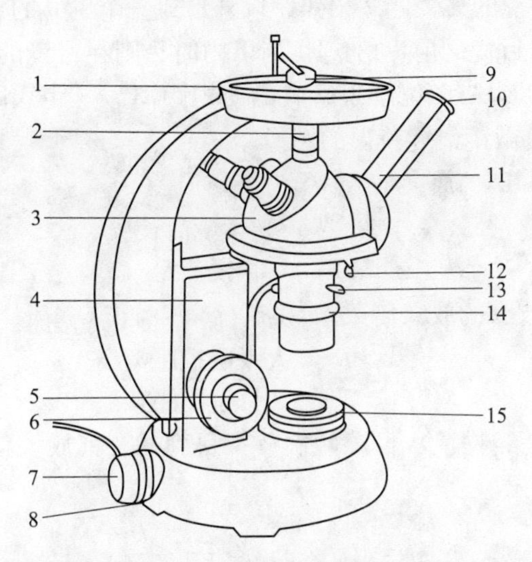

图 7-7 XJ-16 型金相显微镜结构示意图

1—载物台；2—物镜；3—转换器；4—传动箱；5—微动调焦手轮；6—粗动调焦手轮；7—光源；8—偏心圈；9—样品；10—目镜；11—目镜管；12—固定螺钉；13—调节螺钉；14—视场光阑；15—孔径光阑

显微镜所用的光线主要分为透射光线和反射光线两种，金相显微镜是利用照射到金相试样磨面上的反射光线而成像的。金相显微镜主要由物镜和目镜两个透镜构成，从目镜中观察到的物像是经物镜和目镜两次放大所得到的虚像。一般金相显微镜的放大倍数在 30~2000 倍范围内。

金相显微镜的基本成像原理如图 7-8 所示。将试样 AB 置于物镜的 1 倍焦距 F_1 与 2 倍

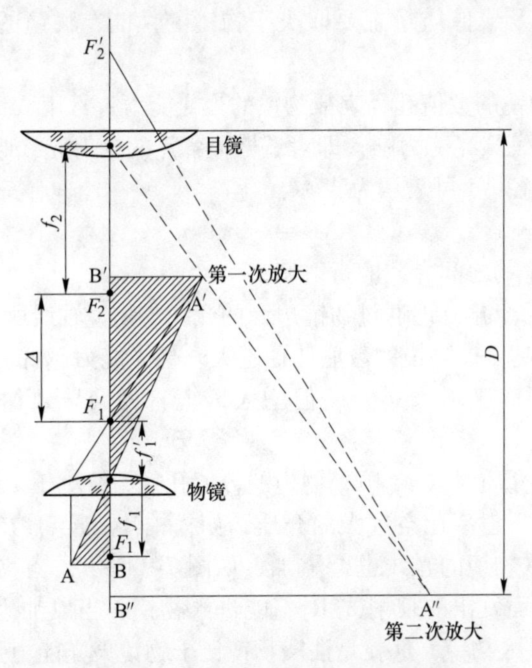

图 7-8 金相显微镜的成像原理图

焦距 $2F_1$之间，就会在物镜的另一侧2倍焦距以外形成一个倒立的、放大的实像A′B′（一次像）；当实像A′B′位于目镜的前1倍焦距 F_2以内时，则在目镜的前2倍焦距 $2F_2$以外得到正立、放大的虚像A″B″，A″B″位于观察者的明视距离 D（距人眼250mm）处，在视网膜上成的像是物体通过显微镜最终获得的图像。

经物镜放大后的像A′B′的放大倍数 $M_{物}$为

$$M_{物} = \frac{\Delta}{F_1} = \frac{光学镜筒长}{物镜焦距} \tag{7-15}$$

经目镜将A′B′再次放大的放大倍数 $M_{目}$为

$$M_{目} = \frac{D}{F_2} = \frac{人眼明视距离}{目镜焦距} \tag{7-16}$$

显微镜最后成的像是经物镜、目镜两次放大得到的，其放大倍数 M 为物镜放大倍数与目镜放大倍数的乘积，即

$$M = M_{物} \times M_{目} = \frac{\Delta}{F_1} \times \frac{D}{F_2} \tag{7-17}$$

由公式可以看出，金相显微镜的放大倍数与物镜和目镜的焦距乘积成反比。

7.3.3 实验装置

金相显微镜的光学系统一般包括物镜、目镜、光阑、照明系统、滤色片等几个部分。

7.3.3.1 物镜

物镜是显微镜最主要的部件，它由许多种类的玻璃制成的不同形状的透镜组所构成。位于物镜最前端的平凸透镜称为前透镜，它的用途是放大，在它以下的其他透镜均是校正透镜，用以校正前透镜所引起的各种光学缺陷，如色差、像差、像弯曲等。

显微镜的分辨能力及成像质量主要取决于物镜的性能，物镜的主要参数及性能特点如下：

（1）数值孔径。物镜的数值孔径表征物镜的聚光能力，常用 NA(Numderical Apertuer)表示。数值孔径大的物镜聚光能力强，即对试样上各点的反射光线吸收的更多，使图像更加清晰。物镜的数值孔径 NA 可表示为

$$NA = n\sin\varphi \tag{7-18}$$

式中 n——物镜与观察物之间介质的折射率；

φ——物镜的孔径半角，即通过物镜边缘的光线与物镜轴线所成的角度。

由式可知，φ 与 n 越大，物镜的数值孔径越大，聚光能力越好。可通过增大透镜的直径或减小物镜的工作距离来增大 φ 角，但增大透镜直径会导致像差增大，因此常采用后者。

另外，当以空气为介质时（$n=1$），物镜的数值孔径始终小于1，一般在0.9左右。若物镜和观察物之间放上折射率比空气大的介质，如松柏油（$n=1.157$），则数值孔径大于1。以油为介质时，进入物镜的光线也会增加，如图7-9所示，当物镜与观察物之间的介质为空气时，观察物表面发出的反射光 R_2不能进入物镜，当以油为介质时，由于折射率增加，光线 R_2也可以进入物镜，这就是油浸物镜比干物镜聚光能力强的原因。

（2）分辨率。物镜的分辨率也称为显微镜的分辨率，是指物镜能清晰地分辨物体相邻

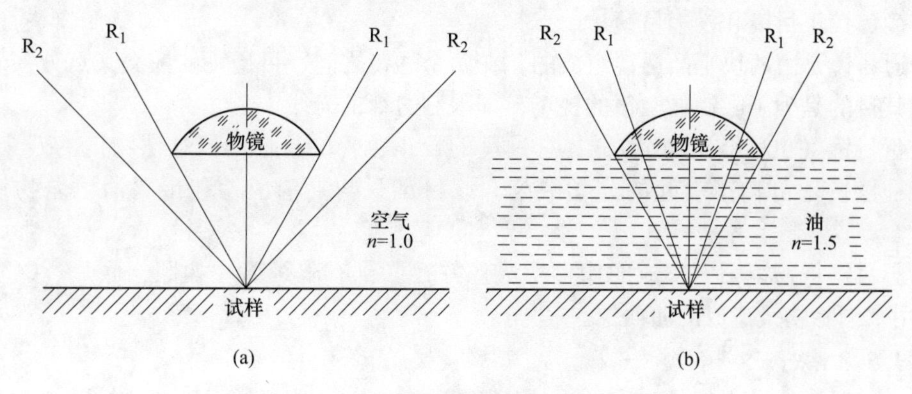

图 7-9 干物镜与油浸物镜聚光能力的比较
（a）干物镜；（b）油浸物镜

两点的最小距离 d，d 越小，表示物镜的分辨率越高，d 与数值孔径 NA 有如下关系

$$d = \frac{\lambda}{NA} \tag{7-19}$$

式中 λ——显微镜所用光线的波长；

NA——数值孔径。

可以看出，显微镜所用光线的波长越短，数值孔径越大，d 就越小，分辨率越高。观察显微组织时，常用黄光、绿光照明，而显微照相时用蓝光进行照明，可使分辨率提高25%左右。

（3）有效放大倍数。显微镜能否看清观察物组织细节，不但与物镜的分辨率有关，还与人眼的鉴别能力有关。显微镜的有效放大倍数 $M_{有效}$ 是指物镜分辨清晰的距离，同样也被人眼分辨清晰。人眼在明视距离 D 处的鉴别能力为 0.15~0.3mm，所以若使物镜能清晰分辨的最小距离 d 被人眼分辨，则需将 d 放大到 0.15~0.3mm，即

$$dM_{有效} = 0.15 \sim 0.3\text{mm} \tag{7-20}$$

将 $d = \frac{\lambda}{NA}$ 代入上式，则有

$$M_{有效} = \frac{1}{\lambda}(0.3 \sim 0.6)NA \tag{7-21}$$

当采用黄绿光（$\lambda = 5.4\times10^{-4}$mm）照明时，则有

$$M_{有效} \approx (500 \sim 1000)NA \tag{7-22}$$

因此，显微镜的有效放大倍数应在（500~1000）NA 范围内，可据此选择合适的目镜与物镜匹配。不足 500NA 时，就未能充分发挥物镜的分辨能力，若超过 1000NA，则会出现虚伪放大，仍不能显示出物镜分辨率的微细结构。

物镜根据用途的不同分为消色差物镜、半平场消色差物镜、平场消色差物镜、平场半复消色差物镜、平场复消色差物镜。不同类型的显微镜要求的配置不同，用普通金相显微镜观察时，选用消色差物镜、半平场消色差物镜即可；实验室用金相显微镜用平场消色差物镜；研究用金相显微镜用平场消色差物镜、平场半复消色差物镜、平场复消色差物镜。

7.3.3.2 目镜

目镜不能改变显微镜的分辨率，主要用来对物镜已放大的图像进行再次放大，可分为

普通目镜、校正目镜和投影目镜。

普通目镜是由两块平凸透镜组成的，在两个透镜之间、目透镜的前交叉点处安置一个光圈，其目的是为了限制显微镜的视场，即限制边缘的光线。

校正目镜（也称补偿物镜），具有过度的校正色差的特性，以补偿物镜的残余色差，它还能补偿校正由物镜引起的光学缺陷。该目镜只与复消色差和半复消色差物镜配合使用。

投影目镜把物镜第一次成的像再次成像并投影到有限距离（如照相底片、CCD 光敏面），用来消除物镜造成的曲面像。

7.3.3.3　光阑

金相显微镜的光路系统中一般安装两个光阑，靠近光源的称为孔径光阑，另一个为视场光阑，光阑的存在是为了提高成像质量，控制通过系统的光通量和拦截系统中的杂散光等。

孔径光阑用来调节入射光束的粗细，孔径光阑过小会降低物镜的分辨能力，孔径光阑过大又影响图像衬度。视场光阑能改变区域的大小，还能减少镜头内部的反射和弦光，视场光阑越小，图像的衬度越好。孔径光阑和视场光阑都是为了改进成像的质量而设置于光学系统中的，应根据成像的分辨能力和衬度的要求妥为调节，充分发挥其作用。

7.3.3.4　照明系统

金相显微镜是利用金相试样表面的反射光线来成像的，因此要借助辅助光源的照明。照明系统的任务就是根据研究目的的不同，改变采光方式，完成光线行程的转换。显微镜根据不同的研究目的配有多种光源，常用的光源有白炽灯、卤素灯、氙灯、碳弧灯这几种。

由于显微镜中聚光透镜的位置不同，使得光源在光程中的聚光情况不同，因而得到不同的照明效果，金相显微镜中常用的照明方法有临界照明、科勒照明和平行光照明。

7.3.3.5　滤色片

滤色片是金相显微镜的重要辅助工具，作用是吸收光源中发出的白光中波长较长不符合需要的光线，只让所需波长的光线通过，以得到一定色彩的光线，从而明显地表达出各个组织物的金相图片，既可减小色差的影响，又可以提高物镜的分辨率。

7.3.4　实验方法与步骤

7.3.4.1　金相试样的制备

金相试样的制备需要经过一系列的工序，主要包括取样、磨制、抛光、侵蚀等。

A　金相试样的取样

取样的主要内容是根据研究目的的不同，选择有代表性的部位取样，针对具体的问题有不同的细则。

（1）横截面作检测面可检验内容为：观察试样边缘到中心部分的显微组织变化；表面缺陷，如脱碳、氧化、过烧、折叠等；表面处理结果的分析，如表面淬火硬化层、渗层、镀层等；晶粒度测定。

（2）纵截面作检测面可检验内容为：非金属夹杂物的形状及分布；测定晶粒变形程

度；塑性变形程度；带状组织；带状碳化物；共晶碳化物等。

(3) 取样大小：金相试样的形状及尺寸没有严格的规定，一般以制样过程中便于持握为准。通常采用直径 ϕ10~15mm×长 10~15mm 的圆柱体或边长为 10~15mm 的立方体。

(4) 截取方法：对较软的材料，可用锯、车、刨等方法；对较硬的材料，可用砂轮切片或电火花切割等方法；对硬而脆的材料，可用锤击的方法。

(5) 金相试样的镶嵌：当试样形状不规则或尺寸较小很难用手持握磨样、或检验试样的边缘组织时，需要对试样进行镶嵌。在镶样的过程中不能使试样发生机械变形、试样检测面不能因受热而发生组织变化。目前常用的方法有塑料镶嵌法、机械镶嵌法、环氧树脂镶嵌法。

B 金相试样的磨制

金相试样的磨制分为粗磨和细磨两部分。

(1) 粗磨，即磨平。用砂轮或者平锉将试样的检测面打平，磨制时要用水冷却，以防止试样受热引发组织变化。

(2) 细磨，即磨光。目的是消除粗磨过程中在试样表面产生的较深磨痕，为后续抛光做准备。细磨是在由粗到细的砂纸上依次磨光，细磨分为手工细磨和机械细磨。

C 金相试样的抛光

抛光的目的是去除金相磨面上由细磨留下的细微磨痕和表面变形层，使磨面成为无划痕的光滑镜面。抛光时要保证抛光过程中产生的变形层不影响显微组织的显示与观察，即不出现假象。要得到理想的抛光试样，最好先粗抛再精抛。粗抛时用最大的抛光速度，使得在最短时间内达到抛光目的；精抛则是去除粗抛过程中产生的变形层。抛光主要有机械抛光、电解抛光和化学抛光三种方法。

D 金相试样的侵蚀

经抛光后的试样表面在金相显微镜下观察，只能看见光亮的磨面及夹杂物等，而无法看到组织的形貌，若要观察显微组织，须对试样表面进行侵蚀。

最常用的方法是化学侵蚀，化学侵蚀法是利用化学试剂对试样表面进行溶解或电化学作用来显示金属的组织。纯金属及单相合金的侵蚀是一个化学溶解过程，由于晶界原子排列的规律性较差，具有较高的自由能，所以侵蚀时晶界相对较易溶解而呈凹沟，同时各晶粒之间的溶解速度不尽相同，故侵蚀后呈现明暗不一的晶粒。两相合金主要是电化学腐蚀过程，合金中的两相具有不同的电极电位，在侵蚀液中形成了许多微电池，有较高负电位的一相成为阳极，被迅速溶解在侵蚀液中，而逐渐凹洼，而具有较高正电位的一相为阴极，不被侵蚀，保持原有的平面，这样在金相显微镜下就可以清楚地显示出两相。

7.3.4.2 实验步骤

以 XJ-16 型台式倒置金相显微镜为例，实验步骤如下：

(1) 制备一个金相试样。

(2) 将已截取打平的试样按照“磨光→抛光→显微镜观察→侵蚀”程序进行制样。

(3) 将制备好的试样磨面朝下放在载物台的中心处。

(4) 转动物镜转换器选择所需的物镜。

(5) 打开显微镜光源。

（6）转动粗调手轮，看见物像时，缓慢转动微调手轮直至物像清晰。

（7）调节孔径光阑和视场光阑到合适位置。

（8）观察试样的显微组织。

7.3.5　实验分析与讨论

（1）简述金相显微镜的基本原理。

（2）简述金相显微试样的制备过程及金相显微镜的使用方法。

（3）画出所观察到的显微组织示意图。

（4）影响金相显微镜成像质量的因素有哪些？

（5）讨论分辨率的意义及有效放大倍数如何确定。

7.3.6　注意事项

（1）金相显微镜在调焦时注意不要使物镜碰到试样，以免划伤物镜，不允许自行拆卸光学系统。

（2）严禁用手指直接接触显微镜镜头的玻璃部分和试样磨面。

（3）金相显微镜在使用完毕必须用防尘罩盖上。

7.4　超声扫描显微镜样品内部缺陷分析

7.4.1　实验目的

（1）掌握一种无损检测的分析方法。

（2）了解超声扫描显微镜的原理和操作过程。

（3）通过实验样品观察与分析，明确超声扫描显微镜的应用。

7.4.2　实验原理

超声检测是五大常规无损检测技术之一，是目前国内外应用最广泛、使用频率最高且发展较快的一种无损检测技术。它可以“看到”不透明样品内部的分层、裂缝或者空洞等缺陷，可以在不破坏物料和保持结构完整性的前提下对物料进行检测，被广泛地应用在物料检测（IQC）、失效分析（FA）、破坏性物理分析（DPA）、可靠性分析、元器件二次筛选、质量控制（QC）、质量保证及可靠性（QA/REL）、研发（R&D）等领域。

超声波属于机械波的一种，它的实质是以波动的形式在弹性介质中传播的机械振动。超声波的产生必须依赖于作高频机械振动的“声源”，同时还必须依赖于弹性介质的传播。超声波的传播过程包括机械振动状态和能量的同时传递。

7.4.2.1　超声波的工作原理

超声检测主要是基于超声波在工件中的传播特性，如声波在通过材料时能量会损失，在遇到声阻抗不同的两种介质分界面时会发生反射等，其工作原理是：（1）声源产生超声波，采用一定的方式使超声波进入工件；（2）超声波在工件中传播并与工件材料以及其中的缺陷相互作用，使其传播方向或特征被改变；（3）改变后的超声波通过检测设备被接收，并对其进行处理和分析；（4）根据接收的超声波的特征，评估工件本身及其内部是否存在缺陷及缺陷的特性。

通常用来发现缺陷和对其进行评估的基本信息为：（1）是否存在来自缺陷的超声波信号及其幅度；（2）入射声波与接收声波之间的传播时间；（3）超声波通过材料以后能量的衰减。

7.4.2.2 超声波的检测方法

超声波检测方法可以从多个角度来进行分类，如图 7-10 所示。

- 超声波检测方法分类
  - 按原理分
    - 脉冲反射法
      - 缺陷回波法
      - 底波高度法
      - 多次底波法
    - 穿透法
    - 共振法
  - 按波形分
    - 纵波法
    - 横波法
    - 表面波法
    - ⋮
  - 按探头数分
    - 单探头法
    - 双探头法
      - 并列式
      - 交叉法
      - V形串联法
      - K形串联法
      - 串联式
    - 多探头法
  - 按接触方式分
    - 直接接触法
    - 液浸法
      - 全部浸没式
      - 局部浸没式

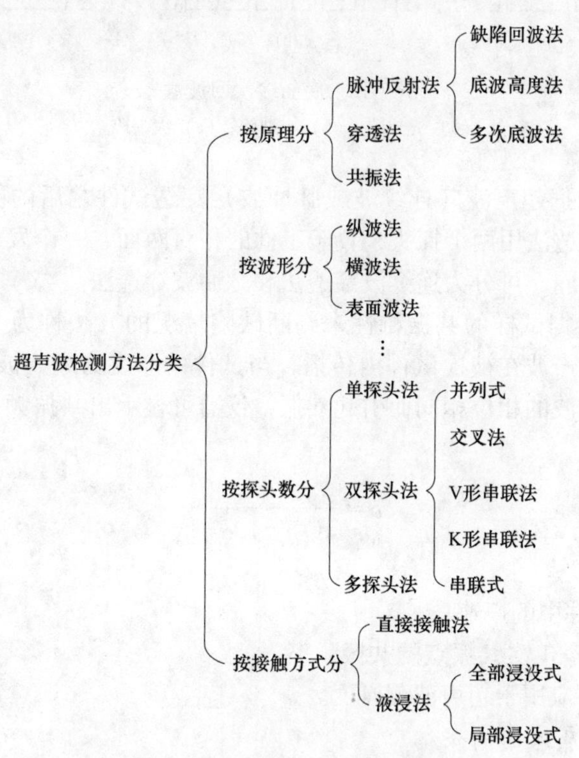

图 7-10 超声波检测方法的分类

下面简单讨论超声波检测方法按原理分类的情况。

（1）脉冲反射法：脉冲反射法是超声波探头发射脉冲波到被检试件内，根据反射波的情况来检测试件的方法。脉冲反射法包括缺陷回波法（见图 7-11）、底波高度法（见图 7-12）和多次底波法（见图 7-13）。缺陷回波法是根据仪器示波屏上显示的缺陷波形进行判断的方法，该方法是反射法的基本方法。

(a) (b)

图 7-11 缺陷回波法

（a）无缺陷；（b）有缺陷

(a) (b)

图 7-12 底面回波高度法

（a）无缺陷；（b）有缺陷

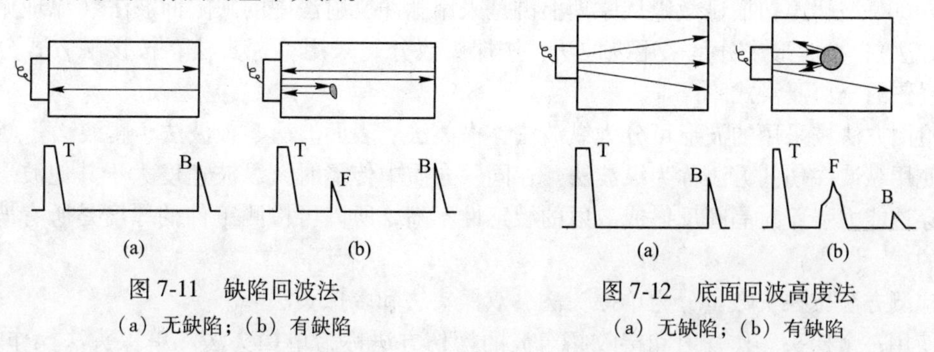

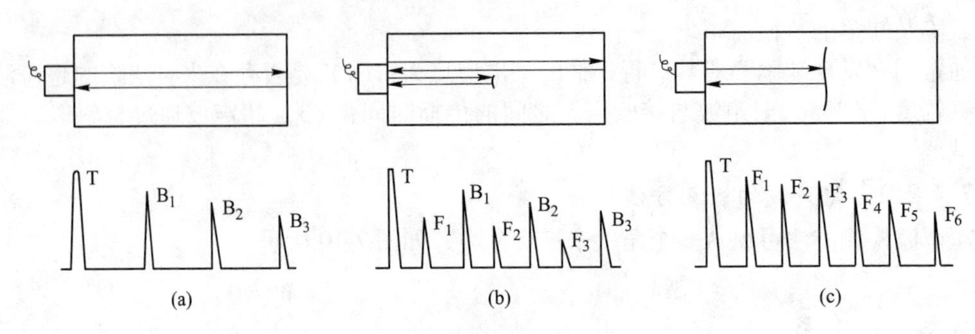

图 7-13　底面多次回波法

（a）无缺陷；（b）小缺陷；（c）大缺陷

（2）穿透法：依据超声波（连续波或脉冲波）穿透试件之后的能量变化来判断缺陷情况的一种方法。穿透法用两个探头，置于工件的相对两面，一个发射声波，一个接受声波。由于发射波的不同，可分为连续波穿透法和脉冲波穿透法。

（3）共振法：根据试样的共振特性来判断缺陷情况的方法称为共振法。其基本原理为：若频率可调的超声波在被检试件内传播，当试件的厚度为超声波半波长的整数倍时，则由于入射波和反射波的相位相同而引起共振，仪器可显示出共振频率点，可计算出试件的厚度

$$\delta = \frac{c}{2(f_n - f_{n-1})} \tag{7-23}$$

式中　δ——试件厚度；

c——被检试件中的声速；

f_n，f_{n-1}——第 n 和 $n-1$ 次共振点的共振频率。

共振法目前主要应用于超声波测厚度。

7.4.2.3　工作原理案例介绍

不同工作原理使用的方法不同，不同的方法对应的设备结构会有所不同，下面以 V400E 型超声扫描显微镜（德国凯斯安声学工业公司生产）为例，介绍它的工作原理。

超声波扫描显微镜主要有两种工作模式：基于超声波脉冲反射和透射的工作模式。反射式超声显微镜多是单透镜系统，主要适合于体材料的观察和集成电路的研究。透射式超声显微镜是一种双声透射系统，主要适合于生物样品及薄膜材料的观测，还有混凝土结构等衰减较大的材料或构件。

V400E 型超声扫描显微镜从原理上讲是采用脉冲反射法中的缺陷回波法（原理见超声分析方法）；按波形来分是采用纵波法；按探头数分是采用单探头法；按接触方式分是采用液浸法的全部浸没式。

检测方法按采用的波形可分为纵波法、横波法、表面波法、板波法、爬波法等。

使用纵波探伤的方法称为纵波法。在同一介质中传播时，纵波速度大于其他波形的速度，穿透能力强，对晶间反射或散射的敏感性不高，所以可检测工件的厚度是所有波形中最大的。

检测方法按探头数量分为单探头法、双探头法和多探头法。

使用一个探头兼作发射和接收超声波的探伤方法称为单探头法。单探头法操作方便，

大多数缺陷可以检出，是目前最常用的一种方法。单探头法探伤，对于与波束轴线垂直的片状缺陷和立体型缺陷的检出效果最好。与波束轴线平行的片状缺陷难以检出。当缺陷与波束轴线倾斜时，则根据倾斜角度的大小，能够收到部分回波或者因反射波束全部反射在探头之外而无法检出。

检测方法按探头接触方式分为接触法和液浸法。探头和工件之间以一定厚度的液体作耦合剂时称为液浸法。液浸法探伤，探头不直接接触试件，不易磨损，且耦合介质可以防止超声波信号快速衰减，因为超声波信号在一些稀疏介质中传播时会快速衰减，有耦合剂，耦合稳定，探测结果重复性好，便于实现自动化探伤。

V400E 型超声扫描显微镜原理如图 7-14 所示。

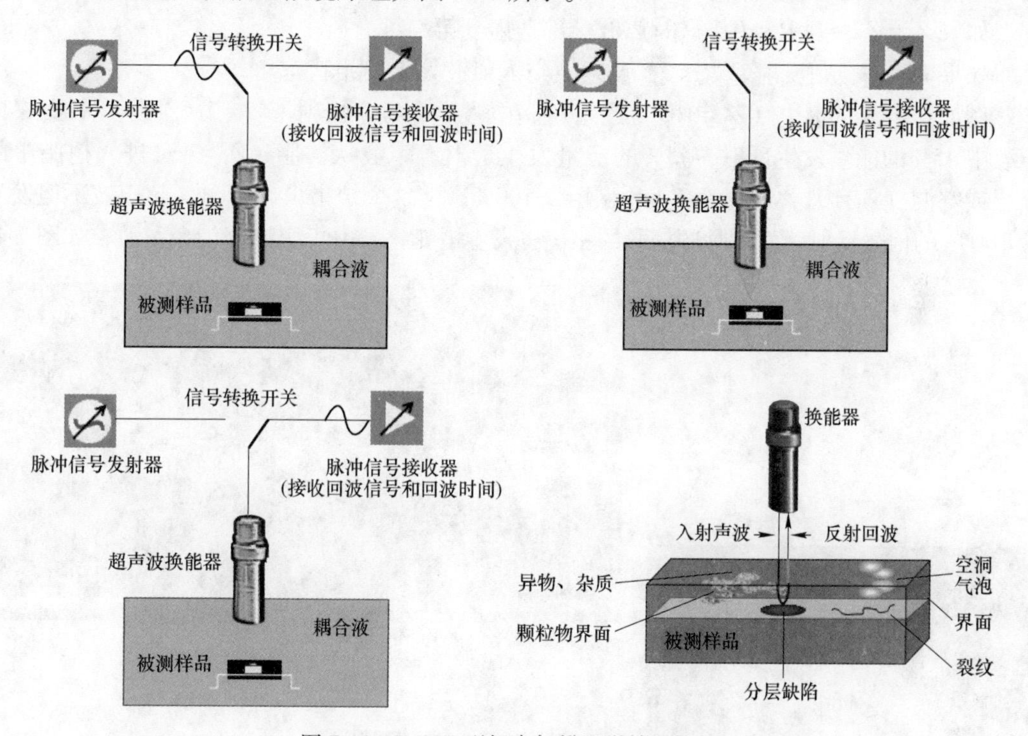

图 7-14　V400E 型超声扫描显微镜原理图

超声波扫描显微镜采用脉冲回波技术工作。由特定的声学组件探头发射和接收高重复率的短超声脉冲，声波与被测样品发生相互作用后，反射波被接收并转换为视频信号。要形成一幅声学图像，扫描机构需在样品上方来回做扫描运动，样品每一点反射波的强度及相位信息均被按顺序同步记录，并转换为一定灰度值的像素点，显示在高分辨率显示屏上。

7.4.2.4　波形分析

当超声波垂直入射到光滑平界面时，将在第一介质中产生一个与入射波方向相反的反射波，在第二介质中产生一个与入射波方向相同的透射波。反射波与透射波的声压（声强）是按一定规律分配的。这个分配比例由声压反射率和透射率表示。其中反射率与声阻抗的计算公式为

$$R = \frac{Z_2 - Z_1}{Z_2 + Z_1} \times 100\% \tag{7-24}$$

$$Z = \rho v \tag{7-25}$$

式中　R——超声波从一种材料进入另一种材料时的反射率；

Z_1——第一种材料的声阻抗；

Z_2——第二种材料的声阻抗；

ρ——材料的密度；

v——超声波在材料内的传播速度。

当$Z_2 \gg Z_1$时（如声波从空气进入水中）$R_p \approx 1$，即声波几乎全反射而不能透射。

当$Z_2 \ll Z_1$时（如声波从塑封料进入分层中）$R_p \approx -1$，这相当于产生全反射，且反射波与入射波的相位发生突变，即半波损失，负波。

如果$Z_1 = Z_2$，则$R_p = 0$，这时声波全部透射到第二种介质中。

如果$Z_1 > Z_2$，则反射率$R_p < 0$，反射波与入射波处于反相状态。

例如：声波从水中（$Z_1 = 1.5$）进入树脂中（$Z_2 = 4$），反射率$R = 2.5/5.4 = 0.45$，即声波中45%的能量发生反射，55%的能量发生透射。声波从树脂（$Z_1 = 4$）进入树脂中的分层或空洞（$Z_2 = 0$），反射率$R = -4/4 = -100\%$，从这个结果可以看出，超声波不但发生了100%的信号反射，而且脉冲信号的相位也发生了变化，由正弦波变为余弦波，如图7-15

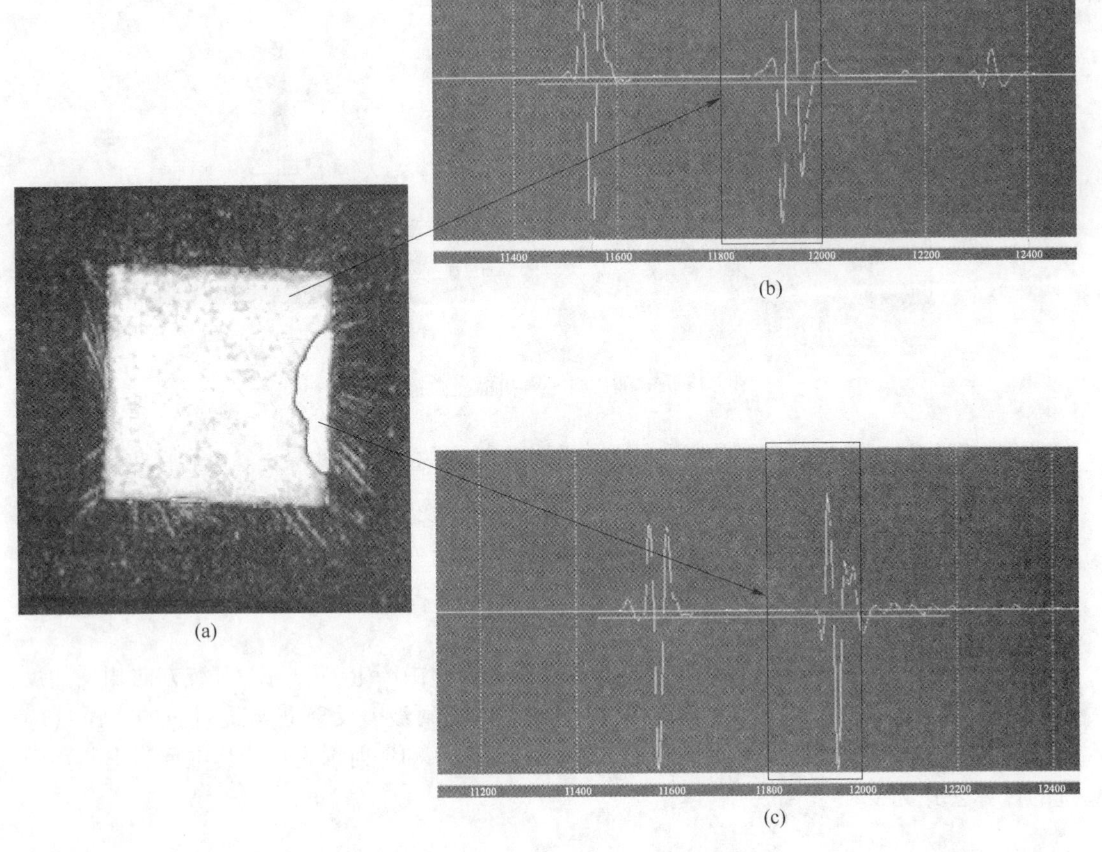

图7-15　C扫原始图像及声波反射波变化图示

所示，图（a）为正常扫描样品图；图（b）表示声波从水进入树脂中，声波反射波为正弦波；图（c）表示有缺陷区，声波反射波为余弦波。

我们可以得出两个结论：

（1）材料内部空洞或者分层在超声图片上相对其他正常区域更白更亮。

（2）调出分层区域的波形图，我们可以发现波形为余弦波。

超声波扫描显微镜定位样品内部的分层、裂缝或者空洞等缺陷，为材料制备试验过程中的一种检测手段，也是样品检验的一种方法。

V400E 型超声扫描显微镜适合铸造、锻压、轧材及制品的检测，以及各种电子元器件的检验。

7.4.3　实验装置

超声扫描显微镜主要由三个部分组成，即产生声源的换能器（探头）、配合声源发射和接收信号的供电系统以及数据处理系统。采用不同检测方法的设备其结构也不同，可能有样品台、耦合剂（传播介质）等部分。

换能器（探头）是超声波探伤装置的重要组成部分，主要作用是发射和接收超声波，实现能量转换（电能$\xleftrightarrow{\text{压电效应}}$声能）和波形转换（纵波$\xleftrightarrow{\text{折射}}$横波）。探头的种类很多，有直探头（纵波）、斜探头（横波）、表面波探头、可变角探头、聚焦探头、双探头、水浸探头以及其他专用探头。换能器的组成包括压电晶片、阻尼块、接头、电缆线、保护膜和外壳，其基本结构如图 7-16 所示。

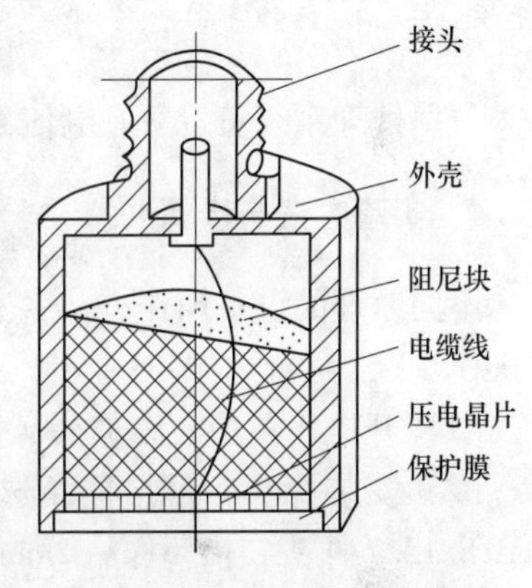

图 7-16　换能器基本结构

外壳是将各部分组合到一起，并起到保护作用。压电晶片的作用是发射和接收超声波，实现电声换能。晶片的性能决定着换能器的性能。晶片的尺寸和谐振频率决定着发射声场的强度、距离波幅特性与指向性。晶片质量也关系着换能器的分辨率、信噪比等。阻尼块对压电晶片的振动起阻尼作用。保护膜的作用是保护压电晶片不致磨损和损坏。换能器与检测仪间的连接需要采用高频同轴电缆，这种电缆可消除外来电波对探头的激励脉冲及回波影响，并防止这种高频脉冲以电波的形式向外辐射。

供电系统主要由同步电路（触发电路）、时基电路、发射电路和接收电路组成。同步电路是探伤仪的指挥中心，它每秒钟产生数十至数千个尖脉冲，指令探伤仪各个部分同一步伐地进行工作。时基电路又称扫描电路，它产生锯齿波电压，加在示波管的水平偏转板上，在荧光屏上产生水平扫描的时间基线。发射电路又称高频脉冲电路，它产生高频电压，加在发射探头上。发射探头将电波变成超声波，传入工件中。超声波在缺陷或底面上反射回到接收探头，转变为电波后输入给接收电路进行放大、检波，最后加到示波管的垂直偏转板上，在荧光屏的纵坐标上显示出来。以 A 型显示探伤仪为例，如图 7-17 所示，T 为发射波，F 为缺陷波，B 为底波。通过缺陷波在荧光屏上横坐标的位置，可以对缺陷定位；通过缺陷波的高度可估计缺陷的大小。A 型显示探伤仪可使用一个探头兼作收发，也可使用两个探头，一发一收。

A 扫描法或脉冲反射法主要是通过测量信号往返于缺陷的渡越时间，来确定缺陷和表面间的距离；测量回波信号的幅度和发射换能器的位置，来确定缺陷的大小和方位；B 扫描法可以显示工件内部缺陷的纵截面图形；C 扫描法可以显示工件内部缺陷的横剖面图形。近年来，超声全息成像技术也在工业无损检测中获得了应用。

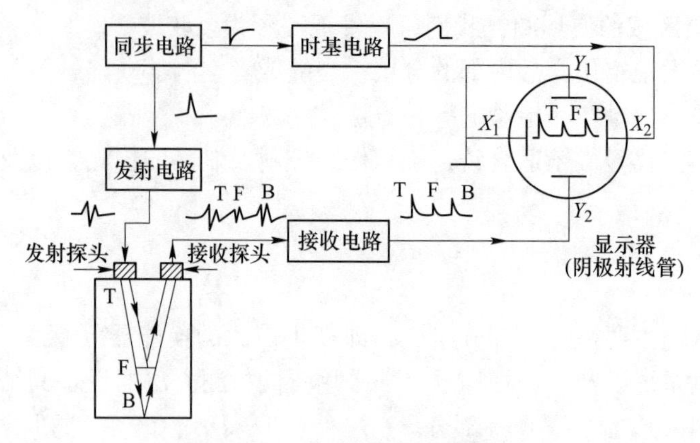

图 7-17　A 型显示探伤仪

数据处理系统负责所有电信号与数字之间的控制和处理。

7.4.4　实验方法与步骤

不同原理的设备操作方法各有不同，下面以 V400E 型超声扫描显微镜为例，介绍实验操作步骤。

（1）开机，添加去离子水（探头浸水深度约 15mm），放置样品。

（2）安装探头：根据样品选择合适的探头（15MHz 19.1 探头扫描样品 5mm 左右；30MHz 12.7 探头扫描薄样品 2mm 左右；50MHz 40 探头扫描样品厚度 5~20mm）。

（3）激活探头，找样品：C-scan 扫描样品，找到样品扫描图，此时可以看到两个波形，第一个为样品表面波形，第二个为样品底部波形，两波形之间为产品内部（若看不到第二个波形，调节增益；调节后还看不到说明此探头未能穿透样品）。

（4）分析样品：X-scan 对样品内部水平方向分层扫描，B-scan 对样品内部垂直方向扫描，C-scan 对样品内部水平方向某一层扫描，根据需求观察样品内部情况并进行分析。

（5）保存扫描结果。

（6）换样：

1）若是同一系列样品，样品尺寸也相近，应将上一个样品平移走，确保不要触碰到探头，新样品以平移的方式放在上一个样品的位置处，输入样品尺寸直接扫描；

2）若样品尺寸或材质有变化，将探头升起，重新找样品。

（7）关机：实验完毕后，将探头升起、取下、倒立晾干，关软件，关电脑，关主机，将样品槽中的水放掉，并将样品槽擦干净。

7.4.5　实验分析与讨论

（1）根据谱图，分析样品。

（2）无损检测的方法及其适用范围。

7.4.6 注意事项

（1）样品的制备：样品需放置于水平样品池中保持上表面水平，与水不发生反应，且表面无肉眼可见划痕（限于 V400E 型超声扫描显微镜实验中）。

（2）操作过程中手不可触碰探头底部金属镀层。

（3）探头不宜长时间浸泡在水中，需及时晾干，不可连续工作超过 8h。

7.5 多晶 X 射线衍射分析实验

7.5.1 实验目的

（1）了解 X 射线衍射仪的结构和基本原理。

（2）了解不同种类样品的制备方法及注意事项。

（3）了解 X 射线的防护安全。

（4）学习用 X 射线衍射仪对材料进行物相分析。

7.5.2 实验原理

X 射线的发现是人类认识微观世界的一个重要里程碑。1895 年 11 月 8 日德国物理学家伦琴（W. G. Röntgen）在研究真空管高压放电现象时偶然发现 X 射线。这种不同于可见光的射线，可以穿透黑纸、木块，甚至可以透过骨骼。由于当时科学界对这种射线本质和特征尚无了解，所以取名 X 射线，也称为伦琴射线。在随后的两年间，伦琴弄清了 X 射线产生、传播的大部分特性，这一伟大发现也使得他于 1901 年成为世界上第一位诺贝尔物理学奖获得者。到了 1912 年，德国物理学家劳埃（M. von. Laue）发现 X 射线在晶体上的衍射，从而证明了 X 射线的波动性，属于光波的一种（见图 7-18），同时证实了晶体结构的周期性。从此，研究物质微观结构的新方法不断涌现，人类对金属的特性有了更加接近本质的认识。目前，使用 X 射线作为光源的设备有 X 射线光电子能谱（XPS）、X 射线衍射仪（XRD）、X 射线荧光分析（XRF）等。

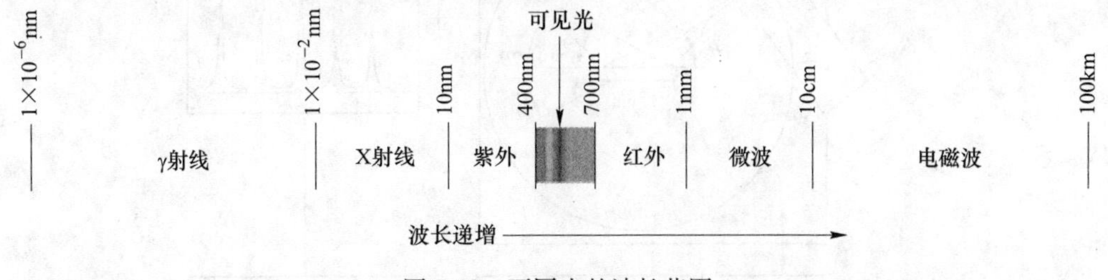

图 7-18 不同光的波长范围

部分透过物质的 X 射线引起波长不变的散射（相干散射、汤姆逊散射）。当晶体被 X 射线照射时，晶体中各原子的散射 X 射线会叠加起来。当 X 射线为单色时，各原子的散射 X 射线发生干涉，在特定方向上产生强的 X 射线衍射线。衍射需满足布拉格条件，如

图 7-19 所示，即当光程差等于波长的整数倍时，晶面的散射线将加强，布拉格方程为

$$2d\sin\theta = n\lambda \tag{7-26}$$

式中　d——晶面间距；

θ——衍射角；

λ——波长；

n——反射级数。

布拉格方程是 X 射线在晶体产生衍射时的必要条件而非充分条件，因为对于 X 射线衍射，有些情况下晶体虽然满足布拉格方程，但不一定出现衍射，即所谓消光规律。

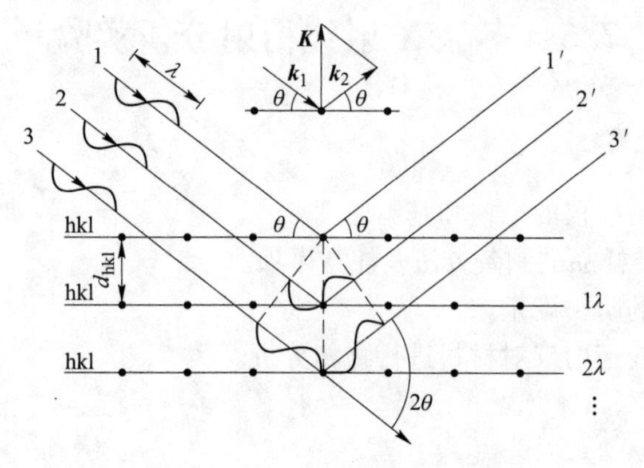

图 7-19　布拉格衍射条件

7.5.3　实验装置

X 射线衍射仪，英文缩写为 XRD(X-ray Diffraction)，分为单晶衍射仪和多晶衍射仪两种。单晶衍射仪主要用于确定未知晶体材料的晶体结构，被测对象为单晶体试样。多晶衍射仪也称为粉末衍射仪，被测对象通常为粉体、多晶体金属或高聚物等块体材料。图 7-20 为多晶 X 射线衍射仪的结构示意图。图 7-21 为多晶 X 射线衍射仪 Rigaku Ultima Ⅳ(3kW)实物图。

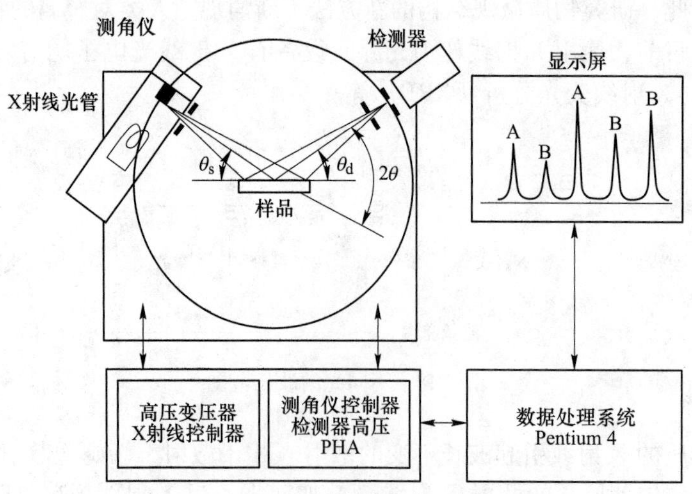

图 7-20　多晶 X 射线衍射仪的结构示意图

（来源于网络）

多晶衍射仪主要由以下四部分构成：（1）X 射线发生器，用于产生 X 射线的装置，不同靶材受激发产生 X 射线波长不同，常用的铜靶材 Cu K_{α} 为 0.15418nm（钴靶材 Co K_{α} 为 0.17902nm）；（2）测角仪，测量角度 2θ 的装置，测角仪的衍射几何如图 7-22 所示，测角仪光学布置如图 7-23 所示；（3）X 射线探测器，测量 X 射线强度的计数装置；（4）X 射线控制系统、数据采集系统和各种电气系统、保护系统等。X 射线衍射仪附件种类丰富，可满足多种实验测试需求，例如，除常规安装的常温样品台完成室温条件下测试外，可选配高温样品台，完成高温相变过程的测量工作，也可选配多功能样品台，实现样品残余应力、织构、薄膜样品测量等功能。

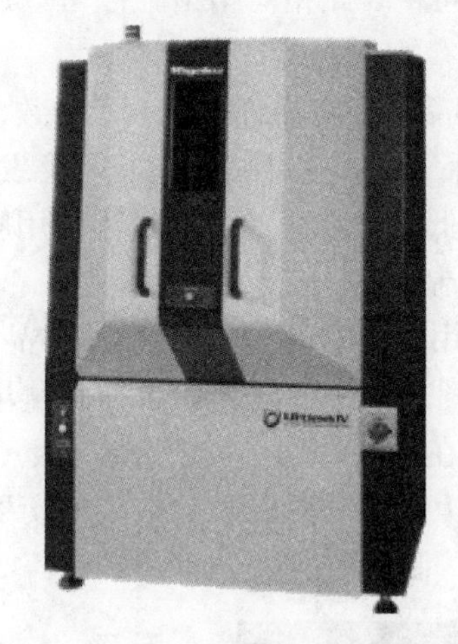

图 7-21　Rigaku Ultima Ⅳ（3kW）
（来源于网络）

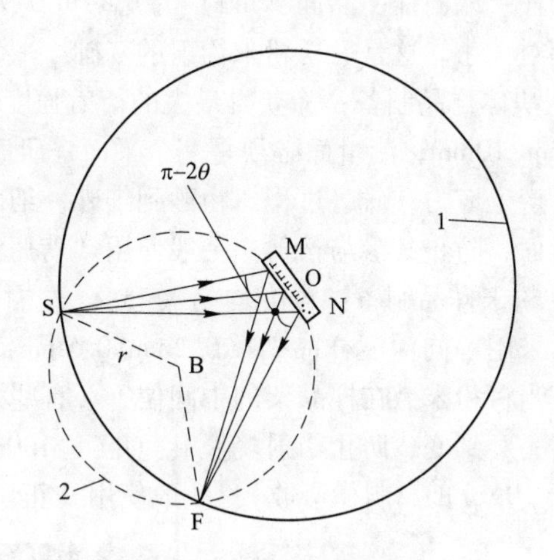

图 7-22　测角仪的衍射几何
1—测角仪圆；2—聚焦圆

衍射几何的主要目的是同时满足布拉格方程的反射条件与衍射线的聚焦条件。其中，S 为 X 射线管的焦点，M、O、N 为样品表面的不同位置，F 为计数器的接收光阑。

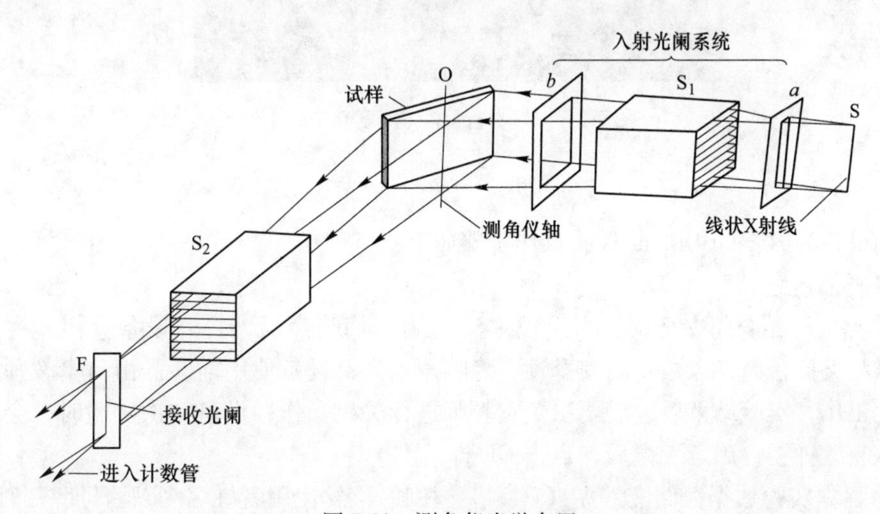

图 7-23　测角仪光学布置

采用线焦点可提高入射 X 射线强度的同时，使用联合光阑系统（主要为索拉狭缝 S_1、S_2），用以避免 X 射线发散度的失控而造成的衍射圆环宽度不均匀问题。索拉狭缝由一组互相平行、间隔很密的重金属（Ta 或 Mo）薄片组成，主要用来控制 X 射线束的发散度。

7.5.4 实验方法与步骤

7.5.4.1 样品制备

多晶 X 射线衍射仪的基本特点是所用的测量试样是由粉末（许多小晶粒）聚集而成的。要求试样中所含小晶粒的数量很大。由于小晶粒取向混乱，所以在入射 X 射线照射范围内找到任一取向任一晶面（hkl）的几率可认为相同。因此相对衍射强度可以反映结构因子的相对大小。这是一切粉末衍射的基础。

（1）块体样品制备：为获得最大的衍射强度，样品大小应与样品架大小一致，一般不小于 10mm×10mm；测量面必须是一个平面；研磨过程尽量“湿磨”，防止干磨发生相变、氧化或者产生应力；研磨过程由粗砂到细砂，细砂不低于 320 号。制样过程使用胶泥不得露出测量面，防止其参与衍射。一般使用“背压法”制备。

（2）粉末样品制备：粒度均匀（45μm 左右）；用量不少于 0.5g。根据样品量多少，可以灵活采用不同深度样品架（0.2mm/0.5mm，如图 7-24 所示），如果样品量填不满样品架，应当将粉末撒在样品架的中间位置。有些样品在研磨过程中需要分步研磨，分步筛选，不可一磨到底，防止衍射峰宽化（粒度 100nm 以下）或者因吸收造成的衍射强度降低（小于 10μm 的材料微吸收）。一般使用“正压法”制备。

图 7-24 玻璃样品架（深度 0.2mm）

7.5.4.2 使用操作

使用设备为 Rigaku Ultima Ⅳ，操作步骤如下：

（1）样品制备。

（2）点按样品仓门安全锁，当出现“滴滴滴”蜂鸣声后，打开设备仓门，将样品架平插入样品夹持台内，点按仓门安全锁，蜂鸣声消失；设备使用前，需由负责教师进行光管的老化工作，实验结束后，需要由负责教师进行关机操作；设备初次实验时，会弹出对话框确认狭缝种类，确定无误后，点击 OK 即可。

（3）建立实验数据存储文件夹（D:/指导教师姓名/使用者姓名/实验日期/…）。

（4）打开软件，设置相应测试参数（步长、扫描范围等），如表 7-1 所示。

（5）点击软件“Execute”按钮，开始测试。

（6）当测试结束测角仪复位后，点按样品仓门安全锁，听到蜂鸣后打开设备仓门，取出样品架，点按仓门安全锁，蜂鸣声消失。

（7）使用Jade软件进行测试结果分析与讨论。

表 7-1　Rigaku Ulatima Ⅳ主要测量参数设置

项目	设置及说明
Start Angle	起始角。一般设置为5°或10°。开始角不得小于3°，避免入射X射线进入计数器导致损坏
End Angle	结束角。一般设置为90°。高角度衍射峰因强度低，测量价值不大
Step Width	步长。数据采集过程中的角度数据间隔。一般设置为0.02°
Scan Speed	扫描速度。物相鉴定时一般设置为1°~8°/min
kV	光管电压。设置为40kV
mA	灯丝电流。设置为40mA

7.5.4.3　数据处理

XRD衍射数据结果可用于物相检索、晶粒大小和微观应变计算、残余应力计算、点阵常数计算等。数据处理需要使用专用处理软件完成。常用处理软件主要有Jade、High-score、Search-Match。不同软件界面设计、操作各不相同，但都需要使用国际衍射数据中心（International Centre for Diffraction Data，ICDD）发布的粉末衍射数据库（PDF数据库）作为参考标准，进行结晶材料的物相鉴定。因此，在安装完软件后都需要进行数据库链接/导入，这样才能开展分析研究工作。

以Jade为例，除了具有基本的图谱显示、打印、数据平滑、背景扣除等功能外，主要功能还有物相检索、图谱拟合、晶粒大小和微观应变、残余应力、物相定量、晶胞精修、全谱拟合精修、图谱模拟等。数据分析结果如图7-25所示。

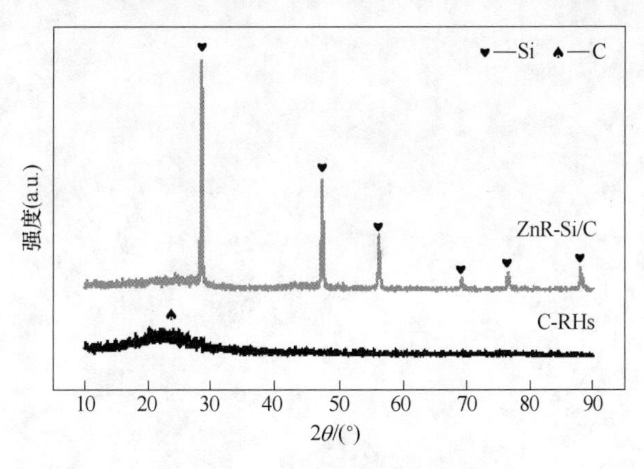

图7-25　数据分析结果示意图

7.5.5　实验分析与讨论

（1）简述单晶X射线衍射与多晶X射线衍射的区别。

（2）使用X射线作为照明源的设备都有哪些？各自的用途是什么？

（3）简述不同样品的制备方法。

（4）根据衍射数据绘制 Si 的衍射图，并标出对应衍射晶面。

（5）Rigaku Ultima Ⅳ的上、下机过程需要哪些操作及注意事项?

7.5.6　注意事项

（1）为避免辐射危险，进入房间测试前需做好防护措施（根据国际放射学会规定，健康人的安全剂量为每周不超过 0.77×10^{-4}C/kg)。

（2）仪器进行测试时禁止打开仓门。

（3）样品制备过程须保持试样制备台面清洁。

（4）为避免污染，样品架在使用前后均需要使用酒精棉球擦拭干净。

（5）测试完样品应按照其理化性质进行对应处理，禁止随意乱扔乱放，避免造成人身安全与环境污染。

参 考 文 献

[1] 施明哲．扫描电镜和能谱仪的原理与使用分析技术［M］．北京：电子工业出版社，2015.
[2] 李威，焦汇胜，李香庭．扫描电子显微镜及微区分析技术［M］．长春：东北师范大学出版社，2015.
[3] 张大同．扫描电镜与能谱仪分析技术［M］．广州：华南理工大学出版社，2009.
[4] 屠海令，干勇．金属材料理化测试全书［M］．北京：化学工业出版社，2006.
[5] 周玉，武高辉．材料分析测试技术［M］．哈尔滨：哈尔滨工业大学出版社，2012.
[6] 翟玉春．结构化学［M］．北京：科学出版社，2021.
[7] 翟秀静，周亚光．现代物质结构研究方法［M］．合肥：中国科学技术大学出版社，2014.
[8] 强亮生，赵九蓬，杨玉林．新型功能材料制备技术与分析表征方法［M］．哈尔滨：哈尔滨工业大学出版社，2021.
[9] 梁志德，王福．现代材料物理测试技术［M］．北京：冶金工业出版社，2003.
[10] 戎咏华．分析电子显微学导论［M］．北京：高等教育出版社，2014.
[11] 李香庭．电子探针显微分析［J］．硅酸盐，1980（4）：61-71.
[12] 周西林，叶反修，王娇娜，等．光电直读光谱分析技术［M］．北京：冶金工业出版社，2018.
[13] 周西林，姜远广，王永博，等．光电直读光谱制样技术［M］．北京：化学工业出版社，2017.
[14] 张和根，叶反修．光电直读光谱仪技术［M］．北京：冶金工业出版社，2011.
[15] 高宏斌，赵雷，侯红霞，等．火花源原子发射光谱分析技术［M］．北京：中国质检出版社，中国标准出版社，2012.
[16] 辛仁轩．等离子体发射光谱分析［M］．北京：化学工业出版社，2010.
[17] 郑国经，王明海，计子华，等．电感耦合等离子体原子发射光谱分析技术［M］．北京：中国质检出版社，中国标准出版社，2011.
[18] GB/T 10725—2009 化学试剂　电感耦合高频等离子体原子发射光谱法通则［S］.
[19] CSM 01 02 00—2006 电感耦合等离子体发射光谱（ICP-AES）分析法通则［S］.
[20] 李华昌，高介平，符斌．原子吸收光谱分析技术［M］．北京：中国质检出版社，中国标准出版社，2011.
[21] 林竹光，赵一兵，等．分析化学［M］．北京：高等教育出版社，2007.
[22] 郭明才，陈金东，李蔚，等．原子吸收光谱分析应用指南［M］．青岛：中国海洋大学出版社，2012.
[23] 张扬祖．原子吸收光谱分析应用基础［M］．上海：华东理工大学出版社，2007.
[24] 张锦茂．原子荧光光谱分析技术［M］．北京：中国质检出版社，中国标准出版社，2011.
[25] 郑国经，罗立强，符斌．分析化学手册 3A——原子光谱分析［M］．北京：化学工业出版社，2016.
[26] 杨春昇，李国华，徐秋心．原子光谱分析［M］．北京：化学工业出版社，2010.
[27] 罗立强，詹秀春，李国会．X 射线荧光光谱分析［M］．北京：化学工业出版社，2015.
[28] 高新华，宋武元，邓赛文，等．实用 X 射线光谱分析［M］．北京：化学工业出版社，2017.
[29] 庹先国，李哲，石睿，等．X 射线荧光分析系统技术原理和应用［M］．北京：化学工业出版社，2017.
[30] 付亚波．无损检测实用教程［M］．北京：化学工业出版社，2018.
[31] 钟海见．超声检测［M］．杭州：浙江工商大学出版社，2019.
[32] 徐春广，李卫彬．无损检测超声波理论［M］．北京：科学出版社，2020.
[33] 李国华，吴淼．现代无损检测与评价［M］．北京：化学工业出版社，2009.
[34] 牛俊民，蔡晖．钢中缺陷的超声波定性探伤［M］．北京：冶金工业出版社，2012.
[35] 张哲俊，游开兴，马振泽．无损检测技术及其应用［M］．北京：科学出版社，2010.
[36] 黄继武，李周．多晶材料 X 射线衍射［M］．北京：冶金工业出版社，2013.
[37] 王煜明．X 射线手册［M］．株式会社理学，2007.

附　　录

附录Ⅰ　干饱和水蒸气的热物理性质

温度 t/℃	饱和压力 p_a/kPa	密度 ρ /kg·m^{-3}	焓 h'' /kJ·kg^{-1}	汽化潜热 γ /kJ·kg^{-1}	比热容 c_p/kJ·(kg·K)$^{-1}$	导热系数 λ/W·(m·K)$^{-1}$	热扩散率 a /m^2·h^{-1}	黏滞系数 μ /Pa·s	运动黏滞系数 ν /m^2·s^{-1}	普朗特数 Pr
0	0.611	0.004847	2501.6	2501.6	1.8543	1.83×10^{-2}	7313.0×10^{-3}	8.022×10^{-6}	1655.01×10^{-6}	0.815
10	1.227	0.009396	2520.0	2477.7	1.8594	1.88×10^{-2}	3881.3×10^{-3}	8.424×10^{-6}	896.54×10^{-6}	0.831
20	2.338	0.01729	2538.0	2454.3	1.8661	1.94×10^{-2}	2167.2×10^{-3}	8.84×10^{-6}	509.90×10^{-6}	0.847
30	4.241	0.03037	2556.5	2430.9	1.8744	2.00×10^{-2}	1265.1×10^{-3}	9.218×10^{-6}	303.53×10^{-6}	0.863
40	7.375	0.05116	2574.5	2407.0	1.8853	2.06×10^{-2}	768.45×10^{-3}	9.620×10^{-6}	188.04×10^{-6}	0.883
50	12.335	0.08302	2592.0	2382.7	1.8987	2.12×10^{-2}	483.59×10^{-3}	10.022×10^{-6}	120.72×10^{-6}	0.896
60	19.920	0.1302	2609.6	2358.4	1.9155	2.19×10^{-2}	315.55×10^{-3}	10.424×10^{-6}	80.07×10^{-6}	0.913
70	31.16	0.1982	2626.8	2334.1	1.9364	2.25×10^{-2}	210.57×10^{-3}	10.817×10^{-6}	54.57×10^{-6}	0.930
80	47.36	0.2933	2643.5	2309.0	1.9615	2.33×10^{-2}	145.53×10^{-3}	11.219×10^{-6}	38.25×10^{-6}	0.947
90	70.11	0.4235	2660.3	2283.1	1.9921	2.40×10^{-2}	102.22×10^{-3}	11.621×10^{-6}	27.44×10^{-6}	0.966
100	101.30	0.5977	2676.2	2257.1	2.0281	2.48×10^{-2}	73.57×10^{-3}	12.023×10^{-6}	20.12×10^{-6}	0.984
110	143.27	0.8265	2691.3	2229.9	2.0704	2.56×10^{-2}	53.83×10^{-3}	12.425×10^{-6}	15.03×10^{-6}	1.00
120	198.54	1.122	2705.9	2202.3	2.1198	2.65×10^{-2}	40.15×10^{-3}	12.798×10^{-6}	11.41×10^{-6}	1.02
130	270.13	1.497	2719.7	2173.8	2.1763	2.76×10^{-2}	30.46×10^{-3}	13.170×10^{-6}	8.80×10^{-6}	1.04
140	361.4	1.967	2733.1	2144.1	2.2408	2.85×10^{-2}	23.28×10^{-3}	13.543×10^{-6}	6.89×10^{-6}	1.06
150	476.0	2.548	2745.3	2113.1	2.3145	2.97×10^{-2}	18.10×10^{-3}	13.896×10^{-6}	5.45×10^{-6}	1.08
160	618.1	3.260	2756.6	2081.3	2.3974	3.08×10^{-2}	14.20×10^{-3}	14.249×10^{-6}	4.37×10^{-6}	1.11
170	792.0	4.123	2767.1	2047.8	2.4911	3.21×10^{-2}	11.25×10^{-3}	14.612×10^{-6}	3.54×10^{-6}	1.13
180	1002.7	5.160	2776.3	2013.0	2.5958	3.36×10^{-2}	9.03×10^{-3}	14.965×10^{-6}	2.90×10^{-6}	1.15
190	1255.1	6.397	2784.2	1976.6	2.7126	3.51×10^{-2}	7.29×10^{-3}	15.298×10^{-6}	2.39×10^{-6}	1.18
200	1554.9	7.864	2790.9	1938.5	2.8428	3.68×10^{-2}	5.92×10^{-3}	15.651×10^{-6}	1.99×10^{-6}	1.21
210	1907.7	9.593	2796.4	1898.3	2.9877	3.87×10^{-2}	4.86×10^{-3}	15.995×10^{-6}	1.67×10^{-6}	1.24
220	2319.8	11.62	2799.7	1856.4	3.1497	4.07×10^{-2}	4.00×10^{-3}	16.338×10^{-6}	1.41×10^{-6}	1.26
230	2797.6	14.00	2801.8	1811.6	3.3310	4.30×10^{-2}	3.32×10^{-3}	16.701×10^{-6}	1.19×10^{-6}	1.29
240	3347.8	16.76	2802.2	1764.7	3.5366	4.54×10^{-2}	2.76×10^{-3}	17.073×10^{-6}	1.02×10^{-6}	1.33
250	3977.6	19.99	2800.6	1714.4	3.7723	4.84×10^{-2}	2.31×10^{-3}	17.446×10^{-6}	0.873×10^{-6}	1.36
260	4694.3	23.73	2796.4	1661.3	4.0470	5.18×10^{-2}	1.94×10^{-3}	17.848×10^{-6}	0.752×10^{-6}	1.40

续附录Ⅰ

温度 t/℃	饱和压力 p_a/kPa	密度 ρ /kg·m^{-3}	焓 h'' /kJ·kg^{-1}	汽化潜热 γ /kJ·kg^{-1}	比热容 c_p/kJ·(kg·K)$^{-1}$	导热系数 λ/W·(m·K)$^{-1}$	热扩散率 a /m^2·h^{-1}	黏滞系数 μ /Pa·s	运动黏滞系数 ν /m^2·s^{-1}	普朗特数 Pr
270	5505.8	28.10	2789.7	1604.8	4.3735	5.55×10^{-2}	1.63×10^{-3}	18.280×10^{-6}	0.651×10^{-6}	1.44
280	6420.2	33.19	2780.5	1543.7	4.7675	6.00×10^{-2}	1.37×10^{-3}	18.750×10^{-6}	0.565×10^{-6}	1.49
290	7446.1	39.16	2767.5	1477.5	5.2528	6.55×10^{-2}	1.15×10^{-3}	19.270×10^{-6}	0.492×10^{-6}	1.54
300	8592.7	46.19	2751.1	1405.9	5.8632	7.22×10^{-2}	0.96×10^{-3}	19.839×10^{-6}	0.430×10^{-6}	1.61
310	9870.0	54.54	2730.2	1327.6	6.6503	8.06×10^{-2}	0.80×10^{-3}	20.691×10^{-6}	0.380×10^{-6}	1.71
320	11289	64.60	2703.8	1241.0	7.7217	8.65×10^{-2}	0.62×10^{-3}	21.691×10^{-6}	0.336×10^{-6}	1.94
330	12863	76.99	2670.3	1143.8	9.3613	9.61×10^{-2}	0.48×10^{-3}	23.093×10^{-6}	0.300×10^{-2}	2.24
340	14605	92.76	2626.0	1030.8	12.2108	10.70×10^{-2}	0.34×10^{-3}	24.692×10^{-6}	0.266×10^{-6}	2.82
350	16535	113.6	2567.8	895.6	17.1504	11.90×10^{-2}	0.22×10^{-3}	26.594×10^{-6}	0.234×10^{-6}	3.83
360	18675	144.1	2485.3	721.4	25.1162	13.70×10^{-2}	0.14×10^{-3}	29.193×10^{-6}	0.203×10^{-6}	5.34
370	21054	201.1	2342.9	452.0	76.9157	16.60×10^{-2}	0.04×10^{-3}	33.989×10^{-6}	0.169×10^{-6}	15.7
374.15	22120	315.5	2107.2	0	∞	23.79×10^{-2}	0	44.992×10^{-6}	0.143×10^{-6}	∞

附录Ⅱ　空气物性参数

温度 /℃	密度 /kg·m^{-3}	比热容 /kJ·(kg·℃)$^{-1}$	导热系数 /W·(m·K)$^{-1}$	黏度 /mPa·s	运动黏度 /m^2·s^{-1}
-50	1.548	1.013	0.0204	14.6×10^{-3}	9.23×10^{-6}
-40	1.515	1.013	0.0212	15.2×10^{-3}	10.04×10^{-6}
-30	1.453	1.013	0.0220	15.7×10^{-3}	10.80×10^{-6}
-20	1.395	1.009	0.0228	16.2×10^{-3}	12.79×10^{-6}
-10	1.342	1.009	0.0236	16.7×10^{-3}	12.43×10^{-6}
0	1.293	1.005	0.0244	17.2×10^{-3}	13.28×10^{-6}
10	1.247	1.005	0.0251	17.7×10^{-3}	14.16×10^{-6}
20	1.205	1.005	0.0259	18.1×10^{-3}	15.06×10^{-6}
30	1.165	1.005	0.0267	18.6×10^{-3}	16.00×10^{-6}
40	1.128	1.005	0.0276	19.1×10^{-3}	16.96×10^{-6}
50	1.093	1.005	0.0283	19.6×10^{-3}	17.95×10^{-6}
60	1.060	1.005	0.0290	20.1×10^{-3}	18.97×10^{-6}
70	1.029	1.009	0.0297	20.6×10^{-3}	20.02×10^{-6}
80	1.000	1.009	0.0305	21.1×10^{-3}	21.09×10^{-6}
90	0.972	1.009	0.0313	21.5×10^{-3}	22.10×10^{-6}
100	0.946	1.009	0.0321	21.9×10^{-3}	23.13×10^{-6}
120	0.898	1.009	0.0334	22.9×10^{-3}	25.45×10^{-6}
140	0.854	1.013	0.0349	23.7×10^{-3}	27.80×10^{-6}

附录Ⅲ 不同浓度下的燃气层流火焰传播速度实验值（参考）

实验次数	第 1 次	第 2 次	第 3 次	第 4 次	第 5 次	第 6 次
燃气体积流量/$L \cdot s^{-1}$	0.0102	0.0111	0.012	0.014	0.0156	0.0169
空气体积流量/$L \cdot s^{-1}$	0.122	0.123	0.122	0.122	0.123	0.122
一次空气系数 α_1	1.26	1.17	1.07	0.92	0.83	0.76
锥状内焰高度/cm	1.98	1.73	1.44	1.35	1.66	2.73
层流火焰速度 u_0/$cm \cdot s^{-1}$	26	30	35	37	32	21